21世纪高等教育计算机规划教材

COMPUTER

C语言程序设计（第2版）

C Programming

朱立华 郭剑 主编

吴家皋 朱旻如 副主编

人民邮电出版社

北京

图书在版编目（CIP）数据

C语言程序设计 ： 第2版 / 朱立华，郭剑主编. -- 2版. -- 北京 ： 人民邮电出版社，2014.9(2017.9重印）
21世纪高等教育计算机规划教材
ISBN 978-7-115-36752-5

Ⅰ. ①C… Ⅱ. ①朱… ②郭… Ⅲ. ①C语言－程序设计－高等学校－教材 Ⅳ. ①TP312

中国版本图书馆CIP数据核字(2014)第190439号

内 容 提 要

本书是 C 语言程序设计的入门教程，针对没有程序设计基础的读者，详细介绍了 C 语言的基本概念、语法及编程技术。全书共分为 12 章，内容包括：程序设计有关的基本知识、常量与变量、运算符与表达式、流程控制、函数、数组、指针、文件、多文件工程等；最后通过一个成绩管理系统综合实例，全面应用了 C 语言中几乎所有的知识点，充分体现了结构化程序设计的思想和方法，便于读者通过模仿学会综合程序的编程。

本书的配套教材《C 语言程序设计习题解析与实验指导（第 2 版）》，包含了主教材思考题的解析、主教材后的习题解答、补充习题与答案、10 个配套实验，可以与本书配合使用。

本书可作为高等学校本专科各专业程序设计课程相关教材，也可作为编程爱好者自学 C 语言的参考书。

◆ 主　　编　朱立华　郭　剑
副 主 编　吴家皋　朱旻如
责任编辑　武恩玉
责任印制　彭志环　焦志炜

◆ 人民邮电出版社出版发行　　北京市丰台区成寿寺路 11 号
邮编　100164　　电子邮件　315@ptpress.com.cn
网址　http://www.ptpress.com.cn
固安县铭成印刷有限公司印刷

◆ 开本：787×1092　1/16
印张：20　　2014 年 9 月第 2 版
字数：516 千字　　2017 年 9 月河北第 6 次印刷

定价：45.00 元

读者服务热线：(010)81055256　印装质量热线：(010)81055316
反盗版热线：(010)81055315

前言

程序设计是高等学校重要的基础课程，C 语言则是主流的程序设计语言之一。它不仅在软件设计与开发领域中长盛不衰，也是学习其他高级语言和应用软件的基础。

本书遵循循序渐进、逐步深入的学习和教学规律，从 C 语言最基础的知识入手，从解决实际问题的需要出发，引申出各章的内容，非常适合作为入门级教材使用。

全书 12 章内容覆盖了 C 语言的四大知识板块：基础知识、流程控制及结构化程序设计、自定义数据类型、数据的永久存储，内容完整全面。本书着力于突出以下三大特点：

第一，从零开始，图表配合，简化描述。本书针对零基础的读者，因此在第 1 章简单而全面地介绍了计算机软硬件的基本知识、存储的概念、二进制及进制转换问题，以及 C 语言程序的完整开发过程。对于进制及转换的知识，以表格形式与十进制作类比引出二进制、八进制、十六进制，通过简易图描述使得进制转换方法简单易懂。全书通篇大量使用表格和图片，简化了文字描述，节约了篇幅，使得本书虽然“薄”，但实际内容却很“厚”。

第二，核心知识，由简入繁，递进深入。C 语言中的函数、数组、指针是核心知识，也是 C 语言中的难点，本书在内容的组织上遵循：以简洁的方式引入新知识，让读者会用，然后通过后续章节中反复使用来加深这一知识的理解和掌握。函数和数组都从最基本的概念和方法入手，直到第 7 章指针的引入，才对函数中值形参与指针形参的本质区别作详细讲解，解释数组名作形参本质上就是指针形参，从而可以接收实参数组名所代表的地址值。而函数、数组、指针的知识又通过第 8 章字符串得到进一步的巩固和运用。这种编排方式可以有效避免大而全所导致的初学者的畏难情绪、囫囵吞枣、不求其解现象，从而保证学习效果。

第三，选例精典，注释详细，启发思考。本书精选的示例充分运用相关章节知识；示例包含了常用经典算法，如斐波那切数列、判断质数、数组和链表中的查找、插入等；示例介绍了随机函数、时间函数等常用函数的调用；并且在求阶乘、进制转换等示例中突出了一题多解的思想，将实用编程技巧融于例题之中。每个示例的源代码注释详细，运行结果分析透彻，相关思考题启发读者思考，前言后的例题索引表帮助读者快速查询、引用教材示例，使本书也兼具了初学者参考手册的功能。

本书授课学时可以根据各校情况进行多种配置，前言后所附的表格中给出理论讲授课时分别为 32、42、56 的课时分配建议，实际教学中可以根据教学学时数和教学需要进行调整。

本书是编写组各位老师多年教学研究和经验的凝炼，更是课程组集体智慧的结晶。全书第1章、第5章、第12章由朱立华编写，第2章、第3章、第9章由吴家皋编写，第6章、第7章、第8章由朱旻如编写，第4章、第10章、第11章由郭剑编写。朱立华负责最后的统稿工作。南京邮电大学程序设计课程组的各位老师、浙江大学何钦铭教授、南京邮电大学张伟教授对本书提出了许多宝贵的意见和建议，在此对他们的辛苦付出和一贯支持表示衷心感谢。

由于作者水平有限，时间仓促，书中难免存在谬误之处。如有问题或发现错误，烦请直接与作者联系，作者将不胜感激。作者 E-mail 地址为：zhulh@njupt.edu.cn。

编　者

2014年6月

主要例题索引表

知识模块	对应知识点	例题号	本例主要技巧技能
简单的C语言顺序结构的程序	C语言程序基本结构	例2.1	C语言程序基本框架，源程序结构、基本符号
	变量定义及输入/输出	例2.2	用scanf、printf进行输入/输出处理
	字符变量的输入/输出	例2.3	用getchar、putchar进行字符数据的读写
	用const限定变量只读	例2.4	只读变量的定义与使用
	运算符与表达式	例3.1	算术运算符及其表达式
	自增自减运算及其结果	例3.3	自增自减运算
	顺序结构程序的实现	例4.1	用海伦公式求三角形面积
用if、switch实现分支结构	用if实现分支结构的程序	例4.3	改进例4.1判断三边构成三角形的合法性
	用if实现分支结构的程序	例4.4	进一步改进例4.3，判断等边三角形
	用switch实现分支结构的程序	例4.5	如何用switch进行多分支选择的控制
用while、for、do…while实现循环结构	while语句控制当型循环	例4.6	累加求和的循环控制方法
	do…while语句控制直到型循环	例4.7	阶乘（累乘）的循环控制方法
	for语句控制当型循环	例4.8	各项有一定规律的数列求和方法
	循环结构的使用	例4.12	如何保证输入数据合法性； 如何判断一个整数是否为质数
	break与continue在循环中的用法	例4.11	用break退出循环，用continue继续循环
循环嵌套的使用	循环嵌套打印规则图表	例4.9	九九乘法（加法）表的打印
	循环嵌套打印规则图形	例4.10	循环嵌套打印有规律图形的基本方法
	循环嵌套的使用——穷举法	例4.13	用穷举法求解百钱百鸡问题 如何改进算法，减少循环层次和循环次数
函数的定义、调用、原型声明	函数的定义与调用	例5.4	定义函数判断质数，再调用该函数求解
	函数的定义与调用	例5.5	定义无参无返回类型的函数，实现画线功能
	函数的原型声明、定义及调用	例5.6	求最大公约数，进而可求最小公倍数
	多个函数的定义、调用	例5.11	根据题目要求合理划分功能定义函数
函数的递归	递归函数的定义与调用	例5.7	用递归方法求阶乘，理解递归的执行过程
	递归函数的定义与调用	例5.8	用递归进行十进制数向任意进制数转换
变量的生命期与作用域	全局变量、局部变量的作用域	例5.9	全局变量、局部变量的合理选择与使用
	静态局部变量的特点、特殊性	例5.10	巧妙利用静态局部变量求解阶乘问题
一维、二维数组的定义及基本使用	一维数组的定义、元素访问	例6.1	一维数组的定义、批量输入/输出元素
	一维数组元素的批量处理	例6.2	一维数组元素的求和、求平均
	一维数组应用于存储数列项	例6.3	斐波那切数列求解、格式化输出控制
	二维数组的定义与基本操作，随机函数rand、srand的使用	例6.4	用二维数组表示矩阵、求转置，调用随机函数产生数组元素，以及输出控制

（续表）

知识模块	对应知识点	例题号	本例主要技巧技能
数组实参与“数组”形参	向函数传递一维数组	例 6.5	定义函数并以数组为参数，求一维数组元素中的最大值、最小值
	向函数传递二维数组	例 6.6	二维数组作实参时对应形式参数的设定
一维数组中的经典算法	在一维数组中查找某个值	例 6.7	在一维数组中作顺序搜索，查找元素
	在一维数组中插入某个值	例 6.8	在有序的一维数组中插入元素保持原序
	从一维数组中删除某个值	例 6.9	从一维数组中删除某元素的基本方法
	一维数组中元素的排序	例 6.10	用冒泡法对一维数组中的元素进行排序
指针的基本知识	变量的值与变量的地址	例 7.1	显示一个 int 型变量的值及其地址
	指针变量的定义、赋值及相关值	例 7.2	定义指针变量，理解&p、p、*p 的不同含义
指针形参及返回值在函数中的使用	传地址调用函数可改变实参变量	例 7.3	swap 交换变量函数的传值与传地址调用的区别，对实参变量的不同影响
	通过指针参数使函数返回多个值	例 7.4	通过函数求得最大公约数和最小公倍数
	返回值与返回指针的区别	例 7.5	利用返回值和返回指针求两数中的大、小值
指针与数组之间的关系：一级指针与一维数组、行指针与二维数组；一级、二级指针、指针数组、函数指针等概念及使用方法	数组名的地址常量实质	例 7.6	输出数组中每个元素地址值及数组名的值
	用指针访问一维数组	例 7.7	用指针访问数组所有元素，求和、求平均
	用指针访问二维数组	例 7.8	用指针访问二维数组各元素，输出地址与值
	二维数组中的行、列地址	例 7.9	输出二维数组中的行、列地址，注意表达方式
	用行、列地址访问二维数组元素	例 7.10	用行、列地址分别访问二维数组元素并输出
	一维数组名形参实质为指针形参	例 7.11	指针作形参访问一维数组元素，求和、求平均
	用指针访问一维数组	例 7.12	十进制数转换为二进制数，各位值存于数组
	用指针作形式参数接收实参数组	例 7.13	冒泡法排序的函数实现，重在指针形参设定
	用一级指针作形参访问二维数组	例 7.14	定义函数计算矩阵的对角线之和及输出矩阵，用一级指针作函数的形参
	二级指针的定义及间接引用	例 7.15	二级指针与一级指针、普通变量的关系
	指针数组的定义及访问二维数组	例 7.16	用指针数组访问二维数组元素，控制输出
	行指针作形参对应二维数组实参	例 7.17	定义函数计算矩阵的对角线之和并输出矩阵，用行指针变量作函数的形参
	函数指针的定义、赋值与使用	例 7.20	使用函数指针调用函数，注意函数首部要求
用指针管理动态空间	用一级指针管理动态空间，申请动态一维数组	例 7.18	用筛选法求一定范围内所有质数，存放数据的数组为用指针申请的动态一维数组
	用二级指针管理动态空间，申请动态二维数组，随机函数的使用	例 7.19	用二级指针管理动态二维数组空间，调用随机函数产生元素，输出矩阵，再释放动态空间
单个字符串的存储及处理	定义字符数组逐个输出字符	例 8.1	字符数组的输出
	字符数组及字符指针处理字符串	例 8.2	用 gets 函数读入字符串，统计各类字符个数
	字符串专用处理函数的使用	例 8.4	几个常用字符串专用处理函数的使用示例
	字符数组及字符指针处理字符串	例 8.5	定义函数判断一个串是否为回文
	字符数组及字符指针处理字符串	例 8.6	统计一个串中单词出现的次数
	字符指针逐个访问串中的字符	例 8.7	密码问题，定义函数判断密码是否正确

（续表）

知识模块	对应知识点	例题号	本例主要技巧技能
多个字符串的存储及处理	用二维字符数组处理多个字符串	例 8.3	用二维字符数组处理多个字符串，用 gets/puts 函数进行字符串的输入/输出
	用一维字符指针数组和二维字符数组处理多个字符串	例 8.8	多个字符串的选择法排序，用一维字符指针数组和二维字符数组两种方法分别实现
	带参数的 main 函数，第二个形式参数为二级指针	例 8.9	带参数的 main 函数示例，注意第 2 个形参的两种表达形式，本质上是二级指针
	用二维字符数组管理多个字符串，函数中用二级指针作形参	例 8.10	字符串操作的综合实例：单词本管理，定义并调用新增、删除、查找和显示这 4 个函数
宏定义、文件包含、条件编译等指令	无参宏的定义及使用	例 9.1	定义 4 个无参宏，展示无参宏的定义及使用
	带参宏的定义及使用	例 9.2	定义 1 个带参宏，理解宏如何替换
	条件编译指令的使用	例 9.3	条件编译指令应用示例
多文件工程的组织及相关技术	多文件工程的组织，头文件与源文件的使用	例 9.4	定义一个工程包含 5 个不同的文件，理解头文件及对应的源文件，及文件包含的使用
	extern 声明外部变量、外部函数	例 9.5	在多文件工程中，不同文件中外部变量与外部函数的定义、声明及使用
	多文件工程的组织、数组作为参数在函数中的传递与使用	例 9.6	多文件工程程序，实现一维数组的输入、输出、统计、查找等功能，正确使用文件包含
结构体类型的定义；结构体变量、指针、数组的使用	结构体类型的定义、结构嵌套、结构变量的定义、初始化及成员的点运算符访问	例 10.3	学生结构体类型与日期型的嵌套定义，对学生结构变量的初始化，对其成员的点运算符访问方式以及输入/输出处理
	结构体指针如何访问结构成员	例 10.4	结构体指针的定义，对结构成员的两种访问方式示例
	结构体数组的定义及使用	例 10.5	结构体数组的定义及初始化，用指针法和下标法分别访问结构数组元素的成员
	排序算法在结构体数组中的应用，结构数组作为实参进行传址	例 10.6	定义学生结构体，并且根据学生的成绩进行排序，所定义的函数中形参为结构指针
单链表的各种基本操作，注意头指针的保护与及时变化	链表结点类型的定义，链表示例	例 10.7	定义链表结点的类型，定义相应的记录及指针，通过赋特定地址值形成链表
	链表的建立、遍历、释放结点空间，头指针的正确赋值与使用	例 10.8	用尾部插入法建立单链表并遍历输出所有结点的值，最后释放所有结点空间，用函数实现各功能，注意头指针的传入及传出
	从链表中删除某结点，注意头指针的变化	例 10.9	链表中删除结点 3 步骤：定位、脱链、释放，若删除第一个结点则改变头指针
	向链表中插入某结点，保持元素值有序	例 10.10	链表中插入结点 3 步骤：定位、生成、插入，若插入结点为新的头结点则改变头指针
联合与枚举类型的定义及简单使用	联合类型的定义，联合变量的定义及成员的访问	例 10.12	联合类型的定义，联合变量成员的访问方式也用点运算符，联合变量空间大小示意
	枚举类型的定义及使用	例 10.14	星期枚举类型的定义，枚举变量的访问

（续表）

知识模块	对应知识点	例题号	本例主要技巧技能
文本文件及二进制文件的操作过程、4 对读写函数的使用	文本文件处理的过程，单字符写入控制	例 11.1	定义文件指针后，文件操作的全过程，用 fputc 将内容写入到文本文件中
	文本文件单字符读取	例 11.2	用 fgetc 逐字符从文件中读出内容
	文本文件按行读取	例 11.3	用 fgets 按字符串从文本文件中读出内容
	文本文件的格式化读写方式	例 11.4	用 fscanf/frintf 控制文本文件的格式化读/写
	二进制文件的数据块写入	例 11.5	用 fwrite 向二进制文件中成块写入数据
	二进制文件的数据块读出	例 11.6	用 fread 从二进制文件中成块读出数据
	指针定位函数的使用	例 11.7	配合用指针定位函数修改文本文件内容
	文本文件的复制	例 11.8	用 fgetc 和 fputc 分别操作两文件实现复制

授课内容和学时分配建议表

章	本章主要内容	32 学时	42 学时	56 学时
第 1 章 计算机、C 语言与二进制	计算机、程序与程序设计语言	√	√	√
第 1 章 计算机、C 语言与二进制	C 语言的传奇身世	◎	√	√
第 1 章 计算机、C 语言与二进制	为什么选择 C 语言	◎	√	√
第 1 章 计算机、C 语言与二进制	C 语言程序及其开发★	√	√	√
第 1 章 计算机、C 语言与二进制	信息的存储及进制问题★	√	√	√
第 1 章 计算机、C 语言与二进制	本章建议学时数	1	2	2
第 2 章 初识 C 语言源程序及其数据类型	2.1　C 语言源程序及其符号★	√	√	√
第 2 章 初识 C 语言源程序及其数据类型	C 语言中的数据类型	√	√	√
第 2 章 初识 C 语言源程序及其数据类型	常量★	√	√	√
第 2 章 初识 C 语言源程序及其数据类型	变量★	√	√	√
第 2 章 初识 C 语言源程序及其数据类型	基本数据类型在计算机内部的表示	◎	◎	√
第 2 章 初识 C 语言源程序及其数据类型	本章建议学时数	3	3	4
第 3 章 运算符与表达式	什么是运算符与表达式	√	√	√
第 3 章 运算符与表达式	运算符的优先级与结合性★	√	√	√
第 3 章 运算符与表达式	常用运算符★	√	√	√
第 3 章 运算符与表达式	运算过程中的数据类型转换	√	√	√
第 3 章 运算符与表达式	位运算符	◎	◎	√
第 3 章 运算符与表达式	本章建议学时数	3	3	4
第 4 章 程序流程控制	语句与程序流程	√	√	√
第 4 章 程序流程控制	顺序结构★	√	√	√
第 4 章 程序流程控制	选择结构★	√	√	√
第 4 章 程序流程控制	循环结构★	√	√	√
第 4 章 程序流程控制	break 与 continue	◎	√	√
第 4 章 程序流程控制	应用举例——判断质数、百钱百鸡	√	√	√
第 4 章 程序流程控制	本章建议学时数	5	6	6
第 5 章 函数的基本知识	函数与模块化程序设计	√	√	√
第 5 章 函数的基本知识	函数的定义★	√	√	√
第 5 章 函数的基本知识	函数的调用★	√	√	√
第 5 章 函数的基本知识	函数的原型声明★	√	√	√
第 5 章 函数的基本知识	函数的递归	◎	√	√
第 5 章 函数的基本知识	变量的作用域与存储类型★	√	√	√
第 5 章 函数的基本知识	应用举例——二次项定理求值	◎	◎	√
第 5 章 函数的基本知识	本章建议学时数	4	6	8
第 6 章 数组	一维数组★	√	√	√
第 6 章 数组	二维数组★	√	√	√
第 6 章 数组	向函数传递数组★	√	√	√
第 6 章 数组	数组常用算法介绍	△	△	√
第 6 章 数组	本章建议学时数	4	4	6

（续表）

章	本章主要内容	32 学时	42 学时	56 学时
第 7 章 指针	指针变量★	√	√	√
	指针与函数★	√	√	√
	指针与数组★	√	√	√
	应用举例	◎	√	√
	指针进阶	◎	◎	√
	本章建议学时数	4	5	8
第 8 章 字符串	字符串的定义与初始化★	√	√	√
	字符串的常用操作★	√	√	√
	应用举例	◎	√	√
	带参的 main 函数	◎	◎	√
	综合应用实例——单词本管理	◎	◎	√
	本章建议学时数	2	5	6
第 9 章 编译预处理与多文件工程程序	编译预处理★	√	√	√
	多文件工程程序★	√	√	√
	应用举例——多文件结构处理数组问题	√	√	√
	本章建议学时数	2	2	2
第 10 章 结构、联合、枚举	结构★	√	√	√
	链表	◎	◎	√
	联合	◎	◎	√
	枚举	◎	◎	√
	本章建议学时数	2	2	4
第 11 章 文件	文件与文件指针★	√	√	√
	文件的打开和关闭★	√	√	√
	文件读写★	√	√	√
	位置指针的定位	◎	◎	√
	应用举例——文件的复制	◎	◎	√
	本章建议学时数	2	2	4
第 12 章 学生成绩管理系统的设计与实现	数据类型的定义	◎	√	√
	为结构体类型定制的基本操作	◎	√	√
	用二进制文件实现数据的永久保存	◎	√	√
	用两级菜单四层函数实现系统	◎	√	√
	本章建议学时数	0	2	2

说明：（1）表中所列的学时数为课堂讲授所需要的理论学时数，并非课程总学时数。

（2）√表示课堂讲授内容，◎ 表示可自学、选学内容，△表示课堂选讲部分内容，★表示必须掌握的重点内容。

目录

第1章 计算机、C语言与二进制

学习目标：

- 初步了解冯·诺依曼的程序存储思想及冯·诺依曼体系计算机的结构
- 初步了解程序以及程序设计的基本步骤
- 初步了解程序设计语言的发展，理解源程序和目标程序的区别
- 了解C语言的发展简史，以及C语言程序的开发过程
- 初步理解计算机内存中存储空间及存储容量的相关知识，并对二进制等有所了解

重点提示：

- 冯·诺依曼体系计算机5大部件工作的基本过程
- 多种进制及进制间的相互转换

难点提示：

- 将源程序翻译到目标程序的3种翻译方式
- 内存及存储容量相关概念的理解

1.1 计算机、程序与程序设计语言

一个完整的计算机系统由硬件系统与软件系统组成。通常所说的计算机是指硬件系统，它是计算机实现自动控制与运算的物质基础。而软件系统则运行在硬件系统之上控制硬件完成各种功能。软件系统由多个程序构成，这些程序或者是系统软件，或者是应用软件，都是用特定的程序设计语言开发的。程序设计语言的发展经历了从机器语言到汇编语言再到各种高级程序设计语言的过程。而C语言作为一种主流的高级程序设计语言，它不仅是计算机软件设计与开发的主流语言之一，也是认识和深入掌握其他程序设计语言的基础。无论用何种语言进行程序设计，遵循程序设计的基本过程，掌握程序设计的基本方法都是至关重要的。

计算机：全称是电子计算机，俗称电脑，是一种能够按照程序运行，自动、高速处理海量数据的现代化智能电子设备。

程序：就是为使电子计算机执行一个或多个操作，或执行某一任务，为实现特定目标或解决特定问题而用程序设计语言编写的命令序列的集合。

程序设计语言：用于书写计算机程序的语言。每一种程序设计语言都有特定的语法规则，有其特定的基本符号集。

可见，计算机上运行着用程序设计语言开发的程序，程序赋予了计算机强大的生命力。

1.1.1 电子计算机概述

计算机本质上是一种电子设备，因此常被称为“电子计算机”。任何一个完整的计算机系统均由硬件系统和软件系统组成，没有安装任何软件的计算机称为裸机，不能真正发挥作用。本节主要介绍计算机的硬件组成。

1946 年 2 月 14 日，由美国军方定制的“电子数字积分计算机”（Electronic Numerical And Calculator，ENIAC）在美国宾夕法尼亚大学问世，大部分人认为 ENIAC 是世界上第一台电子计算机（见图 1-1）。它是美国奥伯丁武器试验场为了满足计算弹道需要而研制成的。这台计算器使用了 17 840 支电子管，大小为 80ft×8ft，重达 28t，功耗为 170kW，其运算速度为每秒 5 000 次的加法运算，造价约为 487 000 美元。

图 1-1　ENIAC 计算机

ENIAC 的问世具有划时代的意义，表明电子计算机时代的到来。在以后 60 多年里，计算机技术以惊人的速度发展，没有任何一门技术的性能价格比能在 30 年内增长 6 个数量级。现代的计算机可分为超级计算机、工业控制计算机、网络计算机、个人计算机、嵌入式计算机 5 类。

按照电子计算机逻辑元件的组成材料，可将电子计算机的发展划分为 4 个时代，见表 1-1。

表 1-1　电子计算机的 4 个发展时代

时代	名称	起止年	硬件	软件及应用领域	特点
第 1 代	电子管时代	1946—1958	逻辑元件采用真空电子管，主存储器采用汞延迟线、磁鼓、磁芯；外存储器采用磁带	采用机器语言、汇编语言编程。应用领域以军事和科学计算为主	体积大、功耗高、可靠性差、速度慢（每秒几千至几万次）、价格昂贵
第 2 代	晶体管时代	1958—1964	逻辑元件采用晶体管，主存储器采用磁芯	出现操作系统，用高级语言及其编译程序开发程序。应用领域以科学计算和事务处理为主，并开始进入工业控制领域	体积缩小、能耗降低、可靠性提高、运算速度（每秒几十万次）提高
第 3 代	集成电路时代	1964—1970	逻辑元件采用中、小规模集成电路，主存储器采用磁芯	出现了分时操作系统以及结构化、模块化程序设计方法。应用领域开始进入文字处理和图形图像处理领域	速度更快（每秒几十万到几百万次），可靠性更高，价格下降，产品走向通用化、系列化和标准化等

（续表）

时代	名称	起止年	硬件	软件及应用领域	特点
第 4 代	大规模集成电路时代	1970 至今	逻辑元件采用大规模和超大规模集成电路	出现了数据库管理系统、网络管理系统和面向对象语言等。应用领域从科学计算、事务管理、过程控制逐步走向家庭	集成度高，体积小，速度极快（每秒百万至数亿次），微型计算机 1971 年诞生

随着新的技术和工艺的不断发展，现在的微型计算机体积更小、重量更轻、价格更低、速度更快，被广泛地应用于军事、科研、经济、文化等各个领域，已经成为大众畅游网络、媒体视听、享受生活的好伴侣。随着嵌入式技术的兴起、网络技术的深度发展及云计算时代的到来，计算机将会迎来更加蓬勃灿烂的发展。

提到计算机，不得不提的一个重量级人物——数字计算机之父、美籍匈牙利科学家**冯・诺依曼**（Von Neumann）及他的程序存储思想。

冯・诺依曼通过对 ENIAC 的考察，敏锐地抓住了它的最大弱点——没有真正的存储器。ENIAC 只有 20 个暂存器，它的程序是外插型的，指令存储在计算机的其他电路中。这样，解题之前，必须先想好所需的全部指令，通过手工调试把相应的电路联通。这种准备工作要花几小时甚至几天时间，而计算本身只需几分钟。计算的高速与手工程序之间存在着很大的矛盾。

针对这个问题，冯・诺依曼提出了**程序存储的思想**：把运算程序存在机器的存储器中，程序设计员只需要在存储器中寻找运算指令，机器就会自行计算，这样，就不必重复编程，从而大大加快了运算进程。这一思想标志着**自动运算**的实现，标志着电子计算机的成熟，成为了电子计算机设计的基本原则，被一直沿用至今。

冯・诺依曼的另一个重大贡献是：建议在电子计算机中采用二**进制**。

根据冯・诺依曼体系的设计思想，其计算机须具有如下功能：

（1）把需要的程序和数据送至计算机中。

（2）具有长期记忆程序、数据、中间结果及最终运算结果的能力。

（3）能够完成各种算术、逻辑运算和数据传送等数据加工处理的能力。

（4）能够根据需要控制程序走向，并能根据指令控制机器的各部件协调操作。

图 1-2　冯・诺依曼

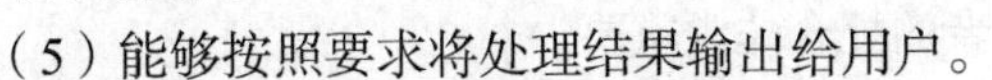

（5）能够按照要求将处理结果输出给用户。

为完成上述功能，计算机必须具备 5 大基本组成部件，包括：输入数据和程序的**输入设备**、存放程序指令和数据的**存储器**、完成数据加工处理的**运算器**、控制程序执行的**控制器**、输出处理结果的**输出设备**。其中运算器和控制器合称为**中央处理器**（Central Processing Unit，**CPU**），是计算机最核心的组成部分。

5 大部件之间通过控制总线、地址总线、数据总线这 3 大总线相联结，由数据流、指令流、控制流通过总线联系各部件，其结构示意如图 1-3 所示。

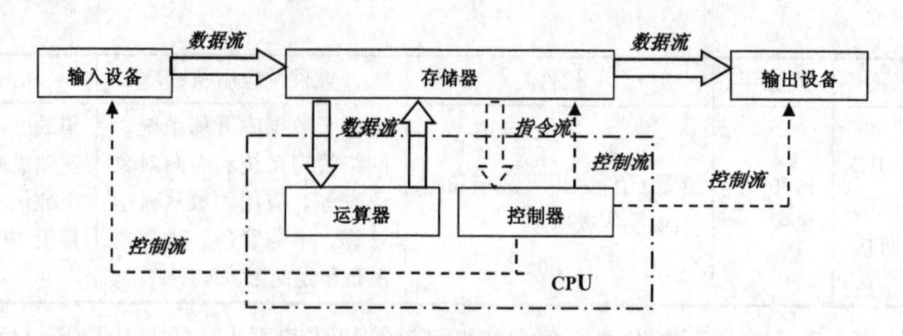

图 1-3　冯· 诺依曼电子计算机结构示意图

图 1-3 表明，程序（指令）和数据均通过输入设备输入到计算机，存于存储器中；运算时指令由存储器送入控制器，由控制器产生控制流控制数据流的流向并控制各部件的工作，对数据流进行加工处理；数据在控制流的作用下从存储器读入运算器进行运算，运算的中间及最后结果又存回存储器；存储器中的运算结果经输出设备输出。

关于计算机工作更具体深入的过程和原理，请读者参阅微机原理或系统组成相关知识。

1.1.2　程序与程序设计

任何一台电子计算机，无论其硬件上有多先进强大，都必须安装系统软件和应用软件才能发挥强大的功能。计算机系统中，硬件是基础，软件是灵魂。

软件是包含程序的有机集合体，程序是软件的必要元素。任何软件都有可运行的程序，至少要有一个。软件除了包含程序之外，还应该配有相关文档。例如，项目需求描述文件、系统操作手册、软件升级记录、数据文件或数据库的说明等，这些辅助文档的类型和内容取决于软件的用途和规模等，也是软件的必要组成部分。

程序始终是软件的核心，是计算机的主宰，控制着计算机该做什么。所有需要计算机完成的事情都要被编写成程序。

编程是编写程序的简称，术语称为“**程序设计**”。编程需要按一定的步骤进行。

- **编程的第 1 步是需求分析**，就是搞清楚究竟要让计算机做什么。这个过程看起来简单，实则不然。需求分析中最难的就是开发者和用户之间的交流。用户不懂开发，开发者不懂用户的专业和业务，这就有可能导致开发者开发的软件最终用户用起来不顺手，从而导致返工或大幅度修改，影响效率。
- **编程的第 2 步是设计**，就是搞清楚计算机怎么做这件事。设计的内容主要包括两方面：一方面是设计算法、数学建模、用数学方法对问题进行求解；另一方面是设计程序的代码结构，使程序更利于修改、扩充、维护。两者的配合非常重要。
- **编程的第 3 步是程序编码**，就是将设计的结果变成一行行代码，输入到程序编辑器中。编码工作必须熟练掌握某一门程序设计语言才能完成。可以用一般的文本编辑器进行编码工作，但新手更习惯于在某种集成开发环境（IDE）下（如 Microsoft Visual C++）进行编码及后面的调试工作。
- **编程的第 4 步是调试程序**，就是将上一步完成的源程序进行编译、链接、运行，看看运行结果是否满足第 1 步的需求；如果不满足，就要查找问题，修改代码，重新编译再运行，直到结果满意为止。这一步用到的主要工具是编译器和调试器（集成开发环境中一般都内置这些工具，也可以单独安装它们）。

编程的过程看似简单，但其实每一步都大有学问。本书中所涉及的示例程序规模都很小，一般不涉及前两步，因此本书重点介绍后面两步。但是，对于大型的、复杂的软件开发，前两步的重要性要高于后两步。

因此，软件的核心部分是程序，而程序一定要通过编程（即程序设计）实现。

1.1.3 程序设计语言简介

程序设计语言如前所述，是用于书写计算机程序的语言。

自20世纪60年代以来，世界上公布的程序设计语言已有上千种之多，但是只有很小一部分得到了广泛的应用。从发展历程来看，程序设计语言可以分为4代，如表1-2所示。

表1-2 计算机语言的4个发展时代

时代	名称	构　成	优缺点	现　状
第1代	机器语言	由二进制0、1代码指令构成，不同的CPU具有不同的指令系统	缺点：程序难编写，难修改，难维护，需要用户直接对存储空间进行分配，编程效率极低	很少直接用它来编程
第2代	汇编语言	机器指令的符号化，与机器指令存在着直接的对应关系	缺点：难学难用，容易出错，维护困难等；优点：可直接访问系统接口，汇编程序翻译成的机器语言程序的效率高	只有在高级语言不能满足设计要求，或不具备支持某种特定功能的技术性能时才被使用
第3代	高级语言	面向用户，基本上独立于计算机种类和结构	优点：形式上接近于算术语言和自然语言，概念上接近于人们通常使用的概念。其一个命令可以代替几条、几十条甚至几百条汇编语言的指令	易学易用，通用性强，应用广泛
第4代	非过程化语言	面向应用，为最终用户设计。编码时只需说明“做什么”，不需描述算法细节	优点：缩短应用开发过程、降低维护代价、最大限度地减少调试过程中出现的问题以及对用户友好等	数据库查询和应用程序生成器是第4代语言的两个典型应用。真正的第4代语言应该说还未出现

目前，第3代高级语言得到了长足的发展，种类繁多，应用广泛，又可分为4类。

（1）**命令式语言**：是基于动作的语言，以冯·诺依曼计算机体系结构为背景。用命令式程序设计语言编写程序，就是描述解题过程中每一步的过程，程序的运行过程就是问题的求解过程，因此也称为**过程式语言**。现代流行的大多数语言都是这一类型，如Fortran、Pascal、Cobol、C、C++、Basic、Ada、Java、C# 等，各种脚本语言也被看作是此种类型。

（2）**函数式语言**：其语义基础是基于数学函数概念的值映射的λ算子可计算模型，非常适合进行人工智能等的计算。典型的函数式语言如Lisp、Haskell、ML、Scheme 、F#等。

（3）**逻辑式语言**：这种语言的语义基础是基于一组已知规则的形式逻辑系统。这种语言主要用在专家系统的实现中。最著名的逻辑式语言是Prolog。

（4）**面向对象语言**：直接建立在面向对象基本模型上，以“对象+消息”为程序设计范式。如Smalltalk、Delphi、Visual Basic、Java、C++、C#等都是面向对象的语言。

在以上众多的高级语言中，我们挑选其中几种简单介绍。

Visual Basic语言是一种解释执行的会话语言。由于它简单易学，已成为大部分中小学学生学习编程的入门语言。

Pascal语言是20世纪70年代初期发展起来的第一个系统地体现结构化程序设计概念的现代

高级语言，具有特别丰富的数据结构类型，广泛用于科学、工程和系统程序设计中。曾经是主流的计算机程序设计教学语言。

C 语言是 20 世纪 70 年代初期与 UNIX 操作系统相伴相成的高级语言，与 UNIX 操作系统一起大获成功。C 语言能够提供丰富的数据类型、广泛使用的指针以及一组很丰富的计算和数据处理使用的运算符。它不仅具有高级语言的特点，还具有低级语言可直接对硬件编程的能力，功能强大，应用灵活，一直占据着最受欢迎的高级语言的前两名。

C++语言是 C 语言的扩充，1980 年开发，最初被称为“带类的 C”，1983 年才命名为 C++语言。一方面，它将 C 语言作为它的子集，继续支持面向过程的程序设计；另一方面又增加了面向对象的概念和技术，并且主要用于面向对象编程。

Java 语言是一种面向对象的、不依赖于特定平台的程序设计语言，简单、可靠、可编译、可扩展、多线程、结构中立，是一种理想的、用于开发 Internet 应用软件的面向对象程序设计语言，得到了广泛的应用。

用相应程序设计语言编写出来的程序叫作**源程序**，不同语言编写出来的源程序文件扩展名有所不同；而计算机直接能识别的完全由 0、1 序列组成的程序叫作**目标程序**，其对应文件的扩展名为.obj。

冯·诺依曼体系的计算机只能识别二进制，因此，用非机器语言编写的源程序都要经过相应的“**翻译**”过程，才能得到计算机可运行的目标程序。翻译的过程需要借助于编译程序、解释程序、汇编程序这 3 种语言处理程序。

完成翻译的方式有 3 种。

（1）**汇编**：通过**汇编程序**将用汇编语言所编写的源程序翻译为目标程序。

（2）**编译**：通过**编译程序**将用特定高级语言所编写的源程序翻译为目标程序，产生目标代码。不同的高级语言有不同的编译程序。Cobol、Fortran、Pascal、C、C++等都有相应的编译程序。Pascal、C 语言是能书写编译程序的高级程序设计语言。

（3）**解释**：通过**解释程序**直接执行源程序，一般是读一句源程序，翻译一句，执行一句，不产生目标程序，如 Basic 解释程序。

我们学习高级程序设计语言，不仅能掌握一种书写源程序的工具，而且还能培养计算思维能力，培养分析问题并通过程序设计解决问题的能力。

1.2 初识 C 语言

C 语言是怎么诞生的？在众多的高级程序设计语言中，为什么选择学习 C 语言呢？在哪些开发环境下可以进行 C 语言程序开发，C 语言程序开发的完整过程是什么。本节将为大家初步解读 C 语言。

1.2.1 C 语言的传奇身世

C 语言出身名门——美国贝尔实验室，当时科技界的梦工厂。该工厂中有两位年轻的工程师 Ken Thompsom 和 Dennis M. Ritchie，在 1969 年阿波罗成功登月之后开发了一个 “Space Travel” 的游戏，模拟太空驾驶宇宙飞船穿梭于太阳系的场景，但当时只能在笨重的大型机上玩，并且需要每次支付 75 美元的昂贵费用。于是，两位年轻人努力寻找免费游戏机。功夫不负有心人，由

DEC 公司制造的 PDP－7 小型机具有出色的图形处理能力，但它是裸机，得不到“Space Travel”游戏操作系统的支持。于是，他们开始为 PDP－7 编写操作系统，并给该操作系统起名为 UNIX。1971 年，用汇编语言编写的 UNIX 操作系统问世。UNIX 的优雅加上 Space Travel 的吸引力，使得很多人都希望在自己的计算机上也能安装 UNIX 系统。但是由于汇编语言编写的程序可移植性差，于是，两人决定改用高级语言编写 UNIX 操作系统，使其能在更多的机器上运行。

当时可供选择的高级语言很多，例如，Basic、Fortran 等，但是这些高级语言是面向应用程序编写而设计的，离机器太远，并不适合用来开发操作系统。于是，二位达人决定自己开发出一种离机器近的高级语言。

二人分头行动，1972 年，Ken Thompsom 继续完善 UNIX 操作系统，Dennis M. Ritchie 设计新语言，最终该新语言以 Ken Thompsom 之前设计的“B 语言”为基础，因此起名为“C 语言”。1973 年，Ritchie 完成了第 1 版 C 语言核心，并用 C 语言重写了 UNIX 操作系统。

因为 UNIX 和 C 语言的巨大成功，Ken Thompsom 和 Dennis M. Ritchie 二人于 1983 年共同获得了计算机界的最高奖——图灵奖。

C 语言的诞生来源于两位电脑达人玩游戏的初衷，他们的 DIY（Do it yourself）热情与锲而不舍的科学精神创造了 C 语言和 UNIX 操作系统的传奇，而这样的传奇即使在高级语言林立的今天仍然还在延续着。

C 语言以 B 语言为基础，而 B 语言也有其前世今生，下面再从时间的先后顺序上了解一下 C 语言的完整发展过程：

1960 年 1 月，图灵奖获得者艾伦.佩利（Alan J.Perlis）在巴黎举行全世界一流软件专家参加的讨论会上，发表了“算法语言 ALGOL 60 报告”，确定了程序设计语言 ALGOL 60（**也称为 A 语言**）。

1963 年，剑桥大学将 ALGOL 60 语言发展成为 **CPL** (Combined Programming Language)语言。

1967 年，剑桥大学的 Martin Richards 对 CPL 语言进行了简化，产生了 **BCPL** 语言。

1970 年，美国贝尔实验室的 Ken Thompson 将 BCPL 进行了修改，并为它起了一个有趣的名字“**B 语言**”。意思是将 CPL 语言煮干，提炼出它的精华。

1972 年，美国贝尔实验室的 Dennis M. Ritchie 在 B 语言的基础上最终设计出了一种新的语言，他取了 BCPL 的第 2 个字母作为这种语言的名字，这就是“**C 语言**”

1977 年，为了推广 UNIX 操作系统，Dennis M.Ritchie 发表了不依赖于具体机器系统的 C 语言编译文本《可移植的 C 语言编译程序》。

1978 年，美国电话电报公司(AT&T)贝尔实验室正式发表了 C 语言，同时由 Dennis Ritchie 和 Brian Kernighan 合著了著名的《The C Programming Language》一书。通常简称为《K&R》或“白皮书”。但是，在《K&R》中并没有定义一个完整的标准 C 语言。

1983 年，由美国国家标准化协会（American National Standards Institute）在此基础上制定了一个 C 语言标准并发表，通常称之为 ANSI C。

1.2.2　为什么选择 C 语言

这么多的高级程序设计语言，为什么要选择 C 语言？或者说，为什么要学习 C 语言呢？关于这个问题，其实是没有确切答案的。然而质疑学习 C 语言的必要性，一定会带来思想上的抵触，行动上的滞后，从而将学习 C 语言这件本该美妙快乐的事情弄得苦不堪言。因此，这个问题虽然没有确切解，但还是值得大家去一探究竟。下面浅谈几点学习 C 语言的必要性。

（1）**C 语言是最受欢迎的编程语言之一**。图 1-4 所示为 TIOBE 在 2014 年公布的程序设计语言受欢迎程度的趋势图，可以看到 C 语言与 JAVA 语言一直处于最受欢迎语言的前两位，2014 年 C 语言又重夺第一的地位。可以这么说，C 语言是高级程序设计语言中的常青树。

在图 1-4 所列的 10 种语言中，除了 C 语言本身，其他 9 种语言中有 7 种都直接使用、间接引用或部分借鉴了 C 语言的语法，只有 Visual Basic 和 Python 的语法里找不到 C 语言的影子。凭着世界第一的影响力，学习 C 语言是正确的选择。

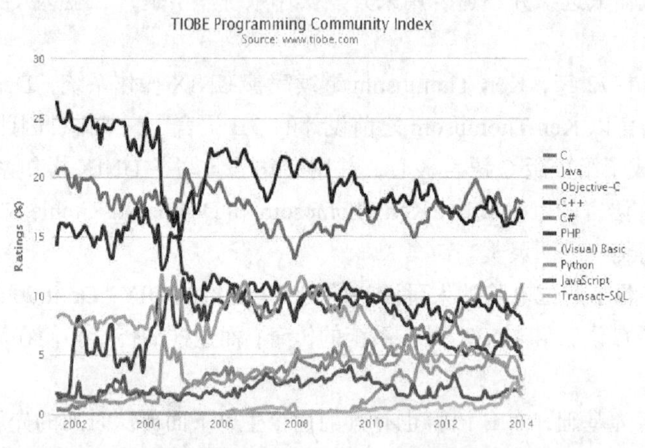

图 1-4　2014 年 2 月统计的 10 大最流行编程语言的流行趋势图

（2）**C 语言具有强大的功能**。许多著名的系统软件，如 DBase Ⅲ PLUS、DBase Ⅳ 都是由 C 语言编写的。用 C 语言加上一些汇编语言子程序，就更能显示 C 语言的优势了，像 PC-DOS、WordStar 等就是用这种方法编写的。归纳起来 C 语言具有下列特点。

- C 语言结合了高级语言和低级语言的特点：它把高级语言的基本结构和语句与低级语言的实用性结合起来。C 语言可以像汇编语言一样对位、字节和地址进行操作，这三者是计算机最基本的工作单元。
- C 语言是结构式语言：其显著特点是代码及数据的分隔化，即程序的各个部分除了必要的信息交流外彼此独立。这种结构化方式可使程序层次清晰，便于使用、维护以及调试。C 语言是以函数形式提供给用户的，这些函数可方便的调用，并具有多种循环、条件语句控制程序流向，从而使程序完全结构化。
- C 语言功能齐全：C 语言具有各种各样的数据类型，并引入了指针概念，可使程序效率更高。另外，C 语言也具有强大的图形功能，支持多种显示器和驱动器。而且计算功能、逻辑判断功能也比较强大，可以实现决策目的。
- C 语言灵活自由：C 语言充分信任程序员，给编程者最大的自由和最大的发挥空间，让他们可以自由地在代码中挥洒激情和创意，这使 C 语言通过程序员能不断创造奇迹。

C 语言不仅是面向过程的程序设计语言中功能最强、效率最高的语言，更是面向对象程序设计语言 C++、Java 和 C#的基础。

（3）**C 语言的适用范围广泛而且某些领域不可替代**。目前，C 语言仍然是编写操作系统的不二之选，它与 UNIX 操作系统是孪生姐妹，为操作系统而生，能更直接地与计算机底层打交道，开发操作系统的程序员都是最顶尖的高手，他们能驾驭好自由的 C 语言；C 语言是目前执行效率最高的高级程序设计语言，适用于对运行效率苛求的地方，例如新兴的嵌入式领域；对于需要继承或维护已有的 C 代码的地方，C 语言无可替代。有很多影响深远的程序和软件库最早都是用 C 语言开发的，所以还需要用 C 语言进行维护。

（4）C 语言对于未来不同职业需求的人，都培养了其计算思维。根据未来职业需求，可以将读者分为三类人群：（1）不需要编程；（2）需要编程，但不使用 C 语言；（3）需要编程，且需要使用 C 语言。对于第三类人，学习 C 语言是必须的选择。对于第二类人，因为大多数主流语言都与 C 语言一脉相承，以 C 语言作为入门语言再学习其他的语言是相当轻松的事。对于第一类人，虽然将来不需要编程，但是在做几乎任何事情的时候都离不开计算机的今天，具备一定的计算思维（像计算机科学家一样思维）是非常有必要的，学习 C 语言能帮助读者培养一定的计算思维能力。

那么，就让我们怀着探索的、愉悦的心情进入 C 语言的美妙世界吧！

1.2.3　C 语言程序及其开发

一个 C 语言程序从编写代码到执行出结果一般需要 6 个步骤，即编辑（edit）、预处理（preprocess）、编译（compile）、链接（link）、装载（load）和运行（execute）。有时忽略预处理和装载两步，可直接理解成 4 个主要步骤。下面是这几个步骤所完成的任务。

步骤 1：编辑。编辑是将编写好的 C 语言源程序通过输入设备录入到计算机中，生成扩展名为“. c”的源文件。编辑源程序的方法有两种：一种是选用 C 语言集成开发环境中的编辑器，这是最常用的方法；另一种是使用其他文本编辑器，如写字板、记事本等。

步骤 2：预处理。执行程序中的预处理指令（它们是为优化代码而设计的），每条预处理指令以符号“#”开头。预处理生成中间文件，又称**转译单元**（translation unit）。

步骤 3：编译。编译是将已生成的 C 语言源文件和预处理生成的中间文件转换为机器可识别的目标代码（即二进制代码），生成相应的“. obj”文件。在编译过程中主要进行词法和语法分析，发现有不符合的，及时以 error 或 warning 信息提示用户，用户必须重新修改源程序文件直至编译正确才能进入下面的步骤。

步骤 4：链接。链接把不同的二进制代码片段（C 程序一般都包含多处定义的函数和数据，它们都分别被编译成二进制码片段）连接成完整的可执行文件（executable file）。可执行文件的扩展名为“. exe”。

步骤 5：装载。装载器将可执行文件装入内存储器。

步骤 6：运行。在中央处理器控制下，对装入内存的可执行文件逐条执行指令。所得结果一般在显示器上显示。

具体的运行过程如图 1-5 所示。

需要说明的是，在以上几个过程中都有可能出错，无论是哪一个阶段出了错，都应该回到编辑步骤。因为，如果源文件有错，就无法保证后面各步生成正确的文件。如果是运行期出错，则程序存在逻辑上的错误，要借助调试器找出错误才能保证源程序修改正确。

C 语言程序的开发在特定的集成开发环境下进行，有功能强大的集成开发环境的支持，使 C 语言程序的开发工作变得更轻松。集成环境中提供了编辑器、编译器、链接器、调试器等多种工具，使得程序员从源程序的编辑到最后的运行均可在集成环境中完成。目前常用的 C 语言集成环境有 Turbo C++、Microsoft Visual C++、Borland C++、Magic C++、GCC、LCC、Visual Studio .NET 等，每种集成开发环境在使用的时候需要注意所适合的操作系统。本书中的源程序都是在 Microsoft Visual C++ 6. 0 环境下（该集成开发环境的使用见配套的习题解答与实验指导书）开发的。

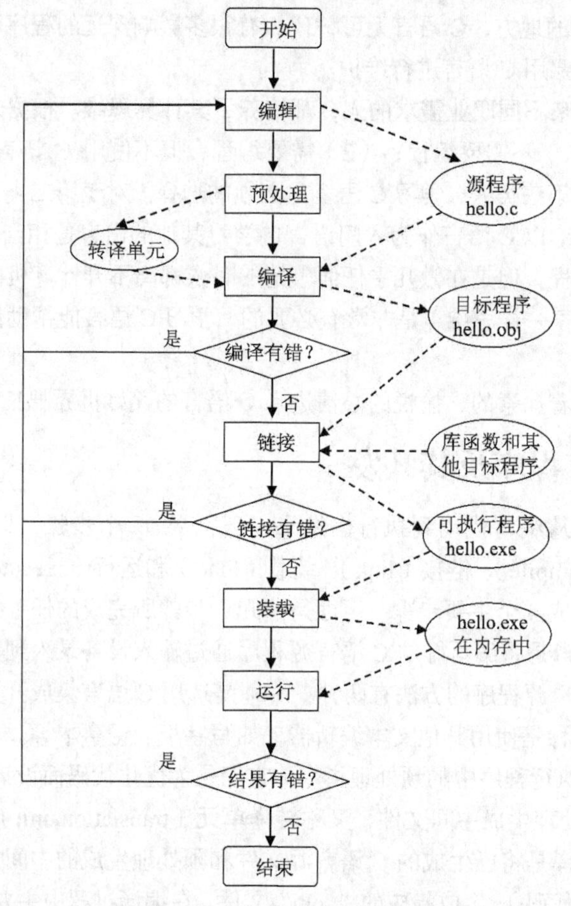

图 1-5　开发 C 语言程序的步骤

1.3　信息的存储及进制问题

冯·诺依曼体系结构的计算机中，所有的信息，包括代码（指令）及数据都以**二进制**（由 0、1 两种数符构成的数据）的形式存储在计算机内存中。

关于计算机内存，需要做初步的了解，这对后面特别是指针的学习将有一定的帮助。

二进制数怎样表示？与十进制数之间有什么关系，还有没有其他的进制概念。本节将给出解读。

1.3.1　内存的基本知识

存储器是计算机中存储信息的部件。按照存储器在计算机中的作用，可分为主存储器（即内存储器，简称内存）、辅助存储器（即外存储器，简称外存）、高速缓冲存储器等几种类型。大家熟悉的硬盘、光盘等都属于外存储器，这里只简单介绍一下内存储器的知识。

内存是计算机中重要的部件之一，用于存放计算机当前执行的程序代码和需要使用的数据，CPU 可以直接对其访问。因此，内存的容量和性能对计算机的影响非常大。

庞大的内存需要一定的管理，它被分成若干个存储单元，每一个存储单元有一个地址，有固定的容量，有特定的内容，其存储容量受限于地址总线的数量。内存好比一座大楼：一座大楼由若干个房间组成，每一个房间都有一个房间号码（即地址），每个房间里都可以放特定的物品（房间里的内容）。

与实际大楼有些不同的是，大楼中的房间可能有大有小，而内存中的每个存储单元大小一样，即所能存储的数据量是一样的。

计算机中存储的都是二进制数，二进制数中用 0 和 1 作为基本数符，每个 0 或 1 就是一个位（**bit**），被称为**比特**，是数据存储的最小单位。

存储单元的最基本单位不是 1 个 bit，而是连续 8bit 组成的 1 **字节**（Byte，简写为 B）。因此 B 作为存储容量的最基本度量单位。

由于现代计算机存储容量的不断增大，如果只是用 B 来表达，那么数字也就太庞大了，于是，有了 KB、MB、GB、TB、PB、EB、ZB、YB 等各种级别更高的单位，相邻的两个单位之间均相差 2 的 10 次方，具体如下：

1B = 8 bit（B 代表字节，bit 代表二进制位）

1KB=1024B=2^{10}B

1MB=1024KB=1048576B=2^{20}B

1GB=1024MB=1073741824B=2^{30}B

1TB=1024GB=1099511627776B=2^{40}B

1PB =1024TB=1125899906842624B=2^{50}B

1EB=1024PB=115292150 4606846976B=2^{60}B

1ZB=1024EB=1180591620717411303424B=2^{70}B

1YB=1024ZB=1208925819614629174706176B=2^{80}B

目前台式机和笔记本电脑的主流内存容量配置为 4GB 或更高。内存容量有多大，取决于地址总线的个数。如果地址总线是 n 根，则内存容量的上限为 2^n B，因为每根地址总线上可以有 0 和 1 两种数符。这就类似于，如果大楼的房间编号用的是 3 位十进制数，相当于地址总线有 3 根，每根线上可以分别取数符 0~9，那么这幢楼最多可以有 1000 即 10^3 个不同的房间号码，房号范围：000~999，对应于 1000 个不同的房间。

1.3.2　二进制、八进制及十六进制

世界上只有“10”种人，一种人懂二进制，另一种人不懂二进制。这里的 **10**，实际上是二进制的 10，表示数值 2。因此表达的意思是世界上只有两种人——懂和不懂二进制的人。

先来回忆一下我们所熟悉的十进制：逢十进一，每一位数符取 0~9 中的一个。每一位的位权是 10^i（10 就是数制数，最右位即个位 i 值为 0，右往左数第 2 位即十位 i 值为 1，每向左一位 i 值加 1）。

因此，数制中最关键的是这 3 个信息：每位的数符、逢多少进一；每位的位权。

二进制数每位的数符为 0 或 1，逢二进一，每位的位权就是 2^i。

二进制数是计算机存储信息的数制。在计算机领域，有时为了表达方便起见，常常需要用到八进制数和十六进制数。各种数制数据的表示及等效的十进制值见表 1-3。

表 1-3　　4 种进制的对比

进制	每位数符	逢几进一	位权	n 位数的不同个数	例子（结果统一到十进制数）
十	0~9	10	10^i	10^n	$(341)_{10}=3\times10^2+4\times10^1+1\times10^0=341$
二	0~1	2	2^i	2^n	$(101)_2=1\times2^2+0\times2^1+1\times2^0=5$
八	0~7	8	8^i	8^n	$(127)_8=1\times8^2+2\times8^1+7\times8^0=87$
十六	0~9,A~F	16	16^i	16^n	$(31D)_{16}=3\times16^2+1\times16^1+13\times16^0=797$

表 1-3 中，二进制与八进制数符是容易理解的，最后一个十六进制数，因为每一位数位要能表达 0~15，其中的 0~9 可以用一位很方便地表示，而 10~15 由两位数字组成了，但是在十六进制中是一个数位上所表示的值，所以借用英文字母 A~F（也可以是 a~f）分别表示值 10~15。

表中所举的例子仅仅涉及整数位，如果有小数位，道理也是一样的，只是从小数点后的第一位起，位权方次分别是-1、-2 等，每向右一位方次减 1。例如，十进制的 0.273，小数点后面的各位的位权分别是 10^{-1}、10^{-2} 和 10^{-3}，结果就是：$2\times10^{-1}+7\times10^{-2}+3\times10^{-3}=0.273$。

1.3.3　进制间的相互转换

各种进制间可以很方便地进行相互转换，这里只介绍一下整数的转换方式。

（1）十进制数转成 *N* 进制数： 除 *N* 取余至商为 0 再逆序输出余数。

例如，将十进制整数 157 转化为八进制数。将 157 除以 8 的商 19 作为下一次的被除数，记下本次的余数 5；再用 19 除以 8 的商 2 作为下一次的被除数，记下本次的余数 3；再用 2 除以 8 得到商为 0，记下本次余数 2。因为本次商已为 0，求解终止。最后将 3 次所得到的余数按逆序输出得到 235，这就是十进制数 157 等效的 8 进制数，如图 1-6 所示。

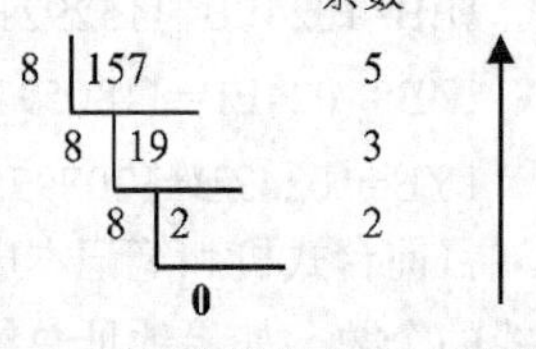

图 1-6　十进制数转换为八进制数

（2）*N* 进制数转成十进制数： 各位数符所代表的值乘以对应位的位权再累计求和。

在表 1-3 的最后一列就体现了这种方法。

再例如，十六进制数 2E5 转化为十进制数就是：$2\times16^2+14\times16^1+5\times16^0=741$。

（3）二进制数与八进制数的相互转换： 2 到 8，三合一；8 到 2，一分三。

每 3 位二进制数所能表达的不同数据个数为 $2^3=8$，那么，每 3 位二进制数就正好对应于一位八进制数，因此将二进制数转化为八进制数时只需要将二进制数从个位开始向前每 3 位一组划分，最高位组不足 3 位的前面补 0 补足 3 位，每组对应于一位八进制数即可。而将八进制数转为二进制数，只需要将每一位八进制数表达为 3 位二进制数，如果是最高位为 0，则删去直到最前面出现 1 为止。二进制每 3 位数与八进制的 1 位数对应关系如表 1-4 所示。

表 1-4　　3 位二进制数与 1 位八进制数的对应关系

3 位二进制数	000	001	010	011	100	101	110	111
1 位八进制数	0	1	2	3	4	5	6	7

例： 将二进制数 1101011111010100001 转换为对应的八进制数。为清楚起见，重新写一下这个二进制数，从右开始向左，每 3 位一组，相邻两组间空格隔开。则该数为：

11 010 111 110 101 000 001，最高位组不足 3 位补一个 0（用斜体粗体表示），因此实际转换时的二进制数为：***0***11 010 111 110 101 000 001，查表 1-4 得到对应的八进制数为：3276501。而八进制数 3276501 转换为对应的二进制数的方法是将每一位拆成 3 位二进制数，得到：011 010 111 110 101 000 001，最前面的 1 位 0 可以省略，于是得二进制数 11010111110101000001。

（4）二进制数与十六进制数的相互转换：2 到 16，四合一；16 到 2，一分四。

这一组转换的方式与二进制和八进制的相互转换方法是一致的，只是每一组二进制数的位数为 4 位。每 4 位二进制数所能表达的不同数据个数为 2^4=16，那么，每 4 位二进制数就正好对应于一位十六进制数，其对应关系如表 1-5 所示。

表 1-5　　4 位二进制数与 1 位十六进制数的对应关系

4 位二进制数	0000	0001	0010	0011	0100	0101	0110	0111
1 位十六进制数	0	1	2	3	4	5	6	7
4 位二进制数	1000	1001	1010	1011	1100	1101	1110	1111
1 位十六进制数	8	9	A	B	C	D	E	F

例：将二进制数 11010111110101000001 转换为对应的十六进制数。为清楚起见，重新写一下这个二进制数，从右开始向左，每 4 位一组，相邻两组间空格隔开。则该数为：

1101 0111 1101 0100 0001，查表 1-5 得到对应的十六进制数为：D7D41。而十六进制数 D7D41 转换为对应的二进制数的方法就是将每一位十六进制数拆成 4 位二进制数，查表 1-5，最终得到二进制数 11010111110101000001。

（5）八进制数与十六进制数的相互转换：可以通过二进制数作为中间值进行转换。

具体而言，八进制数转换为十六进制数，先将八进制数按一分三的方法转换为二进制数，再对二进制数按照四合一的方法转换成十六进制数；同理，十六进制数转换为八进制数，可以先将十六进制数按一分四的方法转换为二进制数，再对二进制数按三合一的方法转换成八进制数。例如，八进制数 3741 转换为十六进制数的方法如图 1-7 所示。

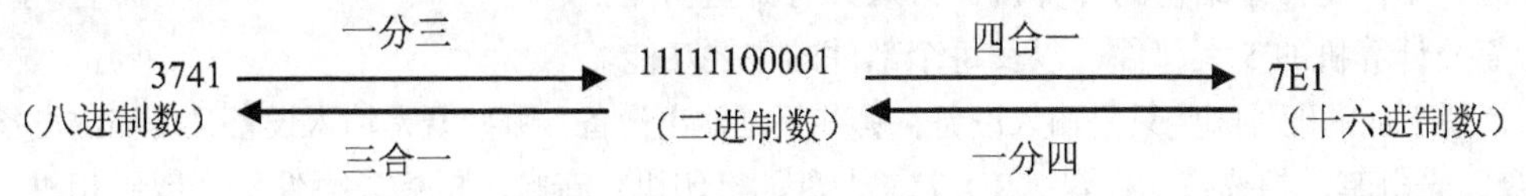

图 1-7　八进制数转换为十六进制数

进制的知识在 C 语言中非常重要，在以后编写源程序时所涉及的数据，大部分情况下采用十进制表示，但也有八进制和十六进制的整型常量。在位基本运算中都是对二进制数据进行操作的。源程序编译之后得到的目标程序都是二进制代码。读者需要熟悉这几种进制的表示、换算关系。

习　题

一、单选题

1. “程序存储思想”是（　　）提出来的。

A. Dennis M. Ritchie　　B. Bell

C. Von Neumann　　D. Ken Thompson

2. 电子计算机“ENIAC”于 1946 年诞生于（　　）大学。

A. 英国剑桥　　B. 美国卡耐基梅隆

C. 美国哈佛　　D. 美国宾夕法尼亚

3. 电子计算机经历了4个发展时代，微型计算机出现在（　　）时代。

A. 电子管　　B. 晶体管　　C. 集成电路　　D. 大规模集成电路

4. 关于软件和程序，下列说法不正确的是（　　）。

A. 软件的核心是程序　　B. 软件就是程序

C. 软件＝程序+文档　　D. 软件中文档必不可少

5. 以下关于源程序与目标程序的关系，不正确的是（　　）。

A. 用机器语言编写的源程序就是目标程序

B. 用汇编语言编写的源程序需要经过汇编程序汇编为目标程序

C. 用C语言编写的源程序需要经过编译程序编译为目标程序

D. C语言与Pascal等其他高级语言的编译器是完全一样的

6. 以下哪一种不是从源程序到目标程序的翻译方式（　　）。

A. 编辑　　B. 编译　　C. 汇编　　D. 解释

7. 第一个结构化程序设计语言是（　　）。

A. Pascal　　B. C　　C. Basic　　D. Fortran

8. 贝尔实验室的Dennis M. Ritchie于1973年用C语言重写了（　　）操作系统。

A. DOS　　B. UNIX　　C. Windows　　D. Linux

9. 若计算机有32根地址总线，则其存储器的最大存储容量可达（　　）。

A. 32MB　　B. 32GB　　C. 4GB　　D. 8GB

10. 十进制数346所对应的八进制数为（　　）。

A. 235　　B. 532　　C. 237　　D. 732

二、问答题

1. 冯·诺依曼体系结构的计算机，必须具有哪些功能？

2. 简介计算机的5大部件，以及每个部件的主要功能。

3. 说说下面的硬件哪些只是输入设备，哪些只是输出设备，哪些既是输入设备又是输出设备？

键盘、光电笔、扫描仪、U盘、SD卡、光盘、打印机、音响、鼠标、摄像头、数码相机、数码摄像机、手写输入板、游戏杆、麦克风、显示器、绘图仪、触摸屏、硬盘

4. 简述源程序与目标程序的关系。

5. 简述C语言程序的开发过程。

第2章 初识C语言源程序及其数据类型

学习目标：

- 掌握C语言源程序的组成结构及6种基本符号
- 掌握C语言基本数据类型常量的表示方法
- 掌握C语言基本数据类型变量的定义、初始化和输入/输出方法

重点提示：

- 函数是C语言源程序的基本单位
- 用户自定义标识符的命名规则
- 基本数据类型常量、变量的概念和使用
- 输入/输出函数 scanf/printf、getchar/putchar 的使用

难点提示：

- 基本数据类型的输入/输出的格式控制方法
- 基本数据类型在计算机内部的表示形式*

2.1 C语言源程序及其符号

在正式学习C语言编程之前，先让我们通过一个简单的C语言程序示例来了解一下C语言源程序的基本组成结构及其符号，为后续学习打下基础。

2.1.1 C语言源程序的组成

现在，我们给出本书的第一个C语言源程序。

例 2.1 编写一个程序，实现从键盘输入两个整数，并计算输出两者的乘积。

```
#include <stdio.h>
/*函数功能：计算两个整数的乘积
  入口参数：整型数 a 和 b
  返回值：  整型数 a 和 b 之积
*/
int multiply( int a, int b)
{
    return (a*b);
}
```

```
/*主函数*/
int main( )
{
    int x, y, product;
    printf("Please input two integers:");
    scanf("%d%d", &x, &y);                  /*输入两个整型数 x 和 y*/
    product=multiply(x, y);                 /*调用函数 multiply 计算 x 和 y 的乘积*/
    printf("The product is %d\n", product); /*输入 x 和 y 的乘积*/
    return 0;
}
```

运行此程序，屏幕上首先会显示一条提示信息：

```
Please input two integers:
```

若用户从键盘输入为：`2 3 <回车>`

则输出结果为：

```
The product is 6
```

说明：

这个程序的功能是不是很简单？虽然，现在对于初学者来说还不能完全理解该程序的每一行代码，但是上面这个例子直观地说明了编程的一般思路：首先，要告诉程序处理什么数据（这里是通过调用 scanf 函数从键盘输入的整数 2 和 3）；其次，要告诉程序怎么做处理（这里是调用 multiply 函数求乘积）；最后，要告诉程序如何将处理的结果反馈给用户（这里是通过调用 printf 函数输出计算结果）。无论多么复杂的程序都要遵循这一编程思路，希望读者在 C 语言的后续学习和实践过程中逐渐体会和掌握这一精髓。

在本节中，我们先介绍一下 C 语言**源程序（Source Program）**的基本组成结构。通过观察和分析例 2.1，我们可以知道如下几点。

（1）函数（Function）是 C 语言源程序的基本单位，即 C 程序是由函数构成的。

C 语言源程序由一个或多个函数组成，函数是组成 C 语言程序的基本单位。一个 C 语言程序有且只有一个名为 main 的函数，称为**主函数（Main Function）**。C 语言程序总是从 main 函数开始执行，即 main 函数是程序运行的起点。

除了 main 函数外，用户还可以根据需要定义自己的函数，称为**用户自定义函数（User-Defined Function）**。如在例 2.1 中，multiply 函数就是用户自定义的用于计算两整数乘积的函数，它由 main 函数调用。

另外，在 C 语言程序中，还可以调用系统提供的**库函数（Library Function）**来完成某项功能。如在例 2.1 中，程序分别调用了 scanf 和 printf 函数用于输入和输出操作。而且在调用库函数之前，需要在程序最前面写一条**编译预处理命令（Preprocessor Directive）**。例如，要调用 scanf、printf 等标准输入、输出函数，必须要用#include <stdio.h>命令将**头文件（Header File）**stdio.h 包含到 C 语言源程序中。关于编译预处理命令的细节将在第 9 章中介绍。

（2）函数由函数首部（Function Header）和函数体（Function Body）两部分构成。

C 语言函数的一般形式：

```
<函数返回类型> <函数名> ( <形式参数表> )      /*函数首部*/
{
    <若干语句>                               /*函数体*/
}
```

如在例 2.1 中，main 函数的函数首部是 int main( )，其函数返回类型是整型 int，因为它没有形式参数表，所有只留下一对空的圆括号 ( )；而 multiply 函数的函数首部 int multiply(int a，int b) 的定义则较完整，它的形式参数表中有两个整型变量 a 和 b。

函数体是由紧跟在函数首部后面的一对大花括号{ }中的若干**语句**（**Statement**）组成，主要实现该函数的功能。例如，multiply 函数的函数体只有一条语句：return (a*b);，它用于计算两数相乘，并将结果返回给该函数的调用者；而 main 函数的函数体主要实现完整的程序功能，main 函数最后一句 return 0;，表示 main 函数结束，程序返回到操作系统。关于函数的完整概念将在第 5 章中介绍。

（3）每条 C 语言语句都是以分号结束的。

每条 C 语言语句都是以**分号“;”**作为结束标志。C 语言程序的书写形式很灵活，一行可以书写几条语句，一条语句也可以分作多行。为了提高程序的可读性和可维护性，建议读者**一行只写一条语句，从而养成良好的程序设计风格**，这点一定要引起重视。

在 C 语言源程序中，可以用“/*……*/”的形式表示**注释**（**Comment**）。注释主要用来对程序内容进行解释或说明，它不是程序的语句，其内容不参加编译。如例 2.1 所示，这种注释方式可以进行单行或多行注释。另外，Visual C++中也支持以“//……”开头的单行注释。注释的作用也是为了增强程序的可读性和可维护性，**在现代软件工程中，注释和程序语句具有同等重要性。**

2.1.2　C 语言源程序中的 6 种基本符号

C 语言源程序由函数组成，函数又由语句组成，那么，语句中又会含有哪些符号呢？

归纳起来，C 语言源程序中主要有 6 种基本符号。

（1）关键字（Keyword）：又称为保留字，是 C 语言中预先规定的具有固定功能和意义的单词，用户只能按预先规定的含义来使用它们，不可以自行改变其含义，用作它途。C 语言提供了 32 个关键字，详见附录 B。

在例 2.1 中，有 2 个关键字：int 是整数类型名，return 表示函数的返回，即执行到这条语句将结束本函数的执行，回到调用点。

（2）标识符（Identifier）：以字母或下划线开头，后面跟字母、数字、下划线的任意字符序列。标识符又分为**系统预定义标识符**（**Predefined Identifier**）和**用户自定义标识符**（**User-Defined Identifier**）两种。系统预定义标识符是由系统预先定义好的，每一个都有相对固定的含义，一般不作他用，以避免引起歧义。用户自定义标识符是用户根据编程需要自行定义的标识符，主要用作变量名、函数名、符号常量名、自定义类型名等。用户自定义标识符不能使用关键字，也尽量不要使用系统预定义标识符。关于用户自定义标识符的命名规则，请参考附录 G 给出的建议。

在例 2.1 中，有 3 个系统预定义标识符，main 是主函数名，scanf 是输入函数名，printf 是输出函数名；还有 5 个用户自定义标识符，即整型变量名 x、y、product、a 和 b。

特别提醒：在 C 语言中，标识符是大小写敏感的，例如，a 和 A 表示的是不同的标识符，scanf 也不能写成 Scanf。

（3）运算符（Operator）：C 语言提供了相当丰富的运算符，34 个运算符被分为 15 个不同的优先级，完成不同的运算功能，对运算对象有不同的要求，参见附录 D。第 3 章将详细介绍大部分运算符。

在例 2.1 中，主要用到了 3 个运算符：“=”是赋值运算符，用于给变量 product 赋值。“*”是乘法运算符，用于计算变量 a 和 b 之积。“&”是取地址运算符，在 scanf 函数中需要给出所输入变量的地址，即&a 和&b 分别表示变量 a 和 b 的地址。

（4）分隔符（Separator）：如同写文章需要标点符号一样，C 语言程序也需要分隔符，否则程序就会出错。C 语言程序中主要的分隔符有：**空格**（本书中用“␣”表示空格）、**回车/换行**、逗号“,”、分号“;”，它们用在不同的场合。同一个关键字、标识符中不能出现分隔符，但是相邻的关键字、标识符之间必须使用分隔符。通常，“;”专门用在一条语句的末尾，起到分隔语句的作用；“,”在同一条语句中用来分隔一条语句中的并列项；“␣”或回车/换行就是在以上两种情况以外的需要分隔的地方出现。

在例 2.1 中，语句“int x，y，product;”后面有“;”，变量 x 和 y 以及 y 和 product 之间有分隔符“,”，关键字 int 和变量 x 之间用“␣”分隔。但是注意，#include<stdio.h>是一条编译预处理命令，不是 C 语言程序中的语句，所以后面不要加分号。

（5）其他符号： 除了分隔符以外，程序中还有一些有特定含义的其他符号。例如，大花括号“{”和“}”表示函数体或者语句块的起止。“/*”和“*/”之间的内容理解为注释内容不作为源程序内容被编译，某些编译器环境下支持以“//”开头的单行注释方式。

（6）数据（Data）： 程序中处理的数据有常量和变量两种，变量都是以用户自定义标识符的形式出现在程序中，因此，这里所说的数据就是指各种类型的字面常量。

在例 2.1 中，"Please input two integers:"，"%d%d"和"The product is %d\n"都是字符串常量。其中的“%d”是 scanf、printf 函数中的数据输入、输出格式，这里表示十进制整型数据，而 scanf、printf 函数的具体用法将在第 2.4.2 中详细介绍。

2.2　C 语言中的数据类型

数据是计算机程序的重要组成部分，它是实际问题属性在计算机中的某种抽象表示。由于实际问题是多种多样的，因此，数据也有不同的类型（如数值数据、文本数据、图像数据、声音数据等）。在计算机中，不同类型的数据需用不同的形式来描述，这就需要引入了**数据类型（Data Type）**的概念。数据类型规定了一类数据的存储结构、取值范围和能对它进行的操作（运算）。例如，短整型数据占用 2 字节内存，取值范围是-32768~32767，能进行的操作有加、减、乘、除等。本节将对 C 语言中的数据类型做具体介绍。

2.2.1　C 语言数据类型的种类

C 语言提供了较丰富的数据类型，每种数据类型都有相应的关键字来表示，如 int、float、double、char 等。C 语言的数据类型如图 2-1 所示。

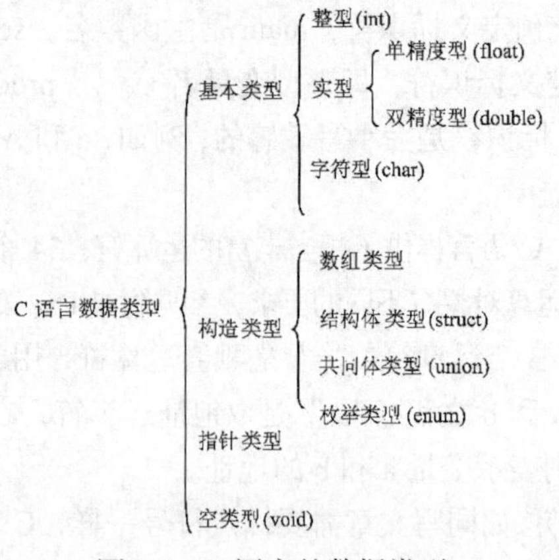

图 2-1　C 语言的数据类型

这些数据类型主要包括：基本类型、构造类型、指针类型、空类型等。本章主要介绍基本数据类型，其他数据类型将在后面的章节中陆续介绍。

2.2.2 基本数据类型及其修饰符

基本数据类型是 C 语言预定义的数据类型，包括**整型（int）**；**实型：单精度型（float）**、**双精度型（double）**；**字符型（char）**。

基本数据类型的前面还可以加上两类**修饰符（Modifier）**：按数据占内存空间的大小可分为**短的（short）**和**长的（long）**；按数据的正、负号可分为**有符号的（signed）**和**无符号的（unsigned）**。基本数据类型加上上述修饰符能衍生出多种基本数据类型变体。例如，字符型可分为：有符号字符型（signed char）和无符号字符型（unsigned char）；整型可分为：有符号短整型（signed short int）、无符号短整型（unsigned short int）、有符号基本整型（signed int）、无符号基本整型（unsigned int）、有符号长整型（signed long int）和无符号长整型（unsigned long int）；实型可分为：单精度型（float）、双精度型（double）和长双精度型（long double）。

这些数据类型所占的内存空间字节数和取值范围各不相同。表 2-1 给出了 Visual C++ 6.0 编译环境下，常用的带修饰符的基本数据类型的情况汇总。

表 2-1　　Visual C++ 6.0 编译环境下，常用的带修饰符的基本数据类型的汇总表

简称的类型名	完整类型名	长度（字节）	取值范围
char	signed char	1	−128 ~ 127
unsigned char	unsigned char	1	0 ~ 255
short	signed short int	2	−32768 ~ 32767
unsigned short	unsigned short int	2	0 ~ 65535
int	signed int	4	−2147483648 ~ 2147483647
unsigned int	unsigned int	4	0 ~ 4294967295
long	signed long int	4	−2147483648 ~ 2147483647
unsigned long	unsigned long int	4	0 ~ 4294967295
float	float	4	绝对值：$3.4\times10^{-38} \sim 3.4\times10^{38}$
double	double	8	绝对值：$1.7\times10^{-308} \sim 1.7\times10^{308}$
long double	long double	8	绝对值：$1.7\times10^{-308} \sim 1.7\times10^{308}$

通常有符号类型前的 signed 可以省略，short int 可以简写成 short，long int 可以简写成 long。

需要说明的是，对于某种数据类型在内存中究竟占多少字节，在 C 语言标准中并未严格规定，而是与具体的 C 语言编译环境有关。例如，对于 int 类型，在 Visual C++ 6.0 编译环境下占 4 字节，但是在 Turbo C 下只占 2 字节。在实际编程中，应当用 **sizeof(数据类型)**来获得该数据类型所占的字节数。例如，当我们想知道 int 类型变量所占的字节数，就可以用 sizeof(int)来求。有关 sizeof 的更多用法，读者将通过后续章节的学习逐步掌握。

2.3 常　量

常量（Constant）是计算机程序运行过程中其值不能发生改变的量。本节具体介绍 C 语言中基本数据类型常量的表示方法。

2.3.1 整型常量

在 C 语言中**整型**（**Integer**）常量可以用十进制、八进制、十六进制数 3 种形式来表示，其表示方式如表 2-2 所示。

表 2-2 整型常量的表示方式

进 制 数	表示方式	举 例
八进制整型	由数字 0 开头	034，065，057
十进制整型	如同数学中的数字	123，-78，90
十六进制整型	由 0X 或 0x 开头	0x23，0Xff，0xac

另外，对于带修饰符的整型常量可以通过加后缀的方式表示，具体如下：

（1）长整型常量的后缀是 L 或 l，如 125L、–56l 等；

（2）无符号整型常量的后缀是 U 或 u，如 60U、256u 等；

（3）无符号长整型常量的后缀显然是 LU、Lu、lU 或 lu，如 360LU 等。

2.3.2 实型常量

实型（**Floating-Point，也称为浮点型**）常量只采用十进制数表示，其表示方式分为**小数形式**（**Decimal Format**）和**指数形式**（**Exponent Format**）两种，如表 2-3 所示。

表 2-3 实型常量的表示方式

形 式	表示方式	举 例
小数形式	数字 0~9 和小数点组成，数字前面可带正负号	3.14，–0.123，10.，.98
指数形式	尾数、e 或 E 和指数 3 部分组成，即科学计数法，其中，尾数可表示成整数或小数形式，且不能省略；指数必须是整数	3.0e8，6.8E-5，9.9e+20 等，但 e2，3e2.0 不合法

对于小数形式的实数，小数点一定不能省略，小数点的左或右边数字可以缺省，但不能两边都缺省。

对于指数形式的实数，除了在形式上保证正确之外，还需注意实型数的范围，不超出正常范围（参见表 2-1）才是正确的实数。

另外，由于实型包括单精度和双精度两种类型，上述实型常量默认状态下表示 double 类型；表示 float 类型需加后缀 F 或 f（如 3.14f，6.8e-5F 等）；而表示长双精度（long double）类型的后缀为 L 或 l（如 3.1415926L 等）。

2.3.3 字符常量

在 C 语言中，**字符**（**Character**）常量的表示方式是用一对单引号将一个字符括起来，例如，'A'、'b'、'5'、'#'等。其中，最常用的字符定义由 **ASCII 码**（**American Standard Code for Information Interchange，美国标准信息交换码**）表给出（参见附录 A）。ASCII 表为每一个字符都定义了唯一的整数编码——ASCII 码，例如，'A'的 ASCII 码是 65，'5'的 ASCII 码是 53 等。

在 ASCII 表中，字符分为**可打印字符**（如字母、数字、运算符等）和**控制字符**（如回车、换行、响铃等）。上述字符常量的表示方式适用于大多数可打印字符，但是对于无法从键盘输入的控制字符就不适用了。因此，字符常量还可以用**转义字符**（**Escape Character**）——用单引号括起的以反斜杠“\”开头的字符序列来表示，例如，'\n'表示换行符，'\a'表示响铃符，'\t'表示制表符等。常用的转义字符如表 2-4 所示。

表 2-4　常用的转义字符

字　符	含　义	字　符	含　义
'\n'	换行(Newline）	'\a'	响铃报警(Alert or Bell）
'\r'	回车（不换行）(Carriage Return）	'\"'	一个双引号(Double Quotation Mark）
'\0'	空字符 (Null）	'\''	单引号(Single Quotation Mark）
'\t'	水平制表(Horizontal Tabulation）	'\\'	一个反斜线(Backslash）
'\v'	垂直制表(Vertical Tabulation）	'\?'	问号(Question Mark）
'\b'	退格(Backspace）	'\ddd'	1 到 3 位八进制 ASCII 码值所代表的字符
'\f'	走纸换页(Form Feed）	'\xhh'	1 到 2 位十六进制 ASCII 码值所代表的字符

这里，需要注意字符常量'5'与整型常量 5 之间的区别与联系：它们的区别是 5 表示一个整数，而'5'表示一个字符；但是'5'对应的 ASCII 码为整数 53，也就是说，字符类型本质上也是整型，字符'5'与整数 5 之间相差 48。利用这一特性，我们就可以方便地实现一些非常有用的操作，示例如下。

（1）数字与数字字符之间可通过±48 进行转换，例如，'5'–48 的值等于整数 5；

（2）大小写字母之间可通过±32 进行转换，例如，'A'+32 的值等于字符'a'的 ASCII 码。

具体例程请参见**例 2.2**，请读者认真理解这些转换操作并熟记。

2.3.4　字符串常量

虽然**字符串**（**String**）不是基本数据类型，但字符串常量很常用，所以这里先介绍，关于字符串类型的完整概念将在第 8 章中介绍。

字符串常量的表示方式是用一对双引号将零个或多个字符序列括起来，例如，"hello"，"This is a program"，"A"等都是字符串常量。

在 C 语言中，系统为每一个用双引号括起来的字符串常量的末尾都添加一个空字符'\0'作为结束标记。图 2-2 所示为字符串的存储格式示意图。

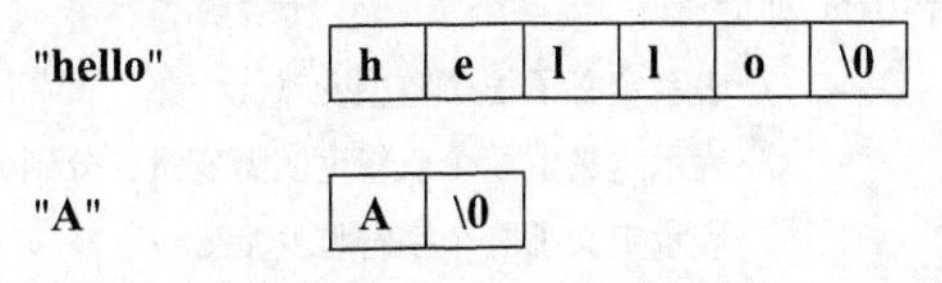

图 2-2　字符串的存储格式示意

从图 2-2 中我们可以看出，字符串常量的实际字符数总是比其双引号中的字符数多 1。

2.3.5　符号常量

在 C 语言中，有时可以用一个标识符来表示一个常量，称之为**符号**（**Symbolic**）常量。符号常量在使用之前必须先定义，其一般形式为：

```
#define <标识符>   <字符串>
```

其中，#define 也是一条预处理命令（预处理命令都以"#"开头），称为宏定义（Marco Definition）命令，其功能是把<标识符>定义为其后的<字符串>。一经定义，在编译预处理时，程序中所有出现该标识符的地方均以该字符串替换，该过程称为“宏替换”（Marco Substitution）。示例如下：

```
#define  PI  3.14159
```

则程序中就可以用 PI 来表示圆周率 3.14159，这方便了程序书写和阅读。需要注意的是，#define 不是 C 语言的语句，后面没有分号。若将上句写成“#define PI 3.14159;”，则 PI 将被替换成“3.14159;”，这很可能引起程序的错误（具体请参见 9.1.2 节中的例 9.1）。因此，在 C 语言中还可以用 **const** 修饰符来限定一个变量成为只读变量，在程序中不允许被修改，其功能上类似于常量，详细内容请参见 2.4.3 节。

2.4 变　　量

变量（Variable）是计算机程序运行过程中其值可以发生改变的量。它通常用于存放程序运行时输入、处理和输出过程中所涉及的各种数据。变量由数据类型和**变量名（Variable Name）**两部分来表示。其中，数据类型决定了该变量的数据存储结构、取值范围及可进行的操作（运算）；变量名是变量的唯一标识，程序通过变量名可以对该变量的值进行修改和访问。

2.4.1 变量的定义及初始化

在 C 语言中，变量必须遵循**“先定义、后使用”**的原则，即任何变量在使用之前都要用变量定义语句进行声明。

变量定义（Variable Definition）语句的基本格式如下：

```
<数据类型>      <变量名 1> [ ，<变量名 2> ，<变量名 3> ，…] ；
```

其中，**<数据类型>**为该变量数据类型对应的关键字，例如，int、float、double、char 等（具体参见 2.2.1 节）；**<变量名>**是用户自定义标识符，它必须符合用户自定义标识符的命名规则（具体参见 2.1.2 节）。这里，方括号[ ]里的内容表示可选，也就是说，可以同时声明多个相同类型的变量，它们的变量名之间用逗号分开即可。

下面是一些变量定义语句的例子：

```
int a;                      /*表示定义了 1 个整型变量 a*/
double x, y, z;             /*表示定义了 3 个双精度实型变量，分别为 x、y、z*/
char c;                     /*表示定义了 1 个字符型变量 c*/
long total;                 /*表示定义了 1 个长整型变量 total，等价于 long int total; */
unsigned short s;           /*表示定义了 1 个无符号短整型变量 s; */
```

一般情况下，在 C 语言中定义但未赋初值的变量，其值为不确定的随机数（静态变量除外，具体参见 5.6.2 节）。这有时会对变量的使用带来不便，因此，C 语言允许在定义变量的同时对变量的值进行初始化。

变量值初始化（Variable Initialization）的具体格式如下：

```
<数据类型>      <变量名 1>=<初值 1> [ ，<变量名 2>=<初值 2> ，…] ；
```

其中，**<初值>**通常是常量，但也可以是其他变量或表达式。

例如：

```
int  a=1;                         /*定义整型变量a，初值为1*/
double x=1.23, y=2.236068;        /*定义双精度实型变量x、y，x的初值为1.23*/
                                  /*y的初值为2.236068*/
char c='T';                       /*定义字符型变量c，初值为大写字母'T'*/
char d='T'+32;                    /*定义字符型变量d，初值为'T'+32，即小写字母't'*/
```

在变量值初始化时，还可使用另一变量来初始化该变量值。

例如：

```
double z=x;                       /*定义双精度实型变量z，初值为x的值，即1.23*/
```

另外，在变量定义及初始化后，可以通过赋值运算修改变量的值。

例如：

```
z=3.6;                            /*将变量z的值修改为3.6*/
```

2.4.2　变量的输入和输出

在C语言中，最常用的变量的**输入（Input）**和**输出（Output）**方法是调用系统库函数scanf和printf。在前面的例2.1中，已经用到了输入函数scanf和输出函数printf。这两个函数分别称为标准格式输入和输出函数，其功能强大、调用格式也非常灵活。因此，本节对它们的基本用法做详细介绍。

1. 格式输入函数scanf的用法

scanf函数功能是按指定的格式，从键盘读入若干数据给相应的变量，其一般格式为：

```
scanf(<格式控制字符串>, <变量地址列表>);
```

其中，**<格式控制字符串>**包含**格式转换说明符**和**输入分隔符**。格式转换说明符用于指定变量的输入格式，通常以"%"开始，并以一个格式字符结束。表2-5列出了函数scanf的格式转换说明符，其常用的格式有："%d"、"%c"、"%f"、"%lf" 等。

表2-5　函数scanf的格式转换说明符

格式转换说明符	用　法
%d或%i	输入十进制整数
%o	输入八进制整数
%x	输入十六进制整数
%c	输出1个字符，空白字符（包括空格、回车、制表符）也作为有效字符输入
%s	输入字符串，遇到第1个空白字符时结束
%f或%e	输入1个float型的实数，以小数形式或指数形式输入均可
%lf	输入1个double型的实数，以小数形式或指数形式输入均可
%%	输入1个百分号%

输入分隔符是除格式转换说明符以外的字符，输入时函数scanf将略去与输入分隔符相同的字符。**<变量地址列表>**是若干输入变量的地址的集合，不同变量的地址之间要用逗号","分开。函数scanf的工作过程如下：用户从键盘输入的数据是一串连续的字符，称之为**数据流（Data Stream）**。系统先按照输入分隔符将数据流分隔，再分别按照格式转换说明符进行数据转换，最后将转换后的数据送到变量地址列表所对应的变量中。

例如，在例 2.1 中，输入语句：

```
scanf("%d%d", &x, &y);
```

其中，格式控制字符串包含 2 个格式转换说明符“%d”，表示要输入 2 个十进制整数。变量地址列表为“&x，&y”，表示变量 x 和变量 y 的地址，两个地址之间。这里，格式控制字符串中没有显式地指定输入分隔符，则系统用默认的输入分隔符（如空格符、制表符、回车符等）来分隔数据流。

若从键盘输入：3␣4 <回车>

则系统将输入流中的字符“3”转换成整数传送给变量 x，而“4” 转换成整数传送给变量 y。输入的结果为：x=3，y=4。

有输入分隔符的输入语句示例：

```
scanf("%d,%d", &x, &y);
```

其中，两个“%d”之间的“,”为输入分隔符，此时的正确输入格式应为：

```
3, 4 <回车>
```

则输入结果为：x=3，y=4。

除此之外，在函数 scanf 中，格式转换说明符的“%”和格式字符之间还可以插入格式修饰符，如表 2-6 所示。

表 2-6 函数 scanf 的格式修饰符

格式修饰符	用 法
英文字母 l	加在格式符 d、i、o、x、u 之前用于输入 long 型数据 加在格式符 f、e 之前用于输入 double 型数据
英文字母 L	加在格式符 f、e 之前用于输入 long double 型数据
英文字母 h	加在格式符 d、i、o、x 之前用于输入 short 型数据
域宽 m	指定输入数据的宽度（列数），系统自动按此宽度截取输入数据
忽略输入*	表示对应的输入项在读入后将不传送给相应的变量

例如，输入语句：

```
scanf("%2d%3d%4d",&a,&b,&c);
```

其中，增加了域宽修饰符 2、3 和 4。

若从键盘输入：1234567890<回车>

则输入结果：a=12，b=345，c=6789

说明：此次输入多余的 0 被忽略；若输入 1234567<回车>，则输入结束，第 3 个变量 c 的值为 67。

特别提醒：

用 scanf 输入数据时，允许同一条语句中输入不同类型变量的值，输入结束时一定以回车符结束；输入变量必须给出变量地址，切忌丢失取地址符&；float 类型的输入格式是“%f”，而 double 类型的输入格式是“%lf”，两者不能混淆；格式控制字符串最后切忌用换行符\n，否则将会导致输入无法正常结束。

2. 格式输出函数 printf 的用法

任何程序都需要将对数据处理的结果输出，没有输出的程序是毫无意义的。函数 printf 功能是按指定的格式，将数据、字符等信息输出到显示器终端上，其一般格式为：

```
printf(<格式控制字符串>, <输出参数表>);
```

其中，**<格式控制字符串>**包含**格式转换说明符**和**普通字符**。格式转换说明符用于指定输出参数的输出格式，与 scanf 类似，它也是以“%”开始，并以一个格式字符结束。而普通字符则原样输出。常用的输出格式转换说明符如表 2-7 所示。函数 printf( )的格式转换说明符的完整列表请参考附录 I。

表 2-7　　函数 printf 的格式转换说明符

格式转换说明符	用　　法
%d 或%i	输出带符号的十进制整数，正数的符号省略
%u	以无符号的十进制整数形式输出
%o	以无符号的八进制整数形式输出，不输出前导符 0
%x	以无符号的十六进制整数（小写）形式输出，不输出前导符 0x
%c	输出一个字符
%s	输出字符串
%f	以十进制小数形式输出实数（包括单、双精度），隐含输出 6 位小数，输出的数字并非全部是有效数字，单精度实数的有效位数一般为 7 位，双精度实数的有效位数一般为 16 位
%e	以指数形式（小写 e 表示指数部分）输出实数，要求小数点前必须有且仅有 1 位非零数字
%g	自动选取 f 或 e 格式中输出宽度较小的一种使用，且不输出无意义的 0
%%	显示百分号%

<输出参数表>是需要输出的数据项的列表，这些数据项可以是变量、常量或表达式，多个数据项之间用“,”分隔。输出参数表也可以没有，此时表示仅仅输出一个格式控制字符串常量。当输出参数表中有多个数据项时，每一个数据项将按照从左到右的顺序，与格式控制字符串中的格式转换说明符进行一一对应。printf 函数的工作过程是：系统从左到右扫描格式控制字符串，将其中的普通字符原样输出，当遇到格式转换说明符时，就将对应的数据项进行格式转换并在该位置输出。

例如，例 2.1 中的第一个输出语句：printf("Please input two integers:");就是一条没有输出参数表的输出语句。

又如：printf("The product is %d\n", product);

若此时为 product=6，则输出结果为：

```
The product is 6 <换行>
```

其中，变量 product 的值被“%d”转换成十进制整数的形式输出，而格式控制字符串中的其他字符再作为普通字符原样输出。另外，'\n'是特殊的转义字符，表示换行。

与 scanf 函数类似，print 函数的格式转换说明符的“%”和格式字符之间也可以插入格式修饰符。常用的输出格式修饰符如表 2-8 所示。更详细的输出格式修饰符，请参考附录 J。

表 2-8　　输出函数 printf( )的常用输出格式修饰符

格式修饰符	用　法
英文字母 l	修饰格式符 d、i、o、x、u 时，用于输出 long 型数据
英文字母 L	修饰格式符 f、e、g 时，用于输出 long double 型数据
最小域宽 m（整数）	指定输出项输出时所占的总列数。若 *m* 为正整数，当输出数据的实际宽度小于 *m* 时，在域内向右靠齐，左边多余位补空格；当输出数据的实际宽度大于 *m* 时，按实际宽度全部输出；若 *m* 有前导符 0，则左边多余位补 0。若 *m* 为负整数，在域内向左靠齐，右边多余位补空格

（续表）

格式修饰符	用 法
显示精度.n （大于等于 0 的整数）	精度修饰符位于最小域宽修饰符之后，由一个圆点及其后的整数构成。用于控制浮点数的输出时，表示浮点数的小数位数；用于控制字符串的输出时，表示从字符串左侧开始截取的子串字符的个数
-	有-表示左对齐输出，如省略表示右对齐输出

接下来，我们通过一个程序给出 C 语言变量定义及输入、输出的示例。

例 2.2 C 语言变量定义及输入、输出的示例。

```
#include<stdio.h>
int main( )
{
    char ch1,ch2;                             /*定义 2 个 char 型的变量*/
    int a;                                    /*定义 1 个 int 型的变量*/
    double d;                                 /*定义 1 个 double 型的变量*/
    float f1=3.14F,f2;                        /*定义 2 个 float 型变量并初始化 f1*/
    f2=-123.4567f;                            /*用赋值的方法使其改变 f2 的值*/
    printf("Please input ch1, a, d:\n") ;
    scanf("%c%d%lf",&ch1,&a,&d);              /*用 scanf 一次输入不同类型的变量值*/
    printf("ch1=%%c: %c\n",ch1);              /*按字符格式输出 ch1*/
    printf("ch1=%%d: %d\n",ch1);              /*按整数格式输出 ch1*/
    ch2=ch1+32;                               /*将 ch1 的 ASCII 码加上 32 赋值给 ch2*/
    printf("ch2=%%c: %c\n",ch2);              /*按字符格式输出 ch2*/
    printf("a=%%d: %d\n",a);                  /*按十进制整数格式输出 a*/
    printf("a=%%x: %x\n",a);                  /*按十六进制整数格式输出 a*/
    printf("d=%%f: %f\n",d) ;                 /*按小数形式输出 d，默认小数点后输出 6 位*/
    printf("f1=%%f: %f\n",f1);                /*按小数形式输出 f1，默认小数点后输出 6 位*/
    printf("f1=%%g: %g\n",f1);                /*按小数形式输出 f1，省去无效 0*/
    printf("f1=%%e: %e\n",f1);                /*按指数形式输出 f1*/
    printf("f2=%%10.2f: %10.2f\n",f2);        /*按总宽 8 列小数点后 2 位格式输出 f2*/
    return 0;
}
```

运行此程序，屏幕上首先会显示一条提示信息：

```
Please input ch1, a, d:
```

若用户从键盘输入为：A └┘ 127 └┘ 2.71828183 <回车>

则输出结果为：

```
ch1=%c: A
ch1=%d: 65
ch2=%c: a
a=%d: 127
a=%x: 7f
d=%f: 2.718282
f1=%f: 3.140000
f1=%g: 3.14
f1=%e: 3.140000e+000
f2=%10.2f:␣␣␣-123.46
```

说明：

（1）函数 scanf 可以用于任何类型变量的输入，这需要根据变量的类型选择合适的格式控制字符，且变量名前要加取地址符&。

（2）不同类型的变量可以在一次函数 scanf 调用中完成读入，若输入格式中未指定分隔符，则数值之间以系统默认的分隔符（如空格符、制表符、回车符等）来分隔。

（3）字符型变量以“%d”格式输出的使其对应的 ASCII 码，如'A'的 ASCII 码是 65，这说明了字符型与整型之间的对应关系。而'A'+32 的值是整数 97，正好对应'a'。

（4）注意 double 型数据的输入/输出格式控制字符。输入 double 型变量时，必须用%lf 或%le，而不能用%f 或%e；但是输出 double 型数据时，不需要加前缀，也就是说，可以用 %f、%g 或%e 格式控制字符。

（5）对于实型数据，输出格式“%f”默认保留 6 位小数，若输出值的小数部分少于 6 位，则用 0 不足；若多于 6 位，则四舍五入到第 6 位。另外，实型数据还可以用控制精度的方法输出，如本例中“%10.2”表示总的输出宽度（含数字、小数点及正负号）为 10 个字符位，小数点后四舍五入到第 2 位。但是在输入时不能控制精度，否则将出错。

思考题

（1）若本例 scanf 语句中的变量前忘写了取地址符“&”，程序运行结果会怎样？

（2）若 scanf 语句中 double 型变量 d 的输入格式写成了" %f"，程序运行结果又会怎样？

3. 字符输入函数 getchar 和输出函数 putchar

字符型变量的输入和输出除了可以用函数 scanf 和 printf 之外，还可以用两个更加简单函数——getchar 和 putchar。这两个函数的使用格式为：

```
<变量>= getchar( );
putchar(<参数>);
```

函数 getchar 用于从键盘读入一个用户输入的字符，并将该字符返回给前面等待输入的**<变量>**。当函数 getchar 前面没有要输入的变量时，即语句 getchar( ); 表示系统从输入缓冲区提取一个字符，但不赋给任何变量，也就是说忽略返回值。

函数 putchar 的作用是将给定的**<参数>**以单个字符的形式输出到显示器屏幕的当前位置上，其参数可以是字符常量、变量或表达式等。

例 2.3　函数 getchar、putchar 用法示例。

```
#include<stdio.h>
int main( )
{
    char ch1,ch2;                      /*定义 2 个 char 型的变量*/
    ch1=getchar();                     /*用 getchar 读入第 1 个字符返回给 ch1*/
    getchar();                         /*忽略第 2 个字符*/
    ch2=getchar();                     /*用 getchar 读入第 3 个字符返回给 ch1*/
    putchar(ch1);                      /*用 putchar 输出 ch1*/
    putchar('\t');                     /*用 putchar 输出制表符*/
    putchar(ch2);                      /*用 putchar 输出 ch2*/
    putchar('\n');                     /*用 putchar 输出换行符*/
    printf("%c\t%c\n",ch1,ch2);        /*比较用 printf 与 putchar 输出的同样结果*/
    return 0;
}
```

运行此程序：

若用户从键盘输入为：a<回车>b<回车>

则输出结果为：

```
a␣␣␣␣␣␣␣b
a␣␣␣␣␣␣␣b
```

说明：

（1）用户输入第1个字符'a'由函数getchar赋给了变量ch1；用户输入第2个字符<回车>（C语言中回车也看作是一个字符）被语句getchar( );忽略了；用户输入第3个字符'b'由下一条语句赋给了变量ch2。

（2）一条putchar(参数);语句一次只能输出一个字符，而函数printf一次可以输出多个字符。但是printf需要设置输出格式，一般在输出单个字符时用函数putchar更方便。

思考题

若用户从键盘输入abc<回车>，上例的运行结果会怎样？

虽然变量输入、输出的方法较多、格式灵活，不过初学者只要会用一些基本的格式转换说明符就能满足一般编程的要求了。对于更复杂的输入、输出格式控制，读者可以在以后的编程实践中逐渐学习和掌握。

2.4.3 用const修饰符限定变量

C语言在定义变量时可以在其数据类型前加上**const**修饰符，其作用是限定一个变量的值不允许被修改。我们称这种变量为**只读变量**（**Read-Only Variable**），其定义语句格式如下：

```
const <数据类型>   <只读变量名1>=<值1> [ , <只读变量名2>=<值2> , …] ;
```

其中，**<只读变量名>**也是用户自定义标识符，但只读变量必须在定义时给定初始化值，而且在后面的程序中其值不能被修改。

例2.4 const只读变量定义的示例——求圆的面积和周长。

```
#include<stdio.h>
int main( )
{
   const double pi=3.14159;              /*定义只读常量pi*/
   double r;                             /*定义变量r，作为半径*/
   scanf("%lf",&r);                      /*从键盘输入r的值*/
   printf("area=%f\n", pi*r*r);          /*计算圆的面积并输出*/
   printf("perimeter=%f\n", 2*pi*r);     /*计算圆的周长并输出*/
   return 0;
}
```

运行此程序：

若用户从键盘输入为：3.0 <回车>

则输出结果为：

```
area=28.274310
perimeter=18.849540
```

说明：

（1）在上例中定义了一个名为pi的double型只读变量，其初始化值为3.14159。在程序中，pi可以用于运算和输出，但不能被修改。

（2）用const修饰的只读变量与2.2.5节中用#define定义的符号常量的区别在于：只读变量有

数据类型，而符号常量则没有数据类型。编译器对只读变量进行类型检查，而对符号常量则只进行字符串替换，不进行类型检查，字符串替换时非常容易产生意想不到的错误。因此，我们建议在编程时尽量用 const 只读变量代替符号常量。

思考题

请有兴趣的读者在程序中增加一条修改语句：pi=3.14 ;，并再次编译程序，观察编译器会给出什么错误提示信息。

用 const 修饰符限定的只读变量能带来许多益处，例如，增加了程序的可读性，方便了程序的维护，增强了程序的正确性并减少了误操作。

*2.5　基本数据类型在计算机内部的表示

在 C 语言等高级程序设计语言中，我们可以使用十进制形式来表示整型或实型数据，这与我们的日常习惯相一致，方便了程序的编写。但是，在计算机内部，所有的数据都是以二进制格式存储。虽然，我们通常不需要直接与二进制数据打交道，但是了解数据的二进制表示（1.3 节中已有介绍），对于我们理解基本数据类型概念及其本质是非常重要的。本节主要介绍整型、字符型和实型这 3 种基本数据类型在计算机内存中的存储形式。

2.5.1　整型数据在内存中的存储形式

整型数据可分为基本整型（int）、短整型（short）和长整型（long），它们的区别在于占用内存空间的多少。例如，在 VC++ 6.0 环境下，int 和 long 都占用 4 字节，short 则占用 2 字节。若有一个十进制数 123，那么它以 short 类型在内存中的二进制存储格式如图 2-3 所示。

另一方面，整型还可按正负号分为有符号的（signed）和无符号的（unsigned）。有符号数的最高位表示符号，称为符号位，其余位表示数据本身。符号位为“0”表示正号，为“1”表示负号。无符号数是非负数，不需要符号位，因此，全部位都用来表示数据。若将上例中的最高位设置为 1，如图 2-4 所示。

最高位→	0	000 0000	0111 1011

图 2-3　short 类型十进制数 123 在内存中的二进制存储格式

最高位→	1	000 0000	0111 1011

图 2-4　将图 2-3 中内存的最高位设置为 1

那么，对于无符号数，该数就表示 32891；而对于有符号数，该数是否就表示-123 呢？很遗憾，这与我们的直观理解不一样。事实上，此时这个数表示的是-32645，而非-123。

要解释这个问题，还需再引入整数二进制表示中的**原码（True Code）**、**反码（Ones-Complement Code）**和**补码（Complement Code）**的概念。原码是整数的符号位及其绝对值所对应的二进制编码；正数的反码与其原码形式相同，负数的反码符号位仍为 1，其余各位是原码对应位按位取反；**正数的补码就是其原码，负数的补码是其反码+1**。在计算机中，整数都是以二进制补码的方式存储的。采用补码一方面可以统一处理加、减计算，另一方面，也能防止出现+0 和-0 这样的不合理现象。下面我们分别给出了 short 型整数-32645 和-123 的补码及其计算过程，如图 2-5 所示。

根据整数在内存中的存储格式，我们可以得到：short 整数的取值范围为：-32768（二进制为 1000 0000 0000 0000）~32767（二进制为 0111 1111 1111 1111）；而 unsigned short 整数的取值范围为：0（二进制为 0000 0000 0000 0000）~65535（二进制为 1111 1111 1111 1111）。在程序中使用某类整型

变量时，一定要保证计算结果在其取值范围之内，否则就会出现**“溢出”**（**Overflow**）错误。

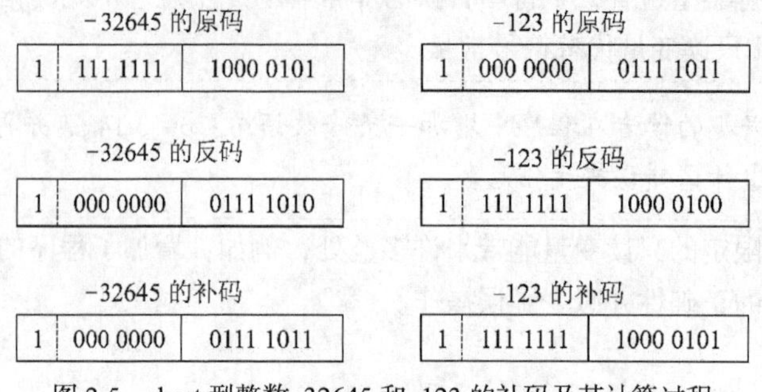

图 2-5　short 型整数-32645 和-123 的补码及其计算过程

2.5.2　字符型数据在内存中的存储形式

字符型数据的长度为 1 字节，在内存中是以其对应的 ASCII 码（0~127）的二进制形式存放存储的。例如，对于字符'A'，它的 ASCII 码是 65，其在内存中存储格式如图 2-6 所示。

字符'A'

0100 0001

图 2-6　字符'A'在内存中的存储格式

因此，从数据的计算机内部表示形式来看，字符型与整型本质上是相同的。字符'A'可以看作整数 65，反之亦然。在 C 语言中，字符型可以当作整数参与运算，例如，数字、字符转换，大小写字母转换等（参见 2.2.3 节）。

需要指出是，字符型数据的长度只有 1 字节，运算时需要注意其取值范围为 0~127，不能越界。

2.5.3　实型数据在内存中的存储形式

对于实型数据，无论是小数表示还是指数表示形式，在计算机内部都用二进制的**浮点方式**将实数分为**阶码**和**尾数**两部分进行存储的。对于一个实数 R，其二进制的浮点表示为：

$$R=S\times 2^{j}$$

其中，S 称为尾数，是有符号的纯小数；j 称为阶码，是有符号的整数。

例如，十进制数 12.625 对应的二进制数 1100.101，则将其表示成二进制浮点数有：

$$1100.101=0.1100101\times 2^{100}$$

即，尾数 S=0. 1100101，阶码 j=100。

二进制浮点数在计算机内部的存储格式如图 2-7 所示。

由此看到，尾数部分所占内存的位数决定了实数的精度，阶码所占内存的位数决定了实数的取值范围。但是，标准 C 语言并没有明确规定尾数和阶码各占多少位数，不同的 C 编译系统可能有不同的位数分配。

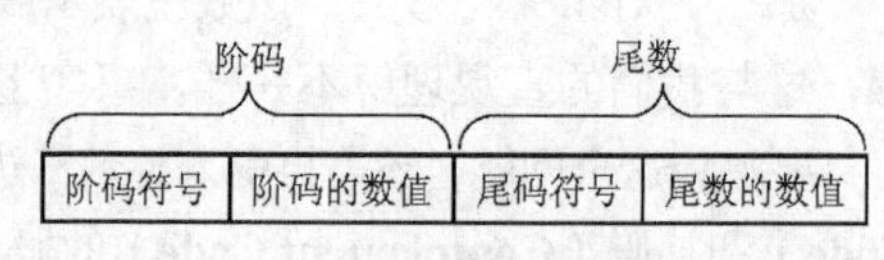

图 2-7　实型数据在内存中的存储格式

2.6　本章常见错误及解决方案

在数据类型常量、变量的定义和使用过程中，初学者易犯一些错误。表 2-9 中列出了与本章内容相关的一些程序错误，分析了其原因，并给出了错误现象及解决方案。

表 2-9　　与数据类型相关的常见编程错误及解决方案

错误原因	示例	出错现象	解决方案
变量未定义就使用	int a=3; temp=a;	系统报错：'temp'：undeclared identifier（temp 是没有声明的标识符）	增加变量 temp 的定义，再使用该变量
变量名拼写错误	int temp; tep=2;	系统报错：'tep'：undeclared identifier	查看对应的变量及其定义，保证前后一致
未区分大小写字母	int temp; Temp=2;	系统报错：'Temp'：undeclared identifier	查看对应的变量及其定义，区别大小写字母
变量定义位置在其他可执行语句后面	printf("hello"); int y=0;	系统报错: missing ';' before 'type'	将变量集中在语句块开始处定义，变量定义不能放在可执行语句中间
使用了未赋值的变量，其值不可预测	int a; printf("%d",a);	系统告警：local variable 'a' used without having been initialized	养成对变量初始化的习惯，保证访问前有确定值

在定义变量时，对多个变量进行初始化	int a=b=0 ;	系统报错：'b'：undeclared identifier（b 是没有声明的标识符）	改为：
			int a=0;
			int b=0;

定义符号常量时后面加分号	#define PI 3.14 ; double s，r=1.0 ; s=PI*r*r ;	系统报错: illegal indirection，'*'：operator has no effect 等语法错误	#define 是编译预处理命令，不是 C 语言语句，后面不要加分号

未考虑数值溢出的可能	int a=10000;
	a=a*a*a;
	printf("%d",a);
		系统无报错或告警，但是输出结果不正确	预先估计运算结果的可能范围，采用取值范围更大的类型，如 double

不用 sizeof 获得类型或变量的字长	printf("sizeof(int)=%d",4);	系统无报错或告警，但是在平台移植时可能出现问题	改为： printf("sizeof(int)=%d", sizeof(int));
语句之后丢失分号	int a,b a=3;b=4;	系统报错：missing ';' before identifier 'a'	找到出错位置，添加分号
忘记给格式控制串加双引号	int x=sizeof(int); printf(%d，x);	系统报若干个错：missing ')' before '%'等	根据编译器所指错误位置，将格式串两边加" "
库函数名拼写错误，大小写字母有区别	int x=sizeof(int); Printf("%d",x);	'Printf' undefined; assuming extern returning int	根据编译器所指错误位置，检查函数名并修改
未给 scanf 中的变量加取地址运算符&	int y; scanf("%d",y);	系统告警：local variable 'y' used without having been initialized	根据编译器所指告警位置，检查并修改，增加取地址符&

在 printf 中的输出变量前加上了取地址符&	int y;
	scanf("%d",&y);
	printf("%d",&y);
		系统无报错或告警，但是输出结果不正确	先用调试器跟踪观察变量的当前值，如果变量值正确而输出结果不对，则检查 printf 中的各个参数，如果输入的数据与变量所获得的值不一致，则检查 scanf 中的各个参数

漏写了 printf 中欲输出的表达式	scanf("%d",&y); printf("%d");	系统无报错或告警，但是输出结果不正确	

漏写了 printf 中与欲输出的表达式对应的格式控制串	int y;
	scanf("%d",&y);
	printf("%d",y,y+3);
		系统无报错或告警，但是缺少期望的输出结果	

（续表）

错误原因	示例	出错现象	解决方案

输入/输出格式控制符与数据类型不一致	int a=12,b; float f=12.5;
	scanf("%c",&a);
	printf("a=%f",a);
	printf("f=%d",f);
		系统无报错或告警，但是输出结果不正确	

scanf 的格式控制串中含有 '\n' 等转义字符	int y; scanf("%d\n",&y);	系统无报错或告警，但是输入数据时无法及时结束	从格式控制串中去掉'\n'转义字符

读入实型数据时，在 scanf 的格式控制串中规定输入精度	float x;
	scanf("%5.2f",&x);
	printf("%f",x);
		系统无报错或告警，但是输出结果并不是输入时的数据	从格式控制串中去掉 5.2 精度控制，输入实型数不能控制精度

在格式控制字符串之后丢失逗号	printf("%d"n);	系统报错：missing ')' before identifier 'n'	不是在 n 之前加')'号而应该在 n 之前加','号
在中文输入方式下输入代码或出现全角字符	void main（） { int a=2；}	系统报错：unknown character '0xa3'	找到出错位置，改用英文方式输入。中文或全角字符只在注释或串常量出现

习　题

一、单选题

1. 以下哪一个可以作为正确的变量名（　　）。

   A. 3*X　　B. _filename　　C. for　　D. $X;

2. 下列哪一个是合法的实型常量（　　）。

   A. 8E3.1　　B. E5　　C. 234.　　D. 234

3. 下列哪一个是不合法的十六进制整型常量（　　）。

   A. 0xaf　　B. 0　　C. 0X1b　　D. oxAe

4. 下列哪一个整数值最大（　　）。

   A. 012　　B. 0x12　　C. 12　　D. 120

5. 下列不属于字符型常量的是（　　）。

   A. 'a'　　B. "s"　　C. '\117'　　D. '\x86'

6. 下列哪一个字符与其他 3 个字符不相等（　　）。

   A. 'a'　　B. 'A'　　C. '\x41'　　D. '\101'

7. 下列哪个选项属于 C 语言中的合法字符串常量（　　）。

   A. how are you　　B. "china"　　C. ' hello '　　D. abc

8. 在 C 语言中，不同数据类型占用内存的字节长度是（　　）。

   A. 相同的　　B. 由用户自己定义的

   C. 任意的　　D. 与编译环境有关的

9. 下列 4 组数据类型中，C 语言允许的一组是（　　）。

   A. 整型、实型、逻辑型、双精度型

B. 整型、实型、字符型、空类型

C. 整型、双精度型、集合型、指针类型

D. 整型、实型、复数型、结构体类型

10. C 语言 short 型数据占 2 字节，则 unsigned short 型数据的取值范围是（　　）。

A. 0~255　　B. 0~65535　　C. -256~255　　D. -32768~32767

二、填空题

1. 一个 C 语言程序由若干个函数组成，其中必须有一个____①____函数。

2. 一个函数由两部分组成：一部分是____②____，另一部分是____③____。

3. C 语言程序中需要进行输入/输出处理时，必须包含的头文件是____④____。

4. 用 printf 输出 1 个 double 型数据，如果希望输出形式为指数格式，应该用格式转换说明符____⑤____，如果希望输出形式为小数形式，可以用格式转换说明符____⑥____或____⑦____，区别是：前者小数点后 6 位不够时补 0，后者会去掉小数点后无效的 0。

5. 有 scanf 输入 1 个 double 型变量时，需要使用格式转换说明符____⑧____，并且要使用运算符____⑨____取得该变量的地址。

三、读程序写结果

1. 写出下面程序的运行结果。

```
#include <stdio.h>
int main()
{ int i=010,j=10,k=0x10;
  printf("%d,%d,%d\n",i,j,k);
     return 0;
}
```

2. 写出下面程序的运行结果。

```
#include <stdio.h>
int main()
{ char c1='a', c2='b', c3='c';
  printf("a%c1b%c2%c3abc\n",c1,c2,c3);
     return 0;
}
```

3. 写出下面程序的运行结果。

```
#include <stdio.h>
int main( )
{ char a,b,c,d;
  a=getchar();
  b=getchar();
  scanf("%c%c",&c,&d);
  putchar(a);
  putchar(b);
  printf("%c%c",c,d);
     return 0;
}
```

如果从键盘输入（从下面一行的第一列开始）

```
1<回车>
234<回车>
```

则程序的输出结果？

4. 写出下面程序的运行结果。

```
#include <stdio.h>
int main()
{ int a;
  float b,c;
  scanf("%3d%3f%4f",&a,&b,&c);
  printf("a=%4d,b=%f,c=%g\n",a,b,c);
     return 0;
}
```

如果从键盘输入（从下面一行的第一列开始）

```
1234567.89<回车>
```

则程序的输出结果？

四、编程题

1. 编写程序，用 sizeof 测试以下数据类型在内存中所占空间大小：char、int 、short 、long、unsigned int 、float 、double 、long double，输出时给出较清晰的提示信息。

2. 编写程序，从键盘输入一个圆柱体的底面半径 r 和高 h，计算并输出该圆柱体的体积和表面积（要求结果精确到小数点后 3 位）。

第3章 运算符与表达式

学习目标：

- 掌握运算符、表达式的基本概念
- 掌握常用运算符的运算规则、优先级、结合性等特点
- 掌握C语言数据类型转换的方式

重点提示：

- 运算符与表达式在程序中的正确使用
- C语言自动数据类型转换的规则

难点提示：

- 常用运算符的优先级与结合性
- “前”、“后”自增、自减运算符的区别
- 位运算符及其应用*

3.1 什么是运算符与表达式

第2章提到，数据类型除了规定数据的存储结构、取值范围外，还规定了能对它进行的操作。操作就是对数据施加的运算处理。例如，对于整数可进行的操作有：加、减、乘、除等运算。在C语言中，我们使用**运算符（Operator）**来表示数据的运算，实现对数据的各种操作。

使用运算符就必须要有**运算对象（Operand）**，运算对象可以是常量、变量和函数。根据所需运算对象的个数，即**操作数**的个数，运算符又分为3类：**单目运算符（Unary Operator）**（操作数的个数为1，如取负值运算符等）、**双目运算符（Binary Operator）**（操作数的个数为2，如加、减运算符等）、**三目运算符（Ternary Operator）**（操作数的个数为3，如条件运算符）。

C语言的**表达式（Expression）**由**运算符**和**运算对象**组成。最简单的表达式可以只包括一个运算对象；而复杂的表达式可以是运算符和运算对象的任意组合。根据运算规则，**任何一个表达式都有一个确定的值，称为表达式的值。**例如：

```
3                  /*常量表达式，该表达式的值就是3*/
a                  /*变量表达式，该表达式的值是变量a当前的值*/
a+b*c              /*算术表达式，该表达式的值是算术运算的结果*/
a=10               /*赋值表达式，该表达式的值就是所赋的值10*/
sin(1.2)           /*函数表达式，该表达式的值是弧度1.2的正弦函数值*/
```

3.2　运算符的优先级与结合性

若一个表达式中包含有多个运算符时，其运算的顺序由运算符的**优先级**（**Precedence**）和**结合性**（**Associativity**）决定（具体参见附录 D）。附录 D 中将 C 语言的 34 种运算符分为 15 个优先级，级数越小的运算符优先级越高；运算符的结合性只有两种：**左结合**和**右结合**。具体运算顺序是：首先，按照运算符的优先级，先对优先级高的运算符进行运算，再对优先级低的运算符进行运算；当两个运算符的优先级相同时，则根据运算符的结合性的结合方向进行计算：左结合的从左到右计算；右结合的从右到左计算。

读者可以通过本章后续的内容，对 C 语言运算符的优先级与结合性有更加深入的了解。

3.3　常用运算符

C 语言的运算符内容丰富、应用灵活，本节只介绍常用的运算符，其他运算符将在后续章节中逐渐介绍。

3.3.1　算术运算符

算术（**Arithmetic**）运算包括加、减、乘、除、求余、取负数等，分别使用运算符+、–、*、/、%和–来表示，如表 3-1 所示。

表 3-1　　常用算术运算符

运算符	含　义	操作数个数	优先级	结合性
–	取负数	单目	2	右结合
*	乘法	双目	3	左结合
/	除法			
%	求余			
+	加法	双目	4	左结合
–	减法			

表 3-1 中，算术运算符的优先级从高到低为：–（取负数）⇒ *、/、% ⇒　+、–（减法）。

例如，计算算术表达式 1+2*3%4 时，根据优先级先要计算*、%再计算+；又因为*、%的优先级相同，则根据结合性需从左到右计算。所以，计算顺序是：2*3=6，6%4=2，1+2=3，该表达式的值为 3。

当然，在实际编程过程中，我们可以通过使用**小括号( )**来改变优先级。因为( )具有最高优先级，所以在有多个运算符的表达式中，( )中的内容总是优先计算。例如，计算(1+2)*3%4 时，就先算+，再算*、%，结果为 1。所以，适当使用( )可以帮助我们明确表达式的运算次序，提高程序可读性。

关于算术运算符及其表达式，还需说明几点：

（1）整除问题。**当两个整数相除时，结果仍为整数**，即只保留商的整数部分，而舍去小数部分。例如，1/2 和 1.0/2 的结果是不同的，1/2=0，1.0/2=0.5。这是由于在 C 语言中整型与整型运算的结果还是整型，而实型与整型运算的结果是实型。请读者在以后的编程学习中务必牢记这一点。

（2）求余运算的符号。求余运算要求两个操作数都必须为整型，结果为整除的余数。例如，6%4=2，而 6.0%4 是错误的表达式。另外，余数的符号与被除数相同。例如，6%(−4)=2，(−6)%(4)=−2。

（3）数学函数的使用。在算术表达式中还会使用到一些常用数学函数。例如，已知直角三角形两条直角边的长度分别为 a，b，则斜边的长度为 $\sqrt{a^2+b^2}$。将斜边的计算公式写成算术表达式为：

```
sqrt(a*a+b*b)
```

其中，sqrt 为求平方根的数学函数。C 语言提供了丰富的标准数学函数，使用时只要在程序开头加上文件包含命名：#include <math.h>即可，非常方便。表 3-2 所示为部分常用的标准数学函数列表，关于标准数学函数的详细介绍请参见附录 E。

表 3-2 常用的标准数学函数

函 数 名	功 能	函 数 名	功 能
sqrt(x)	计算 x 的平方根，x 应大于等于 0	exp(x)	计算 e^x 的值
fabs(x)	计算 x 的绝对值	pow(x,y)	计算 x^y 的值
log(x)	计算 $\ln x$ 的值	sin(x)	计算 $\sin x$ 的值，x 为弧度值
log10(x)	计算 $\lg x$ 的值	cos(x)	计算 $\cos x$ 的值，x 为弧度值

例 3.1 算术运算符及其表达式示例。

```
#include <stdio.h>
#include <math.h>
int main()
{
    int a=3,b=5,c=8;
    double d=5.0;
    printf("%d, %f\n", a+b/c, a+d/c);          /*优先级和整除问题示例*/
    printf("%d, %d\n", a%2, (-a)%(-2));        /*注意求余的符号示例*/
    printf("%f, %f\n", sqrt(b), sqrt(d));      /*使用数学函数示例*/
    return 0;
}
```

运行此程序，输出结果为：

```
3, 3.625000
1, -1
2.236068, 2.236068
```

说明：

（1）在上例中 int 型变量 b=5，c=8，所以 b/c 是 5/8 整除的结果 0；而 double 型变量 d/c 是 5.0/8，其结果也是 double 型。另外，按照算术运算符的优先级，表达式 a+b/c 和 a+d/c 都是先算“/”法，再算“+”法。

（2）第 2 行输出中，求余计算结果的正负符号由被除数 a 和−a 决定。

（3）求算术平方根函数 sqrt 返回的结果是 double 型。

若将(−a)%(−2)中的小括号都去掉，则程序编译、运行会有什么结果？

3.3.2 关系运算符

关系（Relational）运算是用来进行两个操作数比较的运算，比较的结果是一个逻辑值，即只能是真或假。若比较条件得到满足，则结果为真；否则，结果为假。在 C 语言中**逻辑值真等于 1、假等于 0**。

C 语言中关系运算共 6 种，包括：小于、小于或等于、大于、大于或等于、等于、不等于，分别使用运算符<、<=、>、>=、= = 和 != 来表示，如表 3-3 所示。

表 3-3 关系运算符

运算符	含　义	操作数个数	优先级	结合性
<	小于	双目	6	左结合
<=	小于等于			
>	大于			
>=	大于等于			
==	等于		7	
!=	不等于			

在表 3-3 中，关系运算符的优先级从高到低为：<、<=、>、>= ⇒ = =、!= 。

容易发现，关系运算符的优先级比算术运算符的优先级要低。

例如，若变量 a=1，b=2，c=3，下列关系表达式的运算结果为：

```
a%2!= 0       相当于  (a%2)!= 0     运行结果为：1
a+b > b+c     相当于  (a+b) > (b+c)  运行结果为：0
a<b= =b<c     相当于  (a<b)= =(b<c)  运行结果为：1
```

关系运算符符号是“= =”，而不是数学上用的“=”，因为“=”在 C 语言中表示赋值运算（请参见 3.3.5 节）。另外，两个字符型数据之间的关系运算，实质上就是其相应的 ASCII 码之间的比较。例如，'A' < 'a' 的结果为 1，因为'A'的 ASCII 码是 65，'a'的 ASCII 码是 97。

3.3.3 逻辑运算符

逻辑（Logic）运算的对象是逻辑值，运算结果仍是逻辑值。

C 语言提供了 3 种逻辑运算符，包括：逻辑与、逻辑或和逻辑非，分别使用运算符“&&”、“||”和“ !” 来表示，如表 3-4 所示。

表 3-4 逻辑运算符

运算符	含义	操作数个数	优先级	结合性
!	逻辑非	单目	2	右结合
&&	逻辑与	双目	11	左结合
||	逻辑或		12	

由表 3-4 可知，在逻辑运算符中，逻辑非（!）的优先级最高，因为逻辑非（!）是单目运算符，

而所有单目运算符的优先级都比其他运算符高；逻辑与（&&）的优先级高于逻辑或（||），但这两个运算符的优先级都低于关系运算符和算术运算符。例如：

```
a<b && b<c                相当于  (a<b) && (b<c)
!a= = b || c>d && x<y     相当于  ((!a)= = b) || ((c>d) && (x<y))
```

需要指出的是，逻辑运算的对象除了逻辑型数据，还可以是整型、实型、字符型等其他类型数据。在 C 语言中，**逻辑运算对象的值为非 0 时，也相当于真；为 0 时，相当于假。**这一点非常重要，体现出了 C 语言与众不同的灵活性。

逻辑运算规则如表 3-5 所示，其中 A、B 表示操作数。

表 3-5　　逻辑运算的真假值表

A 的取值	B 的取值	A&&B	A || B	!A
真（非 0）	真（非 0）	真（1）	真（1）	假（0）
真（非 0）	假（0）	假（0）	真（1）	假（0）
假（0）	真（非 0）	假（0）	真（1）	真（1）
假（0）	假（0）	假（0）	假（0）	真（1）

由表 3-5 可知，逻辑与（&&）的运算规则是只有当两个操作数都为真（非 0）时，结果才是真（1）；逻辑或（||）的运算规则是当两个操作数有任意一个真（非 0）时，结果就是真（1）。在编程时，我们可以利用这些规则，写出满足条件的逻辑表达式。

例如，判断一个字符 ch 是否为小写字符的条件是：'a'≤ch≤'z'。则相应的逻辑表达式为：

```
'ch>='a' && ch<='z'
```

注意不能写成：

```
'a'<=ch<='z'。
```

又如：判断某年 y 是否为闰年的条件是：y 能被 4 整除，但不能被 100 整除；或者 y 能被 400 整除，则相应的逻辑表达式为：

```
((y % 4 = = 0) && ( y %100 !=0)) || ( y %400 = = 0)
```

上式中，y %100 !=0 也可以写成：y %100，这也是正确的（请读者想想为什么）。

例 3.2 逻辑运算符及其表达式示例。

```
#include <stdio.h>
int main( )
{
    int a=3,b=5,c=8;
    printf("a=%d, b=%d, c=%d\n", a, b, c);
    printf("%d\n", b>a && b<c );          /*逻辑与*/
    printf("%d\n", a==3 || b<1);          /*逻辑或*/
    printf("%d\n", !a && b);              /*相当于: (a==0 && b!=0) */
    return 0;
}
```

运行此程序，输出结果为：

```
a=3, b=5, c=8
1
1
0
```

说明：在上例表达式中，进行逻辑和关系混合运算时，一定要注意运算符的优先级。

本节最后再补充一点，逻辑运算中可能出现的一种特殊现象——**逻辑短路**。逻辑短路，就是当仅通过第一操作数就能确定逻辑运算符的运算结果时，第二操作数就不再计算。具体而言，对于逻辑与（&&）运算符，只要有第一操作数为假（0），无论第二操作数真假如何，该运算符的运算结果都为假，故第二操作数就无需计算了；同理，对于逻辑或（||）运算符，只要有第一操作数为真（非 0），无论第二操作数真假如何，该运算符的运算结果都为真，故第二操作数也不必计算了。

例如，若变量 a=1，b=2，c=3，下列表达式的运算结果为：

`(a>b)&&(c=c*2)`　因为 a>b 的结果为 0，整个“与”表达式的值就为 0，发生逻辑短路现象，故 c=c*2 没有运行，变量 c 的值仍为 3。

`(a<b)||(c=c*2)`　因为 a<b 的结果为 1，整个“或”表达式的值就为 1，发生逻辑短路现象，故 c=c*2 没有运行，变量 c 的值仍为 3。

3.3.4　条件运算符

条件（Conditional）运算符用于进行简单的条件判断，它由两个符号“?”和“:”组成。条件运算表达式的格式为：

<表达式 1> ? <表达式 2> : <表达式 3>

条件运算符是 C 语言中唯一的一个三目运算符，其优先级较低（低于算术、关系以及逻辑等运算符），结合性为右结合。

条件运算符的运算规则是：若<表达式 1>为真（非 0），则条件表达式的值就是<表达式 2>的值，否则为<表达式 3>的值。这里，任何表达式都可参与条件运算。

例如，若有两个整数变量 a 和 b，通过条件表达式可求出 a、b 之中较大的数的值。

```
a>b?a:b
```

当 a=2，b=1 时，上式的结果是 2；当 a=1，b=2 时，上式的结果是 2。

条件运算符实现了最基本的选择结构程序，适当使用条件运算符可简化程序的设计。

3.3.5　赋值及复合赋值运算符

赋值（Assignment）运算的功能是将一个表达式的值赋给一个变量，赋值运算符用“=”号表示。赋值运算表达式的格式是：

<变量> = <表达式>

赋值表达式的运算规则是：先对赋值运算符“=”右边的**<表达式>**求值（也称为右值），再将该值赋给“=”左边的**<变量>**（也称为左值），而赋值表达式的值就是变量得到的值。注意，C 语言中赋值运算符“=”的含义与数学中的等号“=”的含义是有明显区别的。例如，赋值表达式 a=a+1 的含义是：将变量 a 的值加上 1 再赋给 a，即变量 a 的值比运算前增加了 1；但是，数学上该式是恒不成立的。

赋值运算符的优先级低于前面讲过的所有运算符，仅高于逗号运算符（在后面 2.4.7 小节中介绍）。它的结合性为右结合。例如：

`a=b=c=1`　相当于　`a=(b=(c=1))`

这是因为，根据右结合性，当多个运算符的优先级相同时，从右向左计算。这样连续赋值表达式的结果是所有变量 a、b、c 的值都是 1。

除了赋值运算符“=”以外，为了编程方便，C 语言还提供另一种形式的赋值运算符，称为**复合赋值（Combined Assignment）**运算符。它由双目运算符与赋值运算符一起构成，复合赋值运算符的优先级及结合方向与“=”一样。复合赋值运算表达式的一般格式是：

<变量> <双目运算符>= <表达式>

它等价于：

<变量> =<变量> <双目运算符> <表达式>

最常用的复合赋值运算符是由算术运算符与“=”组合在一起的，称为算术复合赋值运算符，包括：+=、–=、*=、/=、%= 共 5 个，其含义如表 3-6 所示。示例如下：

若 a=2，b=3，计算表达式 a *= b+1

计算过程如下：

（1）先将“=”右边的表达式整体用小括号括起来，即 a *= (b+1)；

（2）再将复合赋值表达式写成等价的一般赋值表达式形式，即 a =a* (b+1)；

（3）最后进行运算：a=2*(3+1)=8，即变量 a 的值为 8，也是该表达式的值。

表 3-6　算术复合赋值运算符

运算符	含义	运算规则	操作数个数	优先级	结合性
+=	加赋值	a+=b 相当于 a=a+(b)	双目	14	右结合
–=	减赋值	a–=b 相当于 a=a– (b)			
*=	乘赋值	a*=b 相当于 a=a*(b)			
/=	除赋值	a/=b 相当于 a=a/(b)			
%=	取余赋值	a%=b 相当于 a=a%(b)			

3.3.6　逗号运算符

在 C 语言中，**逗号（Comma）**运算符“,”可以说是最简单的运算符了，它本身没有具体的计算功能，仅仅是将多个表达式连接在一起。逗号表达式的格式为：

<表达式 1>，<表达式 2>，…，<表达式 *n*>

逗号表达式的运算规则是：按顺序依次计算**<表达式 1>**，**<表达式 2>**，…，直到**<表达式 *n*>**，整个表达式的值就是表达式 *n* 的计算结果。逗号运算符的优先级是所有运算符中最低的，它具有左结合性。示例如下：

```
a=b=1+2, 3*b
```

先计算 a=b=1+2，得到 a=b=3；再计算 3*b，得到 9，则该表达式的值为 9，这时 a 和 b 的值都是 3。

又如：

```
a=(b=1+2, 3*b)
```

由于增加了小括号，需先计算逗号表达式(b=1+2，3*b)，有：b=1+2=3，3*b=9；再将逗号表达式的值 9 赋给 a，则整个表达式的值就是 9，这时 a 的值为 9，b 的值为 3。

3.3.7　自增、自减运算符

C 语言还提供两种非常有用的运算符：变量**自增（Increment）**运算符“++”和**自减（Decrement）**运算符“--”，其作用是使被操作的变量的值增加 1 或减少 1。自增运算符“++”和自减运算符“--”都是单目运算符，只需要一个操作数，而且操作数必须是变量。它们的优先级与其他单目运算符一样，高于所有双目运算符，且也具有右结合性。

在自增、自减表达式中“++”和“--”既可以放在变量的前面，称为**“前++”**（**Prefix Increment**）和**“前--”**（**Prefix Decrement**）；也可以放在变量的后面，称为**“后++”**（**Postfix Increment**）和**“后--”**（**Postfix Decrement**），其一般格式为：

++<变量>、--<变量>、<变量>++、<变量>--

++”和“--”位于<变量>的前或后，即“前++”、“前--”与“后++”、“后--”的运算规则有所不同：

（1）“前++”、“前--”表示先对变量进行自增、自减 1 运算，再将变量更新后的值作为自增、自减表达式的值；

（2）“后++”、“后--”表示先将变量原来的值作为自增、自减表达式的值，再对变量进行自增、自减 1 运算。

例如，若 a=1，则

b=++a; 相当于 a=a+1; b=a;，其运行结果是：a 和 b 的值都为 2。

b=a++; 相当于 b=a; a=a+1;，其运行结果是：a 的值为 2，而 b 的值为 1。

自增、自减运算符的作用主要是提高 C 程序的编译效率，也增加了程序书写的简洁性。

例 3.3 自增、自减运算符示例。

```
#include <stdio.h>
int main( )
{
    int a=1,b=1,c,d;
    a++;                                    /*相当于 a=a+1; */
    ++b;                                    /*相当于 b=b+1; */
    printf("a=%d, b=%d\n", a, b);
    c=--a;                                  /*相当于 a=a-1;c=a; */
    printf("a=%d, c=%d\n", a, c);
    d=b--;                                  /*相当于 d=b; b=b-1*/
    printf("b=%d, d=%d\n", b, d);
    c=(a++)+(++b);                          /*相当于 b=b+1;c=a+b; a=a+1; */
    printf("a=%d, b=%d, c=%d,\n", a, b, c);
    d=-b++;                                 /*相当于 d=-b; b=b+1; */
    printf("b=%d, d=%d\n", b, d);
    return 0;
}
```

运行此程序，输出结果为：

```
a=2, b=2
a=1, c=1
b=1, d=2
a=2, b=2, c=3,
b=3, d=-2
```

说明：请读者仔细阅读上例中的注释，理解“前”、“后”自增、自减混合运算表达式的运算顺序。

若有 int a=1,b=1;，则运算 a=(a++)+b; 后 a、b 的值各为多少？

3.4　运算过程中的数据类型转换

C 语言的类型非常丰富，当不同类型的数据进行混合运算时，数据首先转换为同一种类型再进行运算，这就是**类型转换（Type Conversation）**。C 语言提供了两种类型转换方式，即**自动类型转换（Implicit Type Conversation）**和**强制类型转换（Explicit Type Conversation）**。其中，自动类型转换由 C 编译系统自动完成，它又分为表达式中的自动类型转换和赋值中的自动类型转换两种情况；而强制类型转换是由程序中的类型转换语句指定的。类型转换是 C 语言非常重要的概念，一定要认真理解。

3.4.1　表达式中的自动类型转换

表达式中的自动类型转换的原则是将参与运算的操作数转换成其中占用内存字节数最大的操作数的类型，即数据类型的长度由低向高进行转换，以防止计算精度的损失。

例如：

'A'+32 的计算过程是：将字符'A'转成整型 65，再与整型 32 相加，结果为整型 97。

1.0/2*3.0 的计算过程是：将 1.0/2 中的整型 2 转换成 double 型，计算 1.0/2.0 得 0.5，再乘以 3.0，最后的结果为 double 型 1.5。

但是：1/2*3.0 的计算结果为 0.0，这是因为 1/2 为整除结果为 0。

表达式中自动类型转换的一般规则如图 3-1 所示。

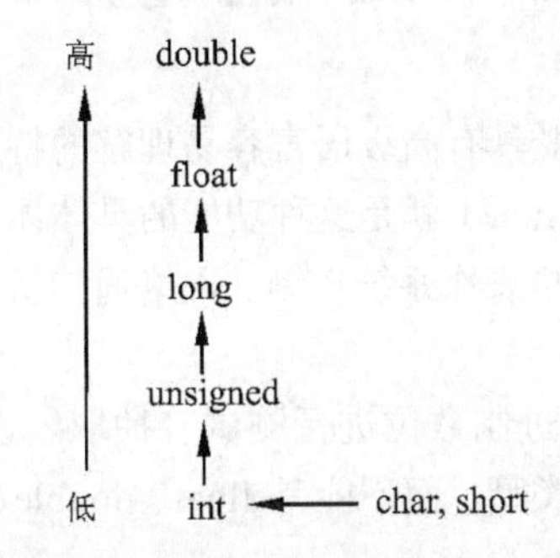

图 3-1　表达式中不同类型数据之间的自动转换规则

首先，所有的 char 和 short 类型的操作数都转换为 int 类型（由图 3-1 中的水平箭头表示）；然后，不同类型的操作数将按照图 3-1 中的垂直箭头方向从低到高进行类型转换。

3.4.2　赋值中的自动类型转换

在赋值语句中，若赋值运算符右边表达式的类型与左边变量的类型不一致时，系统也会进行自动类型转换，其类型转换的规则是：将右边表达式的值转成左边变量的类型。

当表达式的数据类型占用内存的字节数小于变量类型占用内存的字节数时，即由低长度类型向高长度类型赋值时，数据直接可以转换，不会出现数据信息丢失；但是反之，由高长度类型向低长度类型赋值时，就有可能出现数据精度下降甚至数据溢出等问题。这点需要特别注意，常见的赋值自动类型转换问题如表 3-7 所示。

表 3-7　　赋值中的自动类型转换问题

变量类型	表达式类型	赋值结果及可能出现的问题
char	short 或 int	取其低 1 字节赋值，高字节舍去。当表达式的值大于 127 时，会出现数据溢出问题。如 char c=200 会出现数据溢出，c 的值为负数
short	int 或 long	取其低 2 字节赋值，高字节舍去。当表达式的值大于 short 取值范围的上限 32767 时，会出现数据溢出问题
int	float 或 double	直接取整，截断小数部分。如 int a=3.14 的结果是 a=3
float	double	只能保留 7 位有效位数，其余舍去

3.4.3　强制类型转换

由程序指定的类型转换为强制类型转换，其一般格式为：

(<类型>)　<表达式>

其中，<表达式>是待转换的对象，<类型>是要转换到的目标类型。

例如：

int a=(int)3.14; 的计算过程是：将 3.14 强制转换取整，再赋值，即 a=3。

double(1)/2 的计算过程是：将 1 强制转换为 double 型，再将 2 自动转换为 double 型，最后做 double 型实数除法，结果为 0.5。

*3.5　位 运 算 符

与其他高级语言不同，C 语言既具有高级语言容易理解的特点，又具有低级语言可对硬件编程的功能，支持**位运算（Bit Operation）**就是这种功能的具体体现。位运算适合编写系统软件，是 C 语言的重要特色之一，在计算机操作系统控制、网络通信协议设计、嵌入式系统开发等领域有广泛应用。

位运算就是对字节或字内的二进制数位进行测试、抽取、设置或移位等操作。因此，运算对象必须是标准的 char 和 int 数据类型，而不能是 float、double、long double 等其他复杂的数据类型。

C 语言共提供了 6 种位运算符，操作数个数、优先级以及结合方式也不尽相同，具体如表 3-8 所示。

表 3-8　　位运算符

运算符	含义	操作数个数	优先级	结合性
~	按位取反	单目	2	右结合
<< >>	左移位 右移位	双目	5	左结合
&	按位与		8	
^	按位异或		9	
|	按位或		10	

其中，只有按位取反运算符~为单目运算符，其余运算符均为双目运算符。运算符&、^、|和~是对两个数据按它们的二进制数位进行运算，具体运算规则如表 3-9 所示。左移位运算符<<和右移位运算符>>是对一个整数按指定二进制位数进行左移和右移。

表 3-9　　　　位运算符~、&、^和 | 的运算规则

<table>
<tr><th>a</th><th>b</th><th>~a</th><th>a&b</th><th>a|b</th><th>a^b</th></tr>
<tr><td>0</td><td>0</td><td>1</td><td>0</td><td>0</td><td>0</td></tr>
<tr><td>0</td><td>1</td><td>1</td><td>0</td><td>1</td><td>1</td></tr>
<tr><td>1</td><td>0</td><td>0</td><td>0</td><td>1</td><td>1</td></tr>
<tr><td>1</td><td>1</td><td>0</td><td>1</td><td>1</td><td>0</td></tr>
</table>

下面，对这些运算符的使用逐个说明。

（1）**按位取反：**是对操作数的各位二进制值取反，即 0 变 1，1 变 0。例如，~5 的运算过程如下，结果为-6（最高位为 1）。

```
~  00000101          /*十进制 5*/
-------------
   11111010          /*十进制-6（二进制为补码）*/
```

按位取反运算是单目运算符，其优先级比其他双目运算符，如算术运算符、关系运算符以及其他位运算符高。

（2）**按位与：**按位与是双目运算符，参加运算的两个操作数按二进制位进行“与”运算。例如，15&3 的结果为 3。

```
   00001111          /*十进制 15*/
&  00000011          /*十进制 3*/
-------------
   00000011          /*十进制 3*/
```

按位与运算可以作为一种对字节中某一个或几个二进制位清 0 的手段。在上例的运算中，15 只保留了最低 2 位不变，其余位均被清 0。

（3）**按位或：**按位或是双目运算符，参加运算的两个操作数按二进制位进行“或”运算。例如，15|32 的结果为 47。

```
   00001111          /*十进制 15*/
|  00100000          /*十进制 32*/
-------------
   00101111          /*十进制 47*/
```

按位与运算可以作为一种对字节中某一个或几个二进制位置 1 的手段。在上例的运算中，将存放 15 字节中的第 6 位置 1，其余位保持不变。

（4）**按位异或：**按位异或也是双目运算符，参加运算的两个操作数按二进制位进行“异或”运算。例如，15^3 的结果为 12。

```
   00001111          /*十进制 15*/
^  00000011          /*十进制 3*/
-------------
   00001100          /*十进制 12*/
```

利用按位异或可以很容易判断两个数的对应二进制位是相同还是相异，结果为 0 表示相同，结果为 1 表示相异。

（5）**左移位：**将第一操作数的每一位向左平移第二操作数指定的位数，右边空位补 0，左边移出去的位丢弃。例如，15 及其左移一位、两位、三位的二进制补码如表 3-10 所示。

表 3-10　　　　15 左移位运算结果表

表达式	最低字节内容	运算结果	实际意义
15	00001111	15	补码表示原值
15<<1	00011110	30	左移一位相当于乘以 2^1
15<<2	00111100	60	左移两位相当于乘以 2^2
15<<3	01111000	120	左移三位相当于乘以 2^3

可见，利用左移位可以快速地实现整数的乘法运算，每左移一位相当于乘以 2^1，左移 n 位就相当于乘以 2^n，非常有利于算法的硬件实现。

（6）右移位：将第一操作数的每一位向右平移第二操作数指定的位数。当第一操作数为有符号数时，左边空位补符号位上的值，这种移位称为算术移位；当第一操作数为无符号数时，左边空位补 0，这种移位称为逻辑移位。右边移出去的位丢弃。例如，15 和-15 分别进行右移一位、两位、三位的二进制补码如表 3-10 所示。

表 3-10　　　　15 及-15 右移位运算结果表

表达式	最低字节内容	运算结果	实际意义
15	00001111	15	补码表示原值
15>>1	00000111	7	右移一位相当于除以 2^1
15>>2	00000011	3	右移两位相当于除以 2^2
15>>3	00000001	1	右移三位相当于除以 2^3
−15	11110001	−15	补码表示原值
−15>>1	11111000	−8	右移一位相当于除以 2^1
−15>>2	11111100	−4	右移两位相当于除以 2^2
−15>>3	11111110	−2	右移三位相当于除以 2^3

可见，利用右移位可以快速地实现整数的除法运算，每右移一位相当于除以 2^1，右移 n 位就相当于除以 2^n，非常有利于算法的硬件实现。

3.6　本章常见错误及解决方案

在运算符与表达式的使用过程中，初学者易犯一些错误。表 3-11 中列出了与本章内容相关的一些程序错误，分析了其原因，并给出了错误现象及解决方案。

表 3-11　　　　与运算符和表达式相关的常见编程错误及解决方案

错误原因	示例	出错现象	解决方案
不预先判断除数是否为 0	int a=1,b=0,c; c=a/b;	系统无报错或告警，但是当调用时第二实参为 0 时将出现意外终止对话框	在函数定义时增加对除数为 0 的考虑并作处理，防止运行时出错
忽视整除问题	int n=2; printf("%f\n", 1/n);	系统无报错或告警，但输出值为 0，不是期望的 0.5	改为： printf("%f\n", 1.0/n);

（续表）

错误原因	示例	出错现象	解决方案
省略了数学公式中的乘号	int a=2,b=3,c; c=ab;	系统报错：'ab' ：undeclared identifier	改为： c=a*b;
计算 x^n 时，用“^”号求指数	int x=2; int n=3; printf("%d\n",x^n);	系统无报错或告警，但输出值为 1，不是期望的 8。	“^”号在 C 语言中是异或位运算，而求指数可以用数学函数 pow(x，n)
符号赋值运算符+=、-=、*=、/=、%=的两个字符之间加入空格	int a=0; a + =1;	系统报错：syntax error : '='	改为： a +=1;
对算术表达式使用自增、自减运算	int a=0; (a++)++;	系统报错：'++' needs l-value（++需要左值变量）	改为： a++; a++;
进行相等关系运算时，将“==”误写成“=”	int a，x=3,y=4; printf("%d\n",x=y);	系统无报错或告警，但是输出结果不正确，输出结果是 x=y 的赋值结果 4，不是期望的 x==y 相等关系值 0	改为： printf("%d\n",x==y);
用“==”比较两个浮点数	float a=123.456; printf("%d\n"，a==123.456);	系统无报错或告警，但是输出结果是不相等的	这是浮点数有精度限制，一般方法是以绝对值之差在某一范围为相等。如： printf("%d\n", fabs(a-123.456)<1e-5);
判断范围（如 a≤x≤b）的逻辑中表达省略了&&	char c='D'; printf("%d\n",'a'<=c<='z');	系统无报错或告警，但是输出结果不正确，这里输出 1，即大写字母‘D’在‘a’和‘z’范围之间	改为： printf("%d\n",'a'<=c && c<='z');

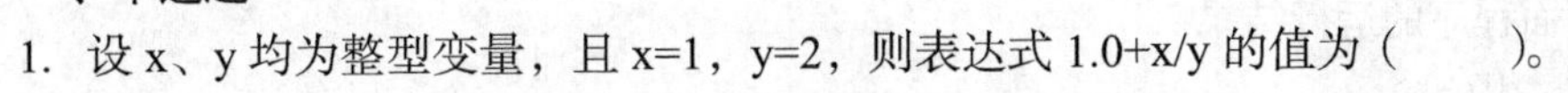

习　　题

一、单选题

1. 设 x、y 均为整型变量，且 x=1，y=2，则表达式 1.0+x/y 的值为（　　）。

   A. 0　　B. 1.5　　C. 1.0　　D. 1

2. 在以下的运算符中，优先级最高的运算符是（　　）。

   A. >=　　B. +=　　C. %　　D. &&

3. 在以下的运算符中，运算对象必须是整型数的是（　　）。

   A. +　　B. %　　C. ++　　D. ( )

4. 关系运算符对两侧的运算对象的要求是（　　）。

   A. 只能是 0 或 1　　B. 两个运算对象必须属于同一种数据类型

   C. 只能是 0 或非 0 值　　D. 可以是任意合法的表达式，两者类型不一定相同

5. 设 a、b、c、d 均为 0，执行(m=a==b)&&(n=c!=d)后，m、n 的值为（　　）。

   A. 0，0　　B. 0，1　　C. 1，0　　D. 1，1

6. 设 a、b、c 都是 int 型变量，且 a=3，b=4，c=5，则下列表达式中值为 0 的是（　　）。

A. 'a'&&'b'　　B. a<=b

C. a||b+c&&b-c　　D. !(a<b && !c || 1)

7. 设 x 是 double 型变量，则能将 x 的值四舍五入保留到小数点后两位的表达式是（　　）。

A. (x*100.0+0.5)/100.0　　B. int(x*100+0.5)/100.0

C. x*100+0.5/100.0　　D. (x/100+0.5)*100.0

8. 设有语句：int a=7; float x=2.5，y=4.7;，则表达式 x+a%3*(int) (x+y)%2/4 的值是（　　）。

A. 2.5　　B. 2.75　　C. 2.0　　D. 0.0

9. 表达式(int)((double)7/2)−7%2 的值是（　　）。

A. 1　　B. 1.0　　C. 2　　D. 2.0

10. 若 d 是 double 型变量，表达式“d=1，d=5，d++”的值是（　　）。

A. 1.0　　B. 2.0　　C. 5.0　　D. 6.0

二、填空题

1. 用运算符____①____可以计算某一数据类型的变量所占的内存字节数。

2. 能表述“10≤x≤20 或 x<0”的 C 语言表达式是____②____。

3. 若有 int x=1，y=1，表达式(!x || y−−)的值等于____③____。

4. 数学公式 $5\sqrt{a}+cb^3/2-|2d+1|$ 的 C 语言表达形式是____④____。

5. 已知 x、a 为 int 型变量，则表达式 x=(a=5，a*2，a+7)的值为____⑤____。

6. 若有 int n = 2;，执行语句：n += n− = n*n 后，n=____⑥____。

三、读程序写结果

1. 写出下面程序的运行结果。

```
#include<stdio.h>
int main( )
{
    int a=3, b=7;
    a += a++ || b++;
    printf("a=%d, b=%d\n", a, b);
    return 0;
}
```

2. 写出下面程序的运行结果。

```
#include<stdio.h>
int main( )
{
    int i,j,x,y;
    i=1;
    j=5;
    x=i++;
    y=++i*j--;
    printf("i=%d, j=%d\n", i, j);
    printf("x=%d, y=%d\n", x, y);
    return 0;
}
```

3. 写出下面程序的运行结果。

```
#include<stdio.h>
int main( )
```

```
{
    int a, b, c;
    c=(a=3,b=a--);
    printf("a=%d, b=%d, c=%d\n", a, b, c);
    return 0;
}
```

4. 写出下面程序的运行结果。

```
#include<stdio.h>
int main( )
{
    int a=3,b=4,c=5,d;
    d=a>b?(a>c?a:c):(b<c?c:b);
    printf("d=%d \n", d);
    return 0;
}
```

四、编程题

1. 编写程序，从键盘任意输入4个整数，要求输出其中的最大值和最小值。（提示，利用条件运算符）

2. 已知华氏温度 F 与摄氏温度 C 之间的转换关系为：

$$C=\frac{5}{9}(F-32)$$

编写程序，输入一个华氏温度，输出其对应的摄氏温度，并四舍五入保留到小数点后两位。

第 4 章 程序流程控制

学习目标：

- 了解算法的基本概念，掌握程序流程控制的 3 种结构
- 掌握 if、switch 等选择控制语句，并能熟练使用
- 掌握 for、while、do...while 等流程控制语句，并能熟练使用
- 掌握一些简单的常见算法，如质数判断、公约数求解等

重点提示：

- 一重循环典型应用，如累加、累乘等
- 二重循环典型运用，如二维文本图形的打印等
- 穷举法解题思想及其应用

难点提示：

- 循环条件的设置与循环次数的控制
- for 语句的执行过程
- break 与 continue 的区别及使用

4.1 语句与程序流程

程序由一条条语句组成，每一种语句都有其特定的形式和执行方式。根据求解问题的需要，使用合适的语句系列构成完整的程序，完成特定的功能是编程中最关键的技术。

4.1.1 语句的分类

语句是组成程序的基本元素。在 C 语言中，语句要求以“;”作为结尾，如“i++;”、“c = a;”等。

C 语言中的语句可大致分为如下几类：

（1）表达式语句。其形式为：**表达式 + “;”**，例如：

```
x = a>b?a:b;
c = a = b;
```

（2）函数调用语句。函数调用语句的基本形式为：**函数名(参数表) + “;”**，例如：

```
scanf( "%d", &a );
printf( "%c", ch );
```

函数调用语句的详细内容将在第 5 章介绍。

（3）控制语句。控制语句是**控制各语句执行顺序及次数的语句**。它主要包括条件判断语句（if、switch）、循环控制语句（while、do~while、for）、中转语句（break、continue、return）等。本章后续将会对其进行详细介绍。

（4）复合语句。复合语句是以**一对大括号括起的 0 条或多条语句**，在逻辑上它相当于一条语句。例如：

```
{
    temp = x;
    x = y;
    y = temp;
}
```

复合语句的作用是：在程序的某些地方，语法上只允许出现一条语句，而程序员可能需要多条语句来完成程序功能，这时就可用大括号将这多条语句括起来，作为一条复合语句。

（5）空语句。空语句就是由**一个分号构成的语句**，即

```
;
```

它表示什么事情也不需要做。空语句的作用是：在程序某些地方，语法上要求必须有语句出现，而程序员可能没有代码要写，或者留待以后扩充，此时就可以只写一个空语句来满足语法要求。

4.1.2　程序流程及其表示

程序的流程就是指代码中各语句的执行次序。C 语言中有 3 种基本的执行次序：顺序执行每一条语句、有选择的执行部分语句和重复执行某些语句，也即语句可以用 3 种方式组织起来：**顺序结构**、**选择结构**和**循环结构**，这 3 种结构正是 C 语言源程序的 3 大基本结构。它们分别通过相应的流程控制语句来实现。

在用计算机来解决实际问题时，由于个人风格和能力水平的差异，不同的程序员可能会写出流程不同的代码，也就是程序所采用的算法思路不同。**算法就是指为解决某个问题而采取的有限操作步骤**，它是程序设计的灵魂与核心。算法性能的优劣，也是区分程序员水平的重要标志之一。

在描述一个程序流程或者算法时，常见的方法有自然语言描述、传统流程图、NS 流程图、伪代码等。其中，传统流程图是一种较为直观的形式。它由一系列图标符号组成，不同图标代表了不同的操作或流程方向。图 4-1 所示为常见的图标。程序的执行总是从开始框开始，顺着流程线的方向，经过一系列处理，如输入输出（平行四边形框）、选择（菱形框）、赋值（矩形框）等，最终到达结束框。

图 4-2 所示为一个流程图的示例，它表示的算法思想是：算法开始运行后，首先读入两个数 m 和 n（平行四边形框），然后对这两个数进行比较，判断哪一个更大（菱形框），如果 $m >= n$，则走左边的流程，执行将 m 赋值给 p 的操作（矩形框），否则走右边的流程，执行将 n 赋值给 p 的操作（矩形框），无论走哪边的流程，p 的值总是 m、n 中较大的那一个，然后再输出 p 的值（平行四边形框），程序运行结束。

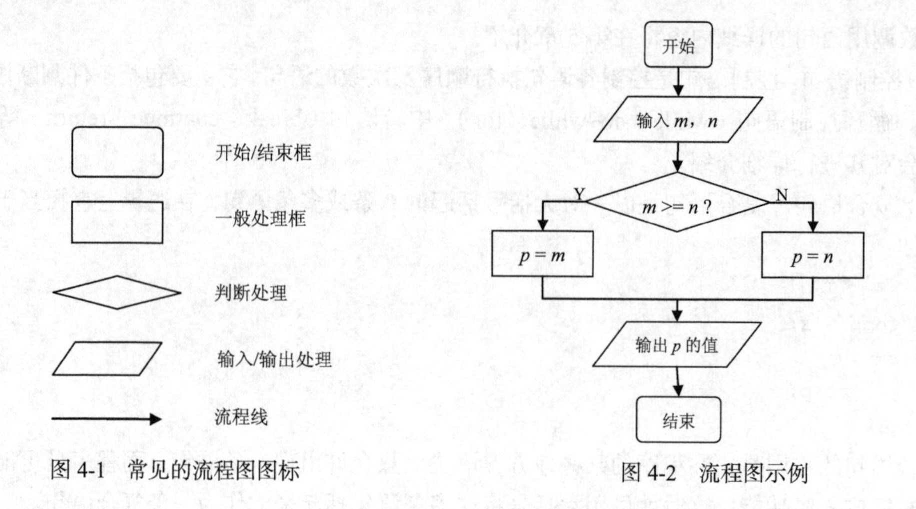

图 4-1　常见的流程图图标　　图 4-2　流程图示例

4.2 顺序结构

顺序结构是最基本的程序结构，它的思想是，从前往后依次执行每一条语句，每一条语句只执行一次。

例 4.1　求三角形面积。从键盘上输入三角形 3 条边的边长，求该三角形的面积并输出至屏幕。

分析：根据数学知识，当我们已知三角形的 3 条边 a、b、c 时，可以根据数学公式 $\sqrt{p(p-a)(p-b)(p-c)}$ 来计算它的面积，其中 $p=(a+b+c)/2$。因此编写代码时，可以先读取这三条边，然后求出 p，最后根据公式计算三角形的面积，并输出。

程序代码如下：

```
/* li04_01.c: 顺序结构示例：求三角形面积 */
#include <stdio.h>
#include <math.h>                                          /* 包含了函数 sqrt 原型 */
int main( )
{
    double edge1, edge2, edge3, p, area;
    printf ( "Enter three edges of a triangle: " );  /* 提示用户输入 */
    scanf ( "%lf%lf%lf", &edge1, &edge2, &edge3 );    /* 从键盘读入 3 条边长*/
    p = ( edge1 + edge2 + edge3 ) / 2;
    area = sqrt(p* ( p - edge1 ) * ( p - edge2  *( p - edge3 ) );/* 使用数学公式求面积*/
    printf ( "area = %lf\n", area );                  /* 输出面积 */
    return 0;
}
```

运行此程序，若输入为：3　4　5 <回车>

输出结果为：

```
Enter three edges of a triangle: 3 4 5
area = 6.000000
```

说明：

（1）根据公式求解三角型面积时，需要使用求平方根函数 sqrt，这个函数的原型在 math.h 头文件中，因此这里使用了“#include <math.h>”。

（2）例 4.1 是一个典型的顺序结构代码。在运行该程序时，首先从 main 函数的第一行开始，依次运行每一行的语句，每条语句也仅运行一遍，直至遇到 return 语句为止。

思考题

该程序有一个前提假设，即输入的 3 条边一定能构成一个三角形。但在实际情况中，用户的输入是不可预知的。如果 3 条边不能构成一个三角形，程序的运行结果是什么？如果用户输入 0 或者负数，程序的运行结果又将如何？测试下列数据的输出结果，并思考代码的缺陷和改进方法。

```
1    2    3
1    2    4
0    1    2
-1   3    4
```

4.3 选 择 结 构

选择结构是指程序中部分代码的执行受“预设条件”的控制。当“预设条件”符合时才执行这些语句。和选择结构相关的流程控制语句有 if 和 switch 语句。

4.3.1 if 语句

if 语句主要包括两类，if 和 if~else。if 语句的结构是：

```
if  (表达式)
    语句块
```

其含义是：如果表达式为真，则执行语句块，否则不执行。

if~else 语句的结构是：

```
if  (表达式)
    语句块 1
else
    语句块 2
```

其含义是：如果表达式为真，则执行语句块 1，否则执行语句块 2。

if 和 if~else 的流程如图 4-3 所示。

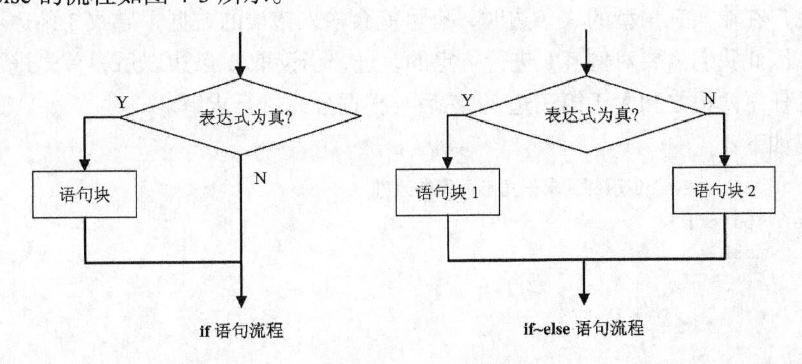

图 4-3　if 及 if~else 的流程

说明：

（1）表达式可以是任何合法的 C 语言表达式，如加减、赋值、条件运算、逗号运算、逻辑运算、关系运算等。

（2）语句块可以是一条语句，也可以是多条语句组成的复合语句。复合语句必须使用大括号。当语句块是单条语句时，虽然语法上可以不使用大括号，但是为了程序代码的清晰性和层次性起见，推荐使用大括号。另外从后面也可以知道，大括号对于 else 子句的正确配对也具有较好的提示作用。

例 4.2 输出较大数。从键盘读入两个整数，将其中较大的一个数赋值给 p，并输出。

分析：解决该题的基本思想是，先从键盘读入两个整数 m 和 n，使用 if 语句比较其大小后，将较大的数赋值给第 3 个变量 p，然后输出 p 的值即可。本例对应的流程图即图 4-2。

程序代码如下：

```
/* li04_02.c: if~else示例：输出较大数 */
#include <stdio.h>
int main( )
{
    int m, n, p;
    printf( "Enter two integers : ");
    scanf( "%d%d", &m, &n);
    if ( m >= n )
    {
        p = m;
    }
    else
    {
        p = n;
    }
    printf( "p = %d\n", p);
    return 0;
}
```

运行此程序，若输入为：`4  6 <回车>`

输出结果为：

```
Enter two integers : 4 6
p = 6
```

例 4.3 求三角形面积的改进。对例 4.1 求三角形面积的代码进行改进，使得程序能够对用户的不合理输入进行一定的判别。

分析：用户在输入三角型的 3 条边时，有可能会输入错误的数据，导致 3 条边不一定能构成一个三角形，因此我们需要对例 4.1 进行一定的改进，当读取 3 条边以后，首先进行判别（三者均为正数，且任意两边之和大于第三边），然后再根据公式进行求解。

程序代码如下：

```
/* li04_03.c: if~else示例：求三角形面积的改进 */
#include <stdio.h>
#include <math.h>

int main( )
{
    double edge1, edge2, edge3, p, area;
```

```
    printf( "Enter three edges of a triangle:" );
    scanf( "%lf%lf%lf", &edge1, &edge2, &edge3 );
    if ( edge1 > 0 && edge2 > 0 && edge3 > 0 && edge1 + edge2 > edge3
         && edge1 + edge3 > edge2 && edge2 + edge3 > edge1 ) /* 用户输入判断 */
    {
        p = ( edge1 + edge2 + edge3 ) / 2;
        area = sqrt( p * ( p - edge1 ) * ( p - edge2 ) * ( p - edge3 ) );
        printf( "area = %f\n", area );
    }
    else                                                     /* 不合法时需提示用户 */
    {
        printf( "Error input!\n" );
    }
    return 0;
}
```

运行此程序，若输入为：-1　3　4 <回车>

输出结果为：

```
Enter three edges of a triangle: -1 3 4
Error input!
```

在 if 和 if~else 的语句块中，也可以再次出现 if 和 if~else 语句，这种情况统称为 **if 嵌套**。

例 4.4　等边三角形判别。用户从键盘输入 3 个正整数，判断这 3 个正整数能否构成一个三角形，如果可以，进一步判断它们能否构成一个等边三角形。

分析：程序在读入 3 个数以后，可以借鉴上一例的做法，首先判断它们是否能构成一个三角形。如果可以，继续使用 if 语句，比较它们是否相等，以判断它们是否能构成一个等边三角形。

程序代码如下：

```
/* li04_04.c: 嵌套 if 示例：三角形判别 */
#include <stdio.h>

int main( )
{
     int a, b, c;
     printf ( "Enter three positive integers: " );
     scanf ( "%d%d%d", &a, &b, &c );
     if ( a <= 0 || b <= 0 || c <= 0 )                  /* 输入合法性判别 */
     {
         printf ( "Error input!\n" );
     }
     else
     {
         if ( a + b > c && a + c > b && b + c > a )    /* 三角形判别 */
         {
             if ( a == b && a == c )                   /* 等边三角形 */
             {
                 printf ( "%d, %d, %d is an equilateral triangle.\n", a, b, c );
             }
             else                                      /* 普通三角形 */
             {
                 printf ( "%d, %d, %d is an ordinary triangle.\n", a, b, c );
             }
```

```
        }
        else                                        /* 不能构成三角形 */
        {
            printf ( "%d, %d, %d is not a triangle.\n", a, b, c );
        }
    }
    return 0;
}
```

运行此程序，若输入为：5　5　5<回车>

输出结果为：

```
Enter three positive integers: 5 5 5
5, 5, 5 is an equilateral triangle.
```

若输入为：5　6　7 <回车>

输出结果为：

```
Enter three positive integers: 5 6 7
5, 6, 7 is an ordinary triangle.
```

说明：

（1）例 4.4 是一个典型的 if 嵌套的例子，最多时有三层 if 语句。从本例中也可以看出，无论是 if 子句还是 else 子句，都可以进行 if 嵌套。

（2）在本题中，判断是否为等边三角形时使用了表达式“a == b && a == c”。由于 a、b、c 均为 int 型，所以判断它们是否相等可直接用“==”。如果 a、b、c 为 double 型数据，则一般不使用“==”来进行判断，因为 **double 型数据是不精确的**。**在这种情况下，可以计算它们之间差的绝对值**，如果该绝对值小于一个很小的数，就可近似地认为它们相等。例如下面的语句：

```
if ( fabs( a - b ) < 1E-6 && fabs( a - c ) < 1E-6 )
{
    printf ( "%d, %d, %d is an equilateral triangle.\n", a, b, c );
}
```

关于 if 嵌套的进一步说明如下。

（1）if 及 if~else 语句最多可实现两种情形的判别，而使用 if 嵌套可判别两种以上的情形。

（2）当需要对多种情况进行判别处理时，为结构清晰起见，可使用如下的排版方式：

```
if  (表达式 1)
    语句块 1
else if  (表达式 2)
    语句块 2
else if  (表达式 3)
    ...
else
    语句块 n
```

（3）在 if 嵌套中会出现多个 if 和 else。如果没有使用大括号明确，则存在 else 究竟与哪个 if 配对的问题。在这种情况下，C 语言规定：**else 总是与它前面最近的且没有配对的 if 相匹配**。为避免出现误解，建议每个语句块都使用大括号，哪怕只有一条语句。

4.3.2　switch 语句

对于有多种情况需要分别判断处理的情形，除了上节所说的 if 嵌套语句外，C 语言还提供了另一种多分支选择语句：switch 语句。switch 语句的语法格式如下：

```
switch ( 表达式 )
{
    case 常量表达式 1：语句系列 1
    case 常量表达式 2：语句系列 2
    …
    case 常量表达式 n：语句系列 n
    [dafault:        语句系列 n+1]
}
```

说明：

（1）switch 后面的表达式可以为整型、字符型或者枚举型，**但不允许是实型**。

（2）**case 后面必须为常量**，且类型应与 switch 中表达式的类型相同。

（3）switch 语句的执行过程是：首先计算 switch 后面表达式的值，然后与各 case 分支的常量进行匹配，与哪个常量相等，就从该分支的语句序列开始执行，直至遇到 break 或者 switch 语句块的右大括号。

（4）default 分支主要用于处理 switch 表达式与所有 case 常量都不匹配的情况。它在语法上可以省略，但推荐使用。

例 4.5　月份天数计算。从键盘输入年份和月份，计算该月份的天数并输出。

分析：从键盘读入年份 year 和月份 month 后，根据 month 的值，使用 switch 语句，可以计算出这个月份的天数。其中，1 月、3-12 月的天数都定的，2 月份则要根据 year 判断是否是闰年。

程序代码如下：

```
/* li04_05.c: switch 语句示例：月份天数计算 */
#include <stdio.h>

int main( )
{
    int year, month, daySum;
    printf( "Enter the year and the month : " );
    scanf( "%d%d", &year, &month );
    switch ( month )
    {
    case 1:
    case 3:
    case 5:
    case 7:
    case 8:
    case 10:
    case 12:
        daySum = 31;
        break;
    case 4:
    case 6:
    case 9:
    case 11:
        daySum = 30;
        break;
    case 2:
        if ( ( year % 400 == 0 ) || ( year % 4 == 0 && year % 100 != 0) )
```

```
        {
            daySum = 29;
        }
        else
        {
            daySum = 28;
        }
    }
    printf( "%d.%d has %d days.\n", year, month, daySum );
    return 0;
}
```

运行此程序，若输入为：2004 11<回车>

输出结果为：

```
Enter the year and the month : 2014 11
2014.11 has 30 days.
```

若输入为：2016 2 <回车>

输出结果为：

```
Enter the year and the month : 2016 2
2016.2 has 29 days.
```

4.4 循环结构

循环结构是指程序中的某些语句和代码，在“预设条件”的控制下可以执行多次。C 语言中的循环控制语句包括 while、do~while 和 for。

4.4.1 while 语句

while 语句又称当型循环语句，其语法格式为：

```
while（表达式）
{
    语句块
}
```

其中，表达式可以是任何合法的 C 语言表达式，它的计算结果用于判断语句块是否该被执行。语句块则是需要重复执行语句的集合，它也被称为**循环体**。while 的流程如图 4-4 所示，其具体过程如下：

（1）计算表达式的值。若为真，则转步骤 2；否则退出循环，执行 while 的下一条语句。

（2）执行语句块（即循环体），并返回步骤 1。

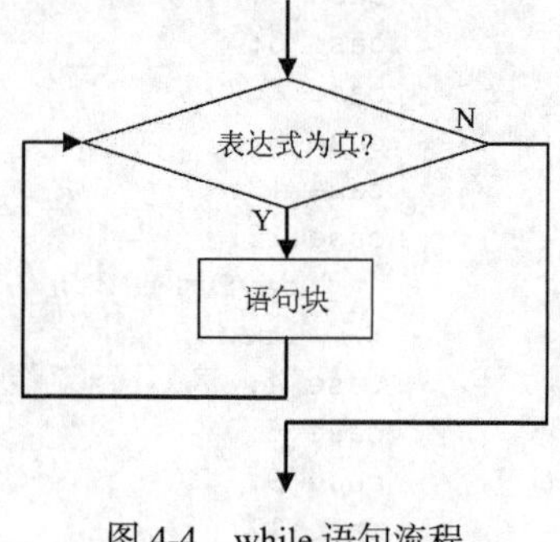

图 4-4 while 语句流程

例 4.6 求累加和。从键盘读入 int 型正整数 n，计算 $\sum_{i=1}^{n} i$ 的值并输出。

分析：$\sum_{i=1}^{n} i = 1 + 2 + 3 + \ldots + n$，加法操作重复执行。因此

可设两个变量 *sum* 和 *i*，*sum* 初值为 0，*i* 初值为 1。然后把 *i* 加到 *sum* 上，重复 *n* 次，每次 *i* 的值加 1。这样就可以实现从 1 到 *n* 的累加。

程序代码如下：

```
/* li04_06.c: while语句示例：求累加和 */
#include <stdio.h>
int main( )
{
    int n, i, sum;
    printf ( "Enter a positive integer : " );
    scanf( "%d", &n );
    if ( n < 0 )                                    /* 确保n >= 0 */
    {
        n = -n;
    }
    i = 1;
    sum = 0;
    while ( i <= n )
    {
        sum += i;
        i++;
    }
    printf ( "∑%d = %d\n", n, sum );
    return 0;
}
```

运行此程序，若输入为：100<回车>

输出结果为：

```
Enter a positive integer : 100
∑100 = 5050
```

说明：

（1）在本例中，变量 *i* 承载了控制循环次数的作用，对于这类变量，我们一般称之为**循环控制变量**。通常情况下，循环体内都会有语句对循环控制变量进行修改，以控制循环结束的时机。

（2）累加和阶乘（下一例）是一重循环最典型的应用，初学者应好好体会。

4.4.2　do~while 语句

do~while 语句又称直到型循环语句，其语法格式为：

```
do
{
    语句块
} while ( 表达式 );
```

其中，表达式、语句块的含义与 while 语句相同。do~while 的流程如图 4-5 所示，其执行过程如下。

（1）执行语句块，即循环体。

（2）计算表达式的值。若为真，则转步骤 1；否则退出循环，执行下一条语句。

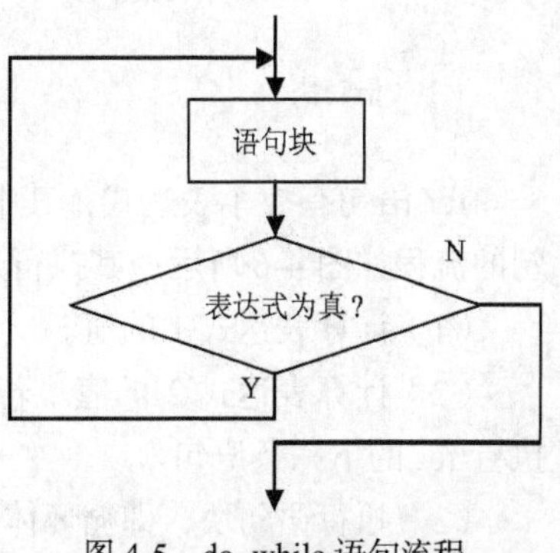

图 4-5　do~while 语句流程

例 4.7　求阶乘。从键盘读入正整数 *n*，计算 *n*! 并输出。

分析：$n! = 1 \times 2 \times 3 \times \ldots \times n$，乘法操作重复执行。

与上一题类似，可设两个变量 fac 和 i，fac 初值为 1，i 初值为 1。然后将 i 乘以 fac，重复 n 次，每次 i 的值加 1。这样就可以实现从 1 到 n 的累乘。

程序代码如下：

```
/* li04_07.c: do~while语句示例：求阶乘 */
#include <stdio.h>

int main( )
{
    int n, i;
    double fac;
    printf( "Enter a positive integer : " );
    scanf( "%d", &n );
    if ( n < 0 )                                /* 确保n>=0 */
    {
        n = -n;
    }
    i = 1;
    fac = 1;
    do
    {
        fac *= i;
        i++;
    } while( i <= n );
    printf( "%d! = %f\n", n, fac );
    return 0;
}
```

运行此程序，若输入为：8<回车>

输出结果为：

```
Enter a positive integer : 8
8! = 40320
```

说明：

在本例中，阶乘变量 fac 定义成 double 类型，这时因为阶乘运算很容易超出 int 的范围。选用 double 类型可支持大一些的数。即便如此，VC 环境下 170 以上的阶乘也超出了 double 的范围。

4.4.3 for 语句

for 语句是 C 语言中最常用、功能也最强大的循环控制语句，其语法格式为：

```
for ( 表达式1 ; 表达式2 ; 表达式3 )
{
    语句块
}
```

for 语句有 3 个表达式，其中表达式 2 是控制循环的条件。for 语句的流程如图 4-6 所示，其执行过程如下。

（1）计算表达式 1 的值。

（2）计算表达式 2 的值。若为真，则转步骤 3；否则退出循环，执行 for 的下一条语句。

（3）执行语句块，即循环体。

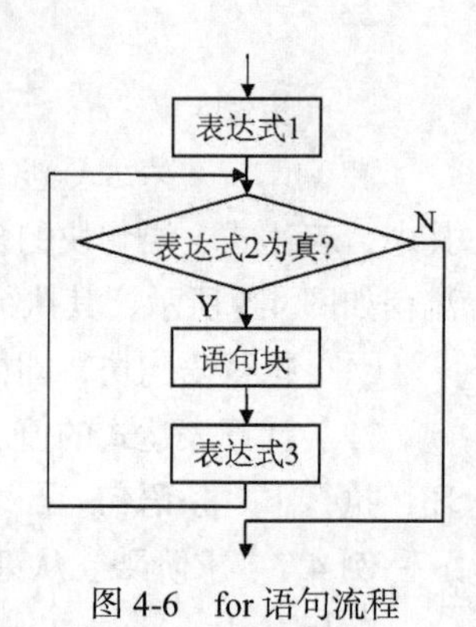

图 4-6 for 语句流程

（4）计算表达式 3 的值，转步骤 2。

在 for 语句中，表达式 1、表达式 2、表达式 3 均可以省略。当表达式 2 省略时，默认其计算结果为真。

例 4.8　数列求和。已知一个数列如下，求该数列前 1000 项的和，并输出。

$$s=\left\{1,-\frac{1}{3},\frac{1}{5},\ldots,\frac{(-1)^{i+1}}{2i-1}\ldots\right\} \qquad i=1,\ 2,\ \ldots$$

分析：欲求该数列的和，可设两个变量 sum 和 item，sum 初值为 0，item 初值为数列的第一项 1。然后把 item 加到 sum 上，重复 1000 次，每次循环时，对 item 的值进行修改。这样就可以实现数列元素的累加。

程序代码如下：

```
/* li04_08.c: for语句示例：数列求和 */
#include <stdio.h>

int main( )
{
    int i, sign;
    double item, sum;
    sum = 0;                                    /* 初值置为 0 */
    sign = 1;
    for ( i = 1 ; i <= 1000 ; i++ )
    {
        item = sign / ( 2.0 * i - 1 );          /* 计算每一次的累加项 item */
        sum += item;                            /* 将累加项 item 加到总和 sum 上 */
        sign = -sign;                           /* 计算下一个累加项的符号 sign */
    }

    printf( "sum = %f\n", sum );
    return 0;
}
```

运行此程序，输出结果为：

```
sum = 0.785148
```

说明：

本例在求解累加项 item 时，使用了一定的编程技巧。item 也可以直接根据通项公式求解：

item = pow(-1，i + 1) / (2.0 * i - 1);

其中，pow 是幂函数，使用时需包含头文件 math.h。

该方法比较直观，但函数调用及求幂计算的系统开销相对较大，不如例题中的方法高效。

4.4.4 循环嵌套

在循环语句的循环体中，也可以再次出现循环语句，这种情况称为**循环嵌套**。循环嵌套广泛用于各类问题与算法中，如行列式求解、矩阵处理、排序、二维文本图形打印等。本节将介绍两个循环嵌套的例子。

例 4.9　加法表打印。要求打印如下所示的九九加法表。

1+1= 2

2+1= 3 2+2= 4

3+1= 4 3+2= 5 3+3= 6

4+1= 5 4+2= 6 4+3= 7 4+4= 8

5+1= 6 5+2= 7 5+3= 8 5+4= 9 5+5=10

6+1= 7 6+2= 8 6+3= 9 6+4=10 6+5=11 6+6=12

7+1= 8 7+2= 9 7+3=10 7+4=11 7+5=12 7+6=13 7+7=14

8+1= 9 8+2=10 8+3=11 8+4=12 8+5=13 8+6=14 8+7=15 8+8=16

9+1=10 9+2=11 9+3=12 9+4=13 9+5=14 9+6=15 9+7=16 9+8=17 9+9=18

分析：对于二维图形或者矩阵的打印问题，一般需要两重循环。外层循环控制输出行数，内层循环控制每一行中的输出项数，而具体输出内容则可能与循环控制变量有关。就本题来说，加法表一共 9 行，所以外层循环控制变量 *i* 从 1 变化到 9，内存循环控制每一行输出的加法等式数量，第 *i* 行不超过 *i* 个式子，因此内层循环控制变量 *j* 从 1 变化到 *i*，而每个式子具体输出的内容则包括“+”、“=”、循环控制变量 *i*、循环控制变量 *j*、*i* 与 *j* 的和。

程序代码如下：

```
/* li04_09.c: 循环嵌套示例：加法表 */
#include <stdio.h>

int main( )
{
    int i, j;

    for ( i = 1 ; i <= 9 ; i++ )                    /* 外层循环：控制行数 */
    {
        for ( j = 1 ; j <= i ; j++ )                /* 内存循环：控制输出的等式数 */
        {
            printf( "%d+%d=%2d ", i, j, i+j );      /* 输出具体内容 */
        }
        printf( "\n" );                             /* 每行最后应有一个回车换行 */
    }
    return 0;
}
```

运行结果略。

说明：

每行输出内容最后应有一个回车符。

下面再介绍二层循环的应用一例。

例 4.10 梯形打印。要求打印如下所示的等腰梯形。

```
   ***
  *****
 *******
*********
```

分析：本图形共有 4 行，所以外层循环控制变量 *i* 从 1 变化到 4。对每一行来说，它由空格、星号和回车组成，空格和星号的数量不相等，因此内层循环需要两个，分别用来控制空格数和星号数。

程序代码如下：

```
/* li04_10.c: 循环嵌套示例：等腰梯形 */
#include <stdio.h>

int main( )
```

```
{
    int i, j;
    for ( i = 1 ; i <= 4 ; i++ )                    /* 外层循环：控制行数 */
    {
        for ( j = 1 ; j <= 4-i ; j++ )              /* 内层循环：控制空格数 */
        {
            printf( " " );                          /* 输出空格 */
        }
        for ( j = 1 ; j <= 2*i+1 ; j++ )            /* 内层循环：控制星号数 */
        {
            printf( "*" );                          /* 输出星号 */
        }
        printf( "\n" );                             /* 输出回车 */
    }
    return 0;
}
```

运行结果略。

4.5 break 与 continue

break 与 continue 是两个较为特殊的流程控制关键词，主要用于循环的中断控制。这两者的区别是：**break 是结束本层循环体的运行，退出本层循环；continue 只是结束本次循环体的运行，并未退出循环体。**下面来看两个对比示例。

例 4.11 break 与 continue 使用比较，如表 4-1 所示。

表 4-1 break 与 continue 的作用对比

<table>
<tr><td>代码</td><td><pre>/* li04_11_break.c: break示例 */
#include <stdio.h>

int main( )
{
    int i, n;
    for (i = 1 ; i <= 5 ; i++)
    {
        printf("Enter n : ");
        scanf("%d", &n);
        if (n < 0)
            break;
        printf("n = %d\n", n);
    }
    printf("The end.\n");
    return 0;
}</pre></td><td><pre>/* li04_11_continue.c: continue示例 */
#include <stdio.h>

int main( )
{
    int i, n;
    for (i = 1 ; i <= 5 ; i++)
    {
        printf("Enter n : ");
        scanf("%d", &n);
        if (n < 0)
            continue;
        printf("n = %d\n", n);
    }
    printf("The end.\n");
    return 0;
}</pre></td></tr>
<tr><td>运行结果</td><td><pre>Enter n : 3
n = 3
Enter n : 4
n = 4
Enter n : -5
The end.</pre></td><td><pre>Enter n : 3
n = 3
Enter n : 4
n = 4
Enter n : -5
Enter n : -6
Enter n : 7
n = 7
The endS.</pre></td></tr>
</table>

说明：

在 li04_11_break.c 中，当用户输入-5 时，for 循环中断，剩余的两次循环不再执行；在 li04_11_continue.c 中，当用户输入-5、-6 时，程序只是忽略了当次循环剩余的语句“printf("n = %d\n", n);”，for 语句循环体的执行次数并没有减少，仍然为 5 次。

4.6 应用举例——判断质数、百钱百鸡

本节将介绍两个经典的算法。

例 4.12 质数判断。从键盘输入一个正整数 n，判断 n 是否为质数。

分析：质数判断的基本思路是，对于正整数 n（n>1），用 2~$\sqrt{n}$ 去除它，如果存在可以整除的情况，则 n 不是质数，否则必为质数。

程序代码如下：

```
/* li04_12.c: 质数判断 */
#include <stdio.h>
#include <math.h>

int main( )
{
    int n, i, k;
    do
    {
        printf( "Enter a positive integer : " );
        scanf( "%d", &n );
    } while ( n <= 0 );                         /* 确保 n 为正数 */
    if ( n == 1 )
    {
        printf( "%d is not a prime.\n", n );
    }
    else
    {
        k = (int)sqrt(n);
        for ( i = 2 ; i <= k ; i++ )
        {
            if ( n % i == 0 )
            {
                break;
            }
        }
        if ( i > k )
        {
            printf( "%d is a prime.\n", n );
        }
        else
        {
            printf( "%d is not a prime.\n", n );
        }
    }
    return 0;
}
```

运行此程序，若输入为：67 <回车>

输出结果为：

```
Enter a positive integer : 67
67 is a prime.
```

说明：

（1）本例需要确保 n 为正数。因此除了在输入时对用户进行提示之外，本例在读取 n 时，也用 do~while 循环对用户的输入进行了判断和限制。

（2）质数判断是 C 语言中较为经典的题目，初学者应认真加以领会并掌握。

例 4.13　穷举法：百钱百鸡问题。公鸡 5 钱 1 只，母鸡 3 钱 1 只，小鸡 1 钱 3 只。100 钱买 100 只鸡，问公鸡、母鸡、小鸡各几只？

分析：解决此问题的传统方法是设立方程组，设公鸡、母鸡、小鸡的数量分别为 a、b、c，则有

$$\begin{cases} a+b+c=100 \\ 5a+3b+c/3=100 \end{cases}$$

由于方程数量少于变量个数，因此该方程组应有多个解。

上述方法的思路是，从问题出发，对原问题进行分析、建模，并对这个模型进行求解，以模型的解作为原问题的解。

在计算机领域中，解决此问题有另一个思路：首先判断问题的解空间，即解的可能范围是多少，进而在此空间上搜寻符合题意的解。**穷举法**就是这类方法的一个典型代表：它把**解空间之内的所有解都挨个尝试一遍**，判断是否符合问题的要求，符合的就作为求解结果。

以本题为例，a、b、c 的可能范围分别是[0，20]、[0，33]和[0，100]，这样解空间就是[0，0，0]，[0，0，1]…[20，33，100]，在此空间内，符合上述方程组的就是问题的解。

程序代码如下：

```
/* li04_13.c: 穷举法：百钱百鸡问题 */
#include <stdio.h>
int main( )
{
    int a, b, c;
    for ( a = 0 ; a <= 20 ; a++ )
    {
        for ( b = 0 ; b <= 33 ; b++ )
        {
            for ( c = 0 ; c <= 100 ; c++)
            {
                if ( a + b + c == 100 && 15 * a + 9 * b + c == 300 )
                {
                    printf( "%d, %d, %d\n", a, b, c );
                }
            }
        }
    }
    return 0;
}
```

运行此程序，输出结果为：

```
0, 25, 75
```

```
4, 18, 78
8, 11, 81
12, 4, 84
```

说明：

（1）在判断解是否符合题目要求时，代码中使用了 15×a+9×b+c==300，而不是原先的第2个方程，这样做是为了防止出现整数除问题。

（2）计算机领域中穷举法得以应用的一个前提是：计算机的计算能力、计算速度要超过人类，特别是进行大量的重复性计算时。但这也并不意味着，我们可以放弃对其进行优化的尝试。以本题为例，当 *a*、*b* 确定时，实质上 *c* 也就确定了。因此不必再从 0 尝试至 100。为此有如下代码。

```
/* li04_13_improved.c: 穷举法：百钱百鸡问题的优化 */
#include <stdio.h>

int main( )
{
    int a, b, c;
    for ( a = 0 ; a <= 20 ; a++ )
    {
        for ( b = 0 ; b <= 33 ; b++ )
        {
            c = 100 - a - b;
            if ( 15 * a + 9 * b + c == 300 )
            {
                printf( "%d, %d, %d\n", a, b, c );
            }
        }
    }
    return 0;
}
```

说明：

改进后，尝试的范围由[0，0，0]，[0，0，1]…[20，33，100]]减为[0，0]，[0，1]…[20，33]，搜索空间大大减少。

思考题

能否对该代码进一步优化，将代码由两重循环削减为一重循环？

4.7 本章常见错误及解决方案

表 4-2 中列出了与本章内容相关的一些程序错误，分析了其原因，并给出了错误现象及解决方案。

表 4-2 本章常见编程错误及解决方案

错误原因	示 例	出错现象	解决方案
变量定义放在语句之后	int x; scanf("%d"，&x); int y; scanf("%d"，&y);	系统报错：syntax error : missing ';' before 'type'等2处错误	改为 int x; int y; scanf("%d"，&x); scanf("%d"，&y);

（续表）

错误原因	示　例	出错现象	解决方案
if 后面的表达式缺括号	if　(a > b) && (a > c) 　　printf("a is max");	系统报错：syntax error : missing ';' before '&&'	改为 if　((a>b) && (a>c)) 　　printf("a is max");

case 后面接的不是常量	switch (y)
	{
	case y>3:
	　　y = x+1;
	　　break;
	case y<=3:
	　　y = −x;
	　　break;
	}
		系统报错：case expression not constant	换为常量。如无法使用常量，则改用 if 语句

if 子句中缺分号	if (i>0)
	　　s = i
	else
	　　s = −i;
		系统报错：syntax error : missing ';' before 'else'	改为
			if (i>0)
			　　s = i;
			else
			　　s = −i;

for 语句中多分号	for (i=0 ; i<10 ; i++); 　　s += i;	系统无报错或告警，但是得不到预期结果	需根据结果仔细分析代码，或使用跟踪调试等手段定位错误，并修正

对循环控制变量未进行修改或进行了错误的修改	int i=1，s=0;
	while (i > 0)
	　　s += i;
		系统无报错或告警，代码死循环，程序运行无结果	需根据结果仔细分析代码，或使用跟踪调试等手段定位错误，并修正

习　题

一、单选题

1. 下列程序段执行后，m 的值为（　　）。

```
int a=0, b=20, c=40, m=60;
if (a) m=a;
else if(b) m=b;
   else if(c) m=c;
```

A. 0　　B. 20　　C. 40　　D. 60

2. 已有定义“int x = 0，y = 3;”，对于下面 if 语句，说法正确的是（　　）。

```
if  (x = y)  printf("X与Y相等\n");
```

A. 输出：X 与 Y 相等，且执行完后 x 等于 y;　　B. 无输出

C. 输出：X 与 Y 相等，但执行完后 x 不等于 y;　　D. 编译出错

3. 有 int 型变量 x、y、z，语句“if (x>y) z=0; else z=1;”和（　　）等价。

A. z = (x>y)?1:0;　　B. z = x>y;

C. z = x<=y;　　D. z = x<=y ? 0 : 1;

4. 关于 switch 语句，下列说法中不正确的是（　　）。

A. case 语句必须以 break 结束

B. default 分支可以没有

C. switch 后面的表达式可以是整型或字符型

D. case 后面的常量值必须唯一

5. 下面程序段的运行结果是（　　）。

```
int a, b=0;
for ( a=0 ; a++<=2 ; ) ;
    b += a;
printf("%d, %d\n",a,b);
```

A. 3，6　　　B. 3，3　　　C. 4，4　　　D. 语法错误

6. 下面程序段中，循环语句的循环次数是（　　）。

```
int x=0;
while( x<6 )
{
    if ( x%2 ) continue;
    if ( x==4 ) break;
    x++;
}
```

A. 1　　　B. 4　　　C. 6　　　D. 死循环

二、读程序写结果

1. 写出下面程序的运行结果。

```
#include <stdio.h>
int main( )
{
  int x=1, y=1, z=1;
  switch(x)
  {
  case 1:
         switch(y)
         {
         case 1: printf("!!"); break;
         case 2: printf("@@"); break;
         case 3: printf("##"); break;
         }
    case 0:
         switch(z)
         {
         case 0: printf("$$");
         case 1: printf("^^");
         case 2: printf("&&");
         }
    default: printf("**");
    }
        return 0;
}
```

2. 写出下面程序的运行结果。

```
#include <stdio.h>
int main( )
{  int m=0, n=4521;
   do
```

```
    {
        m = m * 10 + n % 10;
        n /= 10;
    }while(n);
    printf( "m = %d\n", m );
    return 0;
}
```

3. 写出下面程序的运行结果。

```
#include <stdio.h>
int main( )
{
  int x, y=0, z=0;
  for ( x=1 ; x<=5 ; x++ )
  {
      y = y + x;
      z = z + y;
  }
  printf( "z = %d\n", z );
     return 0;
}
```

4. 写出下面程序的运行结果。

```
#include<stdio.h>
int main( )
{
    int a=1, b=2;
    for( ; a<8 ; a++ )
    {
        a += 2;
        if ( a == 6 )
            continue;
        if ( a > 7 )
            break;
        b++;
    }
    printf( "%d %d\n", a, b );
    return 0;
}
```

三、编程题

1. 输入 x，计算并输出符号函数 sign(x)的值。sign(x)函数的计算方法如下。

$$\mathrm{sign}(x)=\begin{cases}-1\ (x<0)\\ 0\ (x=0)\\ 1\ (x>0)\end{cases}$$

2. 从键盘读入一个百分制成绩 x（$0 <= x <= 100$），将其转换为等级制成绩输出。转换规则如下，要求使用 switch 语句实现。

等级制成绩	百分制成绩
A	$90 <= x <= 100$
B	$80 <= x < 90$
C	$70 <= x < 80$
D	$60 <= x < 70$
E	$0 <= x < 60$

3. 输出 Fibonacci 数列的前 10 项。Fibonacci 数列的计算方法如下。

$$F_n=\begin{cases}1 & n=1,2\\ F_{n-1}+F_{n-2} & n\geqslant 3\end{cases}$$

4. 输出 1 ~ 50 以内所有的勾股数，即 3 个正整数 x、y、$z\in[1, 50]$，要求 $x^2+y^2=z^2$，且 $x<y<z$。

5. 用辗转相除法求 a、b 两个整数的最大公约数。

说明：已知 a、b 两个数，若 a 除以 b 得商 c，余数为 d，即

$a / b = c \cdots d$

则数学上可证明：a、b 的最大公约数与 b、d 的最大公约数相同。故要求 a、b 的最大公约数，可用 b、d 的最大公约数来代替。

因此，辗转相除法的核心思想是：

先用 a 除以 b，如能整除，则除数 b 就是最大公约数，否则以 b 作为被除数，d 作为除数，继续相除，并判断是否整除，如整除，此时的除数 d 就是最大公约数，否则以 d 作为除数，新的余数作为被除数，继续相除……重复该过程，直至整除。

6. 计算并输出 s 的值。s 的计算方法见下式，其中 m 为实数，其值由键盘输入。计算时，要求最后一项的绝对值小于 10^{-4}，输出结果保留两位小数。

$s = m - m^2/2! + m^3/3! - m^4/4! + \cdots$

7. 打印如下图形。

8. 以每行 8 个的形式输出 100 ~ 999 内的质数。

9. 用 1 元 5 角钱兑 1 分、2 分和 5 分的硬币 100 枚，每种面值至少一枚，请输出所有的兑换方案，并统计方案的总数。

第 5 章 函数的基本知识

学习目标：

- 掌握函数的定义、调用的基本方法
- 能实现简单的递归程序，理解其调用的过程
- 掌握不同存储类别变量所具有的不同生命期与作用域
- 掌握使用调试工具跟踪函数调用过程，观察参数变化及函数返回结果的传出情况

重点提示：

- 函数定义的几个要素：函数功能、函数首部三要素、函数体
- 函数调用时实参向形参的单向值传递方式
- 模块化程序设计的基本方法

难点提示：

- 函数定义时入口参数及返回值的确定
- 静态局部变量作用域与生命期的理解

5.1 函数与模块化程序设计

函数（function）是组成 C 语言程序的基本单位。**C 语言中的函数分为库函数和用户自定义函数两大类**。

前几章的程序中由用户自己定义的函数只有一个 main 函数，该函数比较特殊，是任何程序都必须提供的函数，它是整个程序的入口，是操作系统调用用户程序的起点。

回忆一下，在前面所学程序的 main 函数中，我们已经调用了一些其他函数，最常见的是用于输出和输入的 printf 函数和 scanf 函数，此外还有数学函数 sqrt 等。这些都是系统提供的**库函数**，任何符合 ANSI C 标准的编译器，都必须提供一些标准库函数供用户使用，与所支持的平台无关。在程序中使用时需要用**#include** 编译预处理指令作相应的文件包含。例如，使用**#include <stdio.h>**作了文件包含之后就可以再调用 printf 和 scanf 函数了。

如果我们需要定制特定功能的函数，如用 fact(n)函数实现求 n!，继而通过调用这一函数实现求组合或排列问题。我们需要自己定义出一个 fact 函数，这就是用户**自定义函数。**

在学习用户自定义函数之前，我们需要搞清楚一个问题——为什么需要自定义函数。

前几章所学的例子都是一些比较简单的、规模较小的示例，此时，只定义一个 main 函数足以解决问题。但在实际应用中，很多软件通常都有成千上万行代码，这么多行代码只放在一个 main

函数中是不可想象的。

模块化程序设计（Modular Programming）方法，就是针对一个较复杂问题，采用**自顶向下**、**逐步分解**、**分而治之**的策略，逐个解决，最后再整合解决。这样的方法，能有效降低程序复杂度，使程序设计、调试和维护等操作简单化，也大大增强了程序的可读性和清晰性。

函数，正是 C 语言中模块化程序设计的最小单位，是模块化程序设计的基石。

每个函数都实现了某一个固定的功能。一个模块可能由一个或多个函数组成。由函数构成模块，由模块组装成完整的程序。

下面通过一个实例帮助大家理解对于一个规模较大的问题，如何规划模块。

例 5.1 一个简单的学生成绩档案管理系统。

问题描述：完成一个综合的学生成绩档案管理系统，要求能够管理若干个学生的几门课的成绩。需要实现以下功能：读入学生信息、以数据文件的形式存储学生信息；可以增加、修改、删除学生的信息；按学号、姓名、名次查询学生信息；可以依学号顺序浏览学生信息；可以统计每门课的最高分、最低分以及平均分；计算每个学生的总分并排名。

问题分析：根据题目要求的功能，整个程序的功能可分成 5 大模块：显示基本信息、基本信息管理、学生成绩管理、考试成绩统计、根据条件查询。

在每个模块中又可以继续分解成若干小模块，如图 5-1 所示。图中的功能模块分为 3 层，第一层 1 个模块，为主模块，编程时将对应于 main 函数；第二层共 5 模块，对应于 5 大基本功能，分别用 5 个函数实现，这 5 个函数将在 main 函数中有选择地被调用；第三层共 11 个模块，对应于用 11 个函数来实现各个最简单的功能，它们分别被第二层的模块调用。如此共同实现了整个程序。

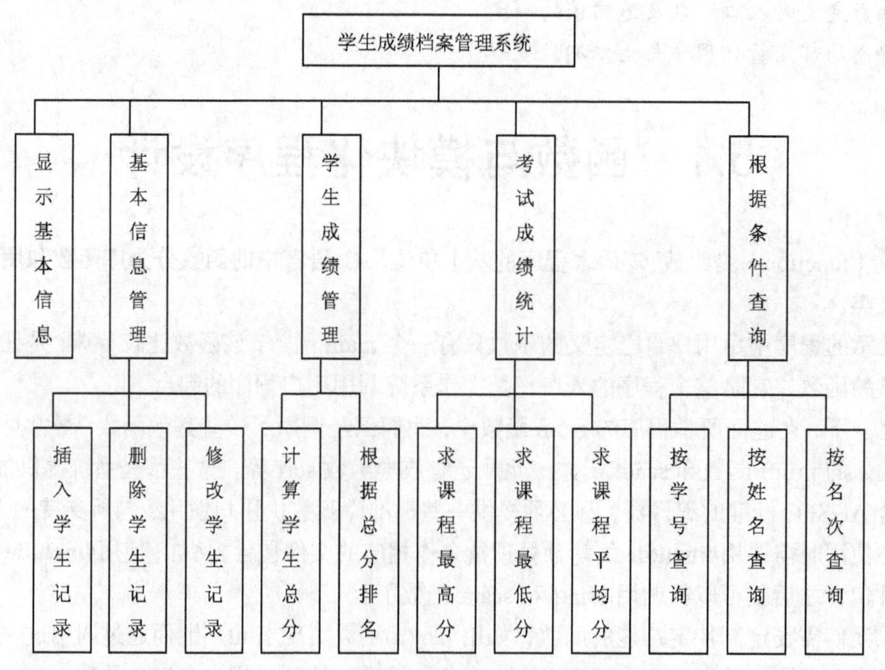

图 5-1 学生成绩档案管理系统的功能模块图

该例的实现需要用到构造类型，需要定义多个函数，其完整的程序代码见第 12 章。

5.2　函数的定义

函数是构成 C 语言程序的基本单位，可以说，C 语言实现模块化程序设计必须以函数为基础，函数是特定功能的抽象。

如何定义函数？实际上，main 函数的定义已经给出了函数定义的一般方法，总结一下：

函数定义的格式为：

```
函数返回值类型 函数名（[形式参数表]）          /*函数首部，也称函数头*/
{                                              /*函数体        */
    一组语句
}
```

也就是说，一个函数的完整定义由**函数首部**和**函数体**组成。

函数首部（也称函数头）需要提供 3 个方面的信息：**函数返回值类型、函数名和形式参数表。**

1. 函数名

函数名是体现函数功能的标识，一般用一个动词或动宾词组来定义，是一个合法的用户自定义标识符，应当做到见名知义，表达了该函数**“做什么”**的重要信息。例如，求两个整数之间的较大值的函数名，可以命名为：**FindMax** 或 **find_max**，从函数名可以推断该函数用来寻找大值。这两种命名分别符合 Windows 风格和 UNIX 风格。

2. 函数返回值类型

函数返回值类型也称**函数返回类型**或**函数类型**，其决定了函数最后需要传出的结果的类型。函数返回值类型如果缺省，则默认类型为 int 型，编程时不建议使用缺省类型。如果一个函数不需要返回任何值，则将其返回值类型定义为无类型 void。

3. 形式参数表

形式参数表中列出了函数要发挥作用所需要提供的参数及对应类型，代表着使用这个函数必须提供的初始数据。在参数表中声明的变量称为形式参数，简称**形参**（parameter）。一个函数可以有一个或多个形参，也可以没有参数（在没有形参的情况下，这一对圆括号要保留）。形式参数表的具体形式为：

（[形参类型 1　形参名 1，形参类型 2　形参名 2，…，形参类型 *n*　形参名 *n*]）

每个形参之前必须指定形参类型，形参类型不可以被多个形参变量所共享，各形参之间以逗号分隔。注意，形式参数名可以是任意的合法变量名。

例如，求两个整数之间较大值的函数的形式参数表，可以表示为（int a ，int b），**表示使用这个函数需要提供两个整数值。**

函数首部三要素非常重要。根据函数所要完成的功能正确命名，根据该函数工作时需要提供的原始数据个数及对应类型正确设定形式参数表，根据该函数最后所要得到的结果数据的类型正确设定返回值类型。函数首部的正确设定是初学者的一个难点。表 5-1 所示为举了一些函数首部定义实例。

表 5-1　函数首部示例

函数的功能描述	函数定义的首部
求两个整数之间的较大值	int FindMax (int x, int y)
求两个实型数的和	double Add (double a, double b)
判断一个整数是否为质数	int JudgePrime (int n)
求出一个字符的 ASCII 码值返回	int CalcuAscii (char c)
求一个整数的阶乘	double Fact (int n)
画出一条由 30 个减号组成的横线	void DrawLine( )
画出一条由 *n* 个减号组成的横线	void DrawLine(int n)
画出一条由 *n* 个指定字符组成的横线	void DrawLine(int n, char c)
求两个整数的最大公约数	int Gcd (int a, int b)
统计出 *m* 到 *n* 之间的水仙花数	int CountNarcissus (int m, int n)
求出 *m* 到 *n* 之间所有的同时能被 5 和 7 整除的奇数和	int SumOdd (int m, int n)

从上面表格示例可以看出，根据函数需要完成的功能基本上可以确定函数首部的定义。函数首部的信息也就告诉了调用者，将来应该如何调用此函数。

函数首部表明了该函数“做什么”，而函数“怎么做”需要通过**函数体**来具体实现，这是函数定义中最为核心的部分。

函数体就是函数代码实现部分，其基本形式为：

```
{
    /*说明性语句 */
    /*执行语句 */
}
```

以左大括号开始，右大括号结束，由一系列语句组成，也有可能函数体内无语句。空的函数体便于以后扩充。

如果函数的返回值类型不是 void 类型，则函数体内一定要配合使用“**return 表达式;**”语句，并且表达式类型尽可能与函数的返回值类型一致，函数执行到 return 语句时结束本次调用。若返回值类型为 void，则在需要返回的点使用“**return ;**”语句，建议编程者采用这种方式。如果此时函数体内没有 return 语句，则执行到函数体的右大括号结束。**注意**，函数体内不可以出现其他函数的定义，即函数不能嵌套定义。

接下来对表 5-1 中的部分函数给出完整的定义。

例 5.2　定义一个函数 int JudgePrime (int n)，实现判断任意一个正整数是否是质数。

程序代码如下：

```
/*函数功能：判断一个正整数是否为质数
 函数参数： 一个整型形式参数
 函数返回值： int 型，用值 1 表示 n 是质数，值 0 表示不是质数
*/
int JudgePrime(int n)                /* 形式参数 n 将接收正整数*/
{
    int i,k ;
    int judge=1;                     /*judge 保存判断结果，未判断时默认为是质数*/
    if ( n==1 )                      /*如果参数为 1，不是质数*/
```

```
        judge=0 ;                        /*为 judge 变量赋值为 0，表示不是质数*/
    k = (int) sqrt ( n );                /*k 保存了需要扫描的除数终值*/
    for (i = 2; judge && i<=k ; i++) /*i 作除数从 2 到除数终值扫描，若 judge 已为 0，则停止循环*/
        if (n % i == 0)                  /*n 被某除数整除，则不是一个质数*/
            judge=0 ;                    /*为 judge 变量赋值为 0，表示不是质数*/
    return judge;                        /*返回 judge 的值，如果保持为 1，则是质数*/
}
```

说明：如何判断一个整数是否是质数的算法思想，在例 4.12 中已经详细介绍。此函数中有多条 return 语句。但是，在某一种条件下只有一条 return 语句被执行，也就是说，此函数在任何情况下有且只有一条 return 语句被执行，任何情况下只能返回单一的值。

由于 return 语句的执行就意味着本次该函数的调用结束，因此，此例中，return 1; 语句被执行的条件一定是：**i>k** 并且此前的每一个 i 都没有满足过 **n%i==0** 这个条件。

该函数中的形式参数变量 n 在函数定义时其值是未知的，正因为如此，该函数才有可能实现对任意整数判断是否是质数的功能。

思考题

该函数当形式参数的值 n 为 2 或 3 时，能否得到正确的判断结果，为什么？

下面再举一个无参且返回值类型为 void 的函数定义示例。

例 5.3　定义一个函数 DrawLine，实现画出一条由 30 个减号组成的横线。

程序代码如下：

```
/*函数功能：画一条由 30 个减号组成的横线
 函数参数： 无
 函数返回值：无
*/
void DrawLine ( )          /* 函数定义首部  */
{                          /* 一对大括号内均为函数体  */
    int i;                 /*定义变量*/
    for (i=1;i<=30;i++)
        printf("-");       /*连续输出 30 个减号*/
    printf("\n");          /*最后换行*/
    return ;
}
```

说明：该函数功能比较简单，既不需要提供参数，也不需要返回值，这样的无参函数通常可以完成一些简单的功能。以后程序中需要画一条横线的地方，就可以直接调用 DrawLine 函数，简单方便。

思考题

请读者在此函数的基础上稍加修改，依次定义表 5-1 中另外两个功能类似的函数：（1）函数 void DrawLine(int n) 实现画出一条由 *n* 个减号组成的横线；（2）函数 void DrawLine(int n ， char c) 实现画出一条由 *n* 个指定字符组成的横线。

读者可以仿照上面的 3 例，对表 5-1 中所有的函数给出完整的定义。

5.3　函数的调用

函数定义之后，就可以像库函数一样被调用了。函数只有被调用才能在程序中真正发挥作用。

5.3.1 函数调用的基本形式

5.2 节给出了两个函数的定义，下面，例 5.4 到例 5.5 给出这两个函数从定义到被调用的完整代码。

例 5.4 从键盘上读入一个整数 m，如果 m 小于等于 0，则给出相应的提示信息；如果 m 大于 0，则调用 JudgePrime 函数判断它是不是一个质数，将结论在屏幕显示。

程序代码如下：

```
#include<stdio.h>
#include<math.h>                    /*sqrt 函数定义在此文件中*/

/* 此处省略例 5.2 中函数定义的代码*/
int main ( )
{
    int m;
    scanf ( "%d",&m ) ;
    if  ( m <= 0 )              /*m 小于等于 0 时直接输出提示信息结束程序*/
    {
        printf("error input!\n");
        return 0;
    }
    if  ( JudgePrime  (m ) )    /*m>0 时判断质数函数的调用*/
        printf ( "%d is a prime!\n" , m ) ;
    else
        printf ("%d is not a prime!\n", m ) ;
    return 0 ;
}
```

运行此程序，若输入为：－9<回车>

输出结果为：

```
error input!
```

若输入为：25<回车>

输出结果为：

```
25 is not a prime!
```

若输入为：139<回车>

输出结果为：

```
139 is a prime!
```

说明：本例中，主函数中读入的变量 m 作为调用 JudgePrime 函数的实际参数使用，在调用之前，首先在主函数中判断 m 是否大于 0，在 JudgePrime 函数中默认所判断的形式参数 n 是一个正整数。在变量 m 大于 0 的情况下，调用 JudgePrime 函数将 m 作为实际参数使用，根据调用结果是否为 0，控制输出的结论。读者还可以输入 1、2 等其他值进行测试。

思考题

请读者修改本题的主函数，调用 JudgePrime 函数求出所有的 3 位质数并按每行 5 个的形式输出。

例 5.5 调用 DrawLine 函数实现画线功能。

程序代码如下：

```
#include <stdio.h>
/* 此处省略例 5.3 中函数定义的代码*/
int main ( )
```

```
{
    DrawLine ( );              /*第一次调用 DrawLine 函数*/
    printf ("C is a beautiful language!\n");
    DrawLine ( );              /*第二次调用 DrawLine 函数*/
    return 0;
}
```

运行此程序，本例无输入，输出结果为：

```
------------------------------
C is a beautiful language!
------------------------------
```

说明：本例中，函数 DrawLine 无形式参数，所以在 main 函数中调用时，不需要提供实际参数。函数 DrawLine 返回的是无类型，因此，在 main 函数中以函数调用语句形式出现，不可以作为表达式的运算对象使用。

观察以上两个例子，函数在定义之后，在主调用函数中，被**调用的基本形式**一致，为：**函数名([实际参数表]);**

对于返回值类型为void型的函数，调用后直接作为函数调用语句使用，如例5.5中的**DrawLine ( );**，如果函数返回值类型不是 void 型，则调用后常作为表达式的运算对象使用，如例 5.4 中的 JudgePrime (m)调用结果是作为 if 后的表达式使用的。至于在调用的时候是否需要传入实际参数，则根据函数定义时形式参数表的内容来确定，基本原则是实参与形参个数一样，对应类型最好一致。

仅仅知道函数的调用形式，仍然无法用好函数，必须要明白函数调用的完整过程：参数有什么要求，如何传递；程序因为函数调用的存在，流程的走向如何变化；函数的返回值又是如何被主调用函数使用的。

5.3.2　函数调用的完整过程

任何一个程序的执行都是从 main 函数开始的，先从 main 函数的函数体处开始执行，当调用函数（包括系统函数和自定义函数）时，流程首先转向被调用函数处，接着执行被调用函数体，被调用函数执行结束后再返回到调用点，继续执行主调用函数中的后续语句。

在此过程中，涉及参数传递、值的返回等问题，以图 5-2 示意例 5.4 程序的执行过程。

顺着箭头的方向看，程序从 main 函数体左括号开始向下执行，假定从键盘输入了一个正整数，则流程会一直执行到 if （**JudgePrime (m)**）处，在这里形成一个调用**断点**，不再继续执行 main 函数中的后续语句，直到被调函数返回才继续 main 函数中的后续语句。

图中①表明，在调用断点（图中用圆圈表示）处，流程首先转向被调用函数 **int JudgePrime(int n)**的定义点。这是一个有形式参数的函数，因此，在执行 **JudgePrime** 的函数体语句之前，图中②表明，必须用实际参数的值来初始化形式参数，使形式参数变量 *n* 在本次调用中具有具体的值。相当于执行了语句：**int n=m;**（这里的 *n* 是形参变量，而 *m* 是主函数中的实际参数）。

图中③表示执行 **JudgePrime** 函数体中的语句，这里的执行方式受流程控制语句影响，与以前所学的在 main 函数中的执行方式一样。

当执行到 **JudgePrime** 函数的 return 语句时，流程就从 **JudgePrime** 函数返回到主函数的调用断点处，图中④表明了这个返回时刻。

最下方的箭头表示，回到主调用函数后，继续执行后续语句，直至程序结束。

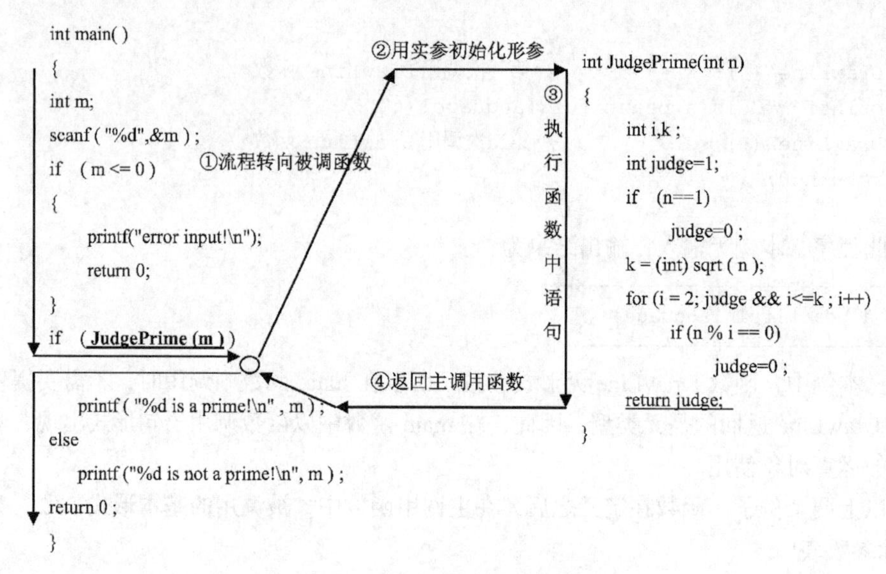

图 5-2 例 5-4 程序的执行过程

总结一下函数调用的完整过程：

（1）转向：遇到函数调用时，流程从主调用函数转向被调用函数。

（2）传参：如果是带有形式参数的函数，首先要用实际参数初始化形式参数；如果是无参函数，则不存在参数传递工作。

（3）执行：执行被调用函数的函数体，按流程控制方式执行。

（4）返回：执行到被调用函数的 return 语句处（如果无此语句，则是到函数体的右大括号处），执行流程返回到刚才主调用函数调用此函数处。

（5）继续：继续执行主调用函数的后续语句，直至程序结束。

请读者仿照该例的函数调用过程，理解例 5-5 函数调用的过程。

本例，main 函数中调用了 scanf、printf 和 **JudgePrime** 函数，而 **JudgePrime** 函数中又调用了 sqrt 函数，可见，**函数是可以嵌套调用的**。无论函数之间调用关系如何，都遵循以上所总结的执行方式。

在此过程中，还有另外**两个问题需要搞清楚：实参与形参；返回值。**

（1）实参与形参：形式参数与实际参数的区别，如表 5-2 所示。

表 5-2　　形式参数与实际参数的区别

参数性质	出现位置	本　质	表达的含义	二者关系
形式参数	函数定义时在首部形式参数表中	变量	调用该函数的入口参数的通用要求，需要几个、什么类型的值	形式参数决定了实际参数的个数和对应类型，按从左到右的顺序一一匹配对应
实际参数	主调用函数中函数调用时提供	表达式（常量、变量为其特殊形式）	某一次特定调用时所提供的实际入口参数值	

关于形式参数与实际参数，还需要注意以下两点：

① 形式参数变量在函数定义时不占用具体内存空间，只有等到被调用时才占用内存空间，并且用实际参数的值来初始化它。而当本次函数调用结束，形式参数变量将不再占用空间，等到下次被调用时重新再占用空间。

② 实际参数直接以表达式的形式给出，其个数与形参的个数必须完全相同，对应的数据类型最好是完全一致。如果类型不一致，因为实参初始化形参，一定是实参的类型向形参的类型转换，这时有可能会导致部分数据信息丢失。

（2）返回值：函数的返回值类型指明了该函数执行结束后需要送出一个什么类型的结果。其返回值类型不同，函数体中是否需要 return 语句以及如何返回的机制略有不同，如表 5-3 所示。

表 5-3 函数返回值类型是否为 void 型的区别

函数返回值类型	函数体内是否有 return 语句	函数执行到何处返回到调用点
void 型	可以没有，但建议用 return；形式的语句	如果没有 return 语句，则执行到函数体结束的右大括号返回调用处；如果有 return 语句，则执行到 return 语句处就返回调用处
非 void 型	必须有 return 表达式；形式的语句	执行到 return 表达式；处就返回到调用处，无论后续是否还有其他的语句

关于函数的返回问题，还需要说明以下**两点**。

① 当函数执行到 **return 表达式；**时，系统将自行定义一个函数返回值类型的**无名变量**，然后将 return 后表达式的值赋值给该变量，执行流程离开被调用函数，返回到主调用函数的调用处。该无名变量的值在主调用函数中被使用过之后就会立即消失，因此读者不必关心其变量名是什么。**注意，**当 return 后表达式类型与函数返回值类型（即无名变量的类型）不一致时，会将表达式的类型自动转化为返回值类型以正确赋值给无名变量。

② 一个函数中可能会有多处出现 return 语句，此时代表函数在不同的情况下的返回控制。只要执行到第一次遇到的 return 语句，则立即返回到调用处，函数的本次调用结束，不再执行被调用函数中的其他语句。

5.4 函数的原型声明

上节中的例 5.4 和例 5.5 都是先定义函数，然后在 main 函数中再调用。类似于变量先定义后使用的原则，函数应当定义在先，调用在后。

但是在实际编程中，一个程序将会由很多个函数组成，函数之间的调用关系也会比较复杂，未必能保证所有的函数都是在定义之后才被调用。

如果出现了先调用后定义的情况，又该如何处理呢？C 语言通过对函数进行声明来解决这一问题，**函数声明**也称为**函数的原型声明**，其形式为：

函数返回值类型 函数名（[形式参数表]）；

说明：

（1）函数的原型声明最简单的方式就是将函数定义的首部原样复制到被调用处之前，然后再加上分号。请注意，**一定要以分号结束**。

（2）函数的原型声明中形式参数表里可以省略形参变量名，但是形式参数的类型必须保留。例如，判断质数的函数原型声明形式可以是 **int JudgePrime(int);** 省略形参变量名 n。

（3）函数原型声明的位置要求在被调用处之前，可以有两种位置：① 在主调用函数的函数体开头说明语句部分，这样声明只能被该主调用函数所调用；②在预编译处理指令之后，所有函数定义之前，这样声明程序中所有的函数都可以调用该函数。建议采用后一种方式。

例 5.6 定义一个函数 Gcd 用于求两个整数的最大公约数，该函数的定义在程序最后，程序中用原型声明保证正确性。

程序代码如下：

```
# include < stdio.h >
int gcd ( int m , int n ) ;                    /*求最大公约数函数原型声明*/
int main ( )
{
    int m,n;
    scanf ( "%d%d" , &m , &n ) ;
    printf ( "gcd: %d\n" , gcd ( m , n ) );    /*求最大公约数函数的调用*/
    return 0 ;
}
/*函数功能：求两个正整数的最大公约数
  函数参数： 两个整型形式参数，对应待求最大公约数的两个整数
  函数返回值：整型，返回求得的最大公约数
*/
int gcd ( int m , int n )                      /*求最大公约数函数定义首部*/
{
int r;
    do                                         /*用辗转相除法求最大公约数*/
{
       r = m % n;
       m = n ;
       n = r ;
}  while ( r );                                /*使余数 r 为 0 时的除数为最大公约数*/
    return m ;                                 /*返回最大公约数*/
}
```

运行此程序，若输入为：12　24<回车>

输出结果为：

gcd: 12

若输入为：105　45<回车>

输出结果为：

gcd: 15

若输入为：25　12<回车>

输出结果为：

gcd: 1

若输入为：11　19<回车>

输出结果为：

gcd: 1

说明：读者还可以运行更多其他测试用例。本例中，gcd 函数调用在先，定义在后，因此在程序的编译预处理指令后用语句 **int gcd (int m , int n)；** 给出了该函数的原型声明，以保证正确调用。此处的原型声明还可以写成 **int gcd (int , int)**;即省略掉形式参数变量的名字，效果也一样。

特别注意：函数声明和函数定义本质上不同：**函数定义**是对函数的解释，说明了函数的具体

作用，函数体部分是函数算法的具体说明。**函数声明**（也称**函数原型**）是向编译器表示一个函数的名称、将接受什么样的参数和有什么样的返回值，使编译器能够检查函数调用的合法性，但是并没有描述函数如何实现相应功能。

一个有定义的函数才可以被调用，函数的原型声明只是为了解决不可避免的函数先调用后定义现象而采取的策略，不能理解为有了原型声明，函数就可以不定义了。

思考题

如果仅声明了函数 gcd，而忘记后面再定义该函数，编译时会出现什么现象？

细节提示：例 5.6 的主函数中没有对输入的 m 和 n 进行判断，也就是说，有可能从键盘输入的两个整数本身就是小于等于 0 的数，这时候是不应该求最大公约数的。关于这个问题，只需要将原来主函数中的语句 **scanf ("%d%d" ， &m ， &n)**；改为下列程序段：

```
do
{
    scanf ( "%d%d" , &m , &n ) ;
}while (m<=0||n<=0);
```

这样，当读入的 m 或 n 只要有一个是小于等于 0 的，则一定要重新输入，直到二者均大于 0 时此循环才停止，从而以合法的数据调用 gcd 函数，求得两个正整数的最大公约数。

5.5 函数的递归

前面讲解的程序所涉及的各个函数都互不相同，即 A 函数调用了 B 函数。那么在解决实际问题的过程中，可不可能出现 A 函数定义时调用了 A 函数自己呢?

C 语言中提供的**递归**就是一种可以根据其自身来定义问题的编程技术，它通过将原始问题转化为与原始问题求解方法一样但是规模更小的同一类问题逐步解决。

C 语言中问题的解决最终通过定义函数来实现。因此，用递归思想所定义的函数会在其函数体内直接或间接地调用自身，这就是**递归函数**。本书中只介绍在函数体内直接调用函数本身，这叫做**直接递归**。下文所讲的**递归**就是指直接递归，不再强调直接。

用递归方法解决问题必须满足以下 **3 个条件**：

（1）可以把要解决的原问题转化为一个新问题，而新问题的解决方法与原问题的解决方法相同，只是所处理的问题规模不一样，通常是规模越来越小。

（2）可以应用这个转化过程使问题得到解决。

（3）必须要有一个明确的结束递归的终止条件。

数学中很多问题适合用递归方法求解，例如，用小整数的阶乘计算大整数的阶乘，用小实数的乘幂计算大实数的乘幂，还有数制转换等。

$$n!=\begin{cases}1 & (n=0)\\ n*(n-1)! & (n>0)\end{cases}$$

$$x^n=\begin{cases}1 & (n=0)\\ x*x^{n-1} & (n>0)\end{cases}$$

用非递归方法求阶乘，其基本方法在例 4.7 中已介绍，这里介绍用递归法求阶乘。

例 5.7 定义一个递归函数实现求 n！。主函数中读入任意一个整数，调用函数实现求阶乘。

分析：根据上面的递推公式，为求自变量为 n 的整数的阶乘问题，在 n 大于 0 的情况下，就转化为求 n-1 的阶乘问题，直到 n 为 0 的时候停止转换，直接返回结果 1。

程序代码如下：

```
#include <stdio.h>
/*函数功能：求一个非负整数的阶乘
 函数参数： 一个整型形式参数，对应于待求阶乘的整数
 函数返回值：实型，返回求得的阶乘结果
*/
double Fact( int  n)
{
    if (!n)                          /*当 n 为 0 时返回 1.0*/
        return (1.0);
    return (n*Fact(n-1));            /*此处为递归调用，当 n 大于 0 时递归调用*/
}
int main( )
{
    int n;
    double t;
    printf("Please input n:\n");
    scanf("%d",&n);
    if (n<0)                         /*如果读入负数，则取其相反数求阶乘*/
        n=-n;                        /*保证了 n 是大于等于 0 的整数*/
    t=Fact(n);
    printf("%d!=%lf\n",n,t);
    return 0;
}
```

本例的运行结果不用详述。重点理解递归函数的定义及调用过程。

递归函数定义的代码很简洁，感觉上就是将数学上的分析作了一个翻译，先根据自变量确定递归终止的条件为 n==0，在此情况下直接返回一个确定的值 1.0，而在其余情况下，则利用问题转化的规律，求 n 的阶乘结果用语句 **return (n*Fact(n-1));** 实现，此处的 **Fact(n-1)就是在函数体中调用了该函数自身，是递归。**

“递归”这两个字的字面含义：**“递”即递推**，表示将复杂的原问题转化为同类型同方法的简单问题的过程；**“归”即回归**，表示从递归调用终止处依次一层层向前返回处理结果。

为了理解递归函数的执行过程，表 5-4 所示为递归的“递”与“归”的完整过程。

表 5-4 调用递归函数计算 3!

主函数调用	第 1 次调用	第 2 次调用	第 3 次调用	第 4 次调用

t=Fact(3);	double Fact(int n)
	{
	if !n)
	return (1.0);
	return(n*Fact(n-1));
	}
		double Fact(int n)
		{
		if !n)
		return (1.0);
		return(n*Fact(n-1));
		}
			double Fact(int n)
			{
			if !n)
			return (1.0);
			return(n*Fact(n-1));
			}
				double Fact(int n)
				{
				if !n)
				return (1.0);
				return(n*Fact(n-1));
				}

实参为 3;返回结果 6.0	第 1 次形参 n=3; 第 2 次调用的实参为 2; Fact(3)=3*Fact(2)=6.0	第 2 次形参 n=2; 第 3 次调用的实参为 1; Fact(2)=2*Fact(1)=2.0	第 3 次形参 n=1;第 4 次调用的实参为 0; Fact(1)=1*Fact(0)=1.0	第 4 次形参 n=0;结束“递”，开始“归”。返回，即 Fact(0)=1.0

表中有两个方向的箭头：上方的直箭头表示“递”；下方带弧度的箭头表示“归”。

每一次调用时虽然形式参数的名字都是 n，但在每一次调用中其值不同，因为在“递”的过程中，每一次的函数调用都会在内存的栈空间中压入断点地址、本层参数及自动局部变量的信息等。这样，虽然形式参数名字一样，但是在内存中占用不同的存储空间，因此不会混淆。而随着“归”的进行，最后一次调用函数的相关信息首先出栈，随着每一层的返回，各层压入堆栈的信息依次出栈，直至栈空。

从上例容易理解，递归函数必须有明确的终止条件，否则将会一直“递”下去，不断占用栈空间，从而造成系统的栈空间消耗殆尽，产生“Stack overflow”的错误，这就违背了算法正确的有穷性要求。达到递归终止条件时可能会返回一个值，如本例；也有可能只是终止“递”的过程，从而启动“归”。

求阶乘的例子中还可以发现，“递”与“归”相当于完成了一层循环，因此在递归实现中没有循环语句，而对应的非递归实现需要用到一层循环，读者可以自行完成其非递归函数。

下面再看一个例子，递归函数的返回值类型为 void 型，加深对递归函数的理解。

例 5.8　数制转换问题。将一个十进制正整数 *n* 转为指定的 B（2≤B≤16）进制数。

算法思想：第 1 章中已作简单介绍，用十进制数 *n* 辗转相除进制 B，将每一步得到的余数逆序输出，直到某一步的商为 0 结束。

算法步骤：重复执行以下步骤 1 和 2，直到 *n* 为 0。

（1）利用取余运算 n%B 得到 B 进制数的一位，值的范围肯定是 0 到 B-1。

（2）利用整除运算 n=n/B 将 B 进制数降一阶。

（3）从后往前输出每一次的余数，也就是说，第一次得到的余数最后一个输出，最后一次得到的余数最先输出。

在输出处理时需要注意，当 B 进制大于十进制时，如果余数大于等于 10，则输出其相应的字符。例如，10 输出 A，11 输出 B，……。

用递归方法，则输出每一层的余数这一操作，放在递归调用本函数之后。程序代码非常简洁，但读者一定要仿照例 5.7，充分理解其“递”与“归”的过程。

程序代码如下：

```
#include <stdio.h>
void MultiBase(int n,int B);              /* 递归函数的原型声明*/
int main( )
{
    int n,B;
    do
    {
       scanf("%d%d",&n,&B);
    }while (n<=0||B<=1||B>16);            /*直到读入的 n 为正整数，B 在 2 到 16 之间为止*/
    printf("change result:\n");
    MultiBase(n,B);                       /*调用递归函数进行数制转换*/
    printf("\n");
    return 0;
}
/*函数功能：用递归方法将一个正整数 n 转化为 B 进制数
  函数参数： 两个整型形式参数，n 对应于待转换的十进制整数，B 对应于目标进制数
  函数返回值：无类型
```

```
*/
void MultiBase(int n,int B)
{
    int m;
    if(n)                          /* n!=0 则递归调用，而 n==0 时终止递归*/
    {
        MultiBase(n/B,B);          /*递归时第 1 参数变化*/
        m=n%B;                     /*求本层的余数*/
        if(m<10)                   /*余数<10 原样输出*/
            printf("%d",m);
        else                       /*余数>=10 输出字符，A 代表 10，其他字符依次递增 1*/
            printf("%c",m+55);
    }
}
```

运行此程序，若输入为：175　16<回车>

输出结果为：

```
change result:
AF
```

若输入为：175　8<回车>

输出结果为：

```
change result:
257
```

若输入为：

```
175  19<回车>        /*此处输入数据无效，进制数不在 2 到 16 范围内了，因此下一行重新输入*/
175  14<回车>
```

输出结果为：

```
change result:
C7
```

若输入为：

```
-78  8<回车>         /*此处输入数据无效，被转换的整数小于 0，因此下一行重新输入*/
175  2<回车>
```

输出结果为：

```
change result:
10101111
```

若输入为：

```
175  10<回车>
```

输出结果为：

```
175
```

说明：本例递归终止的条件是隐含的，因为在递归函数内，if(n)完成了所有的操作，那就意味着，当 n 等于 0 时什么也不用做，这实际上就是一个递归终止的条件，此时结束“递”开始“归”。

另外，本题巧妙地运用了递归的调用及执行方式，将求余数及输出余数放在递归调用语句之后，使得数据转换过程中最后一步的余数最先输出，第一层的余数最后一个被输出。

在以上的运行测试用例中，有两次是有两行输入的，那是因为第一行的数据不完全符合要求，主函数中用 do…while 循环控制，要求一定要读入正整数 *n* 及 2 到 16 之间的整数 B 代表进制，这也是编程时常用的一种技巧。

思考题

在本例程序的基础上稍作修改，用递归方法实现对一个正整数 n，将其各位数字逆序输出。例如，输入 175，则输出 571。

用递归完成的程序代码简洁，但是实际上，其时间、空间的消耗较大，效率降低。读者在算法实现时，需要在算法的简洁与效率之间做一个折中选择。

5.6　变量的作用域与存储类型

自定义函数引出了两个问题：第一，每一个变量在什么范围内起作用；第二，每一个变量何时生成、何时消失，在程序中能存在多久。这就是变量的**作用域**与**生命周期**问题。

变量的作用域是指变量名应该在程序的哪一部分直接引用或通俗地说，在程序中的哪一部分是可见的，是发挥作用的。

变量的生命周期是指变量所占用的空间从创建到撤销的这段时间。

一个变量如果不在其生命周期，肯定无作用域可言；如果在其生命周期，也未必一直起作用，即使起作用也是在特定的范围内。

变量的作用域取决于变量定义的位置，定义变量的**位置有 3 种**：函数体外、函数体内、函数的语句块（即同一对大括号范围）内，因此变量有了外部变量与内部变量之分。

而变量的生命周期取决于变量的存储类型，C 语言中变量有 4 种不同的存储类型，在变量定义或声明时用不同的关键字表示。

5.6.1　变量的作用域

变量的作用域取决于变量的定义位置。

回顾已学知识，目前已接触过的变量定义位置有两种：函数体内一开始的说明部分，函数首部的形式参数表中。

这两种变量都统一理解为是在函数内部定义的变量，称之为**局部变量**。局部变量的作用域就是本函数体内。

其实，变量定义的位置还有以下两种。

（1）函数外部：此前未接触到，变量的定义不在任何函数的内部，这样的变量称为**全局变量**或**外部变量**，其作用域是程序中从定义点开始到程序结束位置，但要去掉同名局部变量所在的区域。

（2）函数内部的语句块内：就是在程序中被一对大括号括起来的区域。在语句块的开始处定义的变量，只在该语句块内起作用，此语句块之外函数的其他位置均无作用。由于语句块必定存在于某函数体内，因此这一类变量也是**局部变量**，但是作用域仅限于本语句块。

下面通过程序 5.9 来展示这 3 种不同位置定义的变量，其不同的作用域。

例 5.9　定义函数 sumDigit 统计一个整数各位数字之和，通过一个全局变量 count 统计求解各位数字之和时循环体执行的次数，在主函数中读入一个整数调用此函数求解。着重理解本例中的全局变量、函数作用域的局部变量、块作用域的局部变量的作用域。

程序代码如下：

```
#include <stdio.h>
```

```
int count;                           /*定义全局变量 count 并自动初始化为 0*/
int sumDigit(int n);                 /*函数的原型声明*/
int main()
{
    int a,sum;                       /*main 函数中定义两个局部变量 a、sum */
    scanf("%d",&a);
    if (a<0)
        a=-a;                        /*读入 a 后用此方法保证 a 为非负数*/
    sum=sumDigit(a);                 /*调用函数求 a 的各位数字之和*/
    printf("main: sum=%d,count=%d\n",sum,count); /*输出 sum 及全局变量 count 的值*/
return 0;
}
/*函数功能：统计一个整数的各位数字之和，从个位数字开始，统计到第一个数字 0 或满 5 位就停止
  函数参数：一个整型形式参数
  函数返回值：整型，返回求得的各位数字之和
*/
int sumDigit(int n)                  /*函数定义首部，n 是形式参数也是局部变量*/
{
    int sum=0,i;                     /*定义两个局部变量 sum 和 i，累加器初始化为 0*/
    for (i=1;i<=5;i++)               /*i 控制循环次数，最多 5 次*/
    {
        int b;                       /*在语句块内定义局部变量 b，只能在此块内访问*/
        b=n%10;                      /*b 用来存放当前的最后一位数字值*/
        if (!b) break;               /*如果 b 为 0，则退出循环*/
        sum+=b;                      /*将该位的数值加入到局部变量 sum 中*/
        n=n/10;                      /*n 缩小 10 倍，为了下次求另一位数字*/
        count++;                     /*统计循环体执行了几次*/
    }
    printf("sumDigit: i=%d,count=%d,n=%d\n",i,count,n); /*输出 i 和全局变量 count 的值*/
      return sum;                    /*返回各位数字的和值*/
}
```

运行此程序，若输入为：123<回车>

输出结果为：

```
sumDigit: i=4,count=3,n=0
main: sum=6,count=3
```

若输入为：1234567<回车>

输出结果为：

```
sumDigit: i=6,count=5,n=12
main: sum=25,count=5
```

若输入为：9084<回车>

输出结果为：

```
sumDigit: i=3,count=2,n=90
main: sum=12,count=2
```

若输入为：1000<回车>

输出结果为：

```
sumDigit: i=1,count=0,n=1000
main: sum=0,count=0
```

若输入为：-111111<回车>

输出结果为：

```
sumDigit: i=6,count=5,n=1
main: sum=5,count=5
```

说明：本例的 sumDigit 函数，主要通过循环，在循环体内对 10 取余从而分离出各位数字，再将形参变量 *n* 通过整数除 10 来缩小 10 倍，从而依次求出从个位开始的所有位数字。而循环的终止有两种可能性：或者遇到了数字 0，或者满了 5 位。

表 5-5 所示为程序中所涉及的所有变量的定义位置、性质、作用域等，以帮助读者更好地理解全局变量及局部变量的定义及作用域问题。

表 5-5　例 5-9 中所涉及的每个变量及其作用域

变量名	变量定义位置	变量性质	变量的作用域	特别说明
count	所有函数之外，程序的最开头	全局（外部）变量	从定义位置开始到程序结束，在下面的 main 和 sumDigit 函数中均有效	编译后一直占用空间直至程序结束，其值变化按程序整个执行过程连续变化
a	main 函数体开头	局部变量	整个 main 函数体内	作为调用函数的实际参数变量
sum	main 函数体开头	局部变量	整个 main 函数体内	与 sumDigit 函数中局部变量同名，但作用域不同，无冲突
n	sumDigit 函数形式参数表中	局部变量	整个 sumDigit 函数体内	其对应实参是 main 函数中的变量 a
sum	sumDigit 函数体开头	局部变量	整个 sumDigit 函数体内	与 main 函数中局部变量同名，但作用域不同，无冲突
i	sumDigit 函数体开头	局部变量	整个 sumDigit 函数体内	用于控制循环，终止时最大为 6
b	sumDigit 函数体 for 循环语句块内	局部变量	只在 for 循环体内，不能在函数的其他位置访问	语句块的一对括号类似于函数体的一对边界，作用域不出此界

此例中涉及了全局变量、局部变量、同名问题等。局部变量的作用域不超出包含它的一对大括号范围——语句块或整个函数体；全局变量的作用域是从定义点到本文件结束，但是借助于下一小节介绍的 extern 声明，可以将其作用域扩大到当前文件的全部或整个程序（一个程序可能由多个文件组成）；当发生同名时，遵循最小范围优先原则，因此全局变量在同名局部变量作用域内不可见。同理，函数体作用域的同名局部变量在语句块作用域的同名局部变量所在语句块也不可见。特别注意，完全相同的作用域内不能出现同名变量的定义。

思考题

对本例分别作以下几种修改，每次只修改一处，然后恢复原样，再作下一次修改，请上机编程，观察程序在编译、运行时将会出现什么现象，并分析原因。

（1）在 sumDigit 函数体内增加一语句。

```
printf("a=%d\n",a);
```

（2）在 sumDigit 函数体 return 前增加语句。

```
printf("b=%d\n",b);
```

（3）删除 sumDigit 函数开头变量 sum 的定义。

（4）在 sumDigit 函数体内增加变量定义。

```
int count=0;
```

（5）将全局变量 count 的定义位置移到 main 函数后 sumDigit 之前。

5.6.2 变量的存储类型

变量的**存储类型**是指编译器为变量分配内存的方式，它决定变量的生存期，即变量何时生成，何时消失。

变量有 4 种不同的存储类型，一般以 4 个不同的关键字来标识。

（1）**auto**：自动存储类型标识，也是定义变量时缺省的存储类型。

（2）**static**：静态存储类型标识，用于变量定义中，表明该变量位于静态存储区。

（3）**extern**：外部存储类型标识，仅用于变量声明中，表示该变量在本文件的后面给出定义，或该变量来自于同一个程序的另一个文件中。

（4）**register**：寄存器存储类型标识，用于变量定义中，表明该变量位于 CPU 的寄存器区域，加快了访问变量的速度。

C 语言中的变量有**存储类型**和**数据类型**两个属性，因此，**变量的完整定义格式：**

```
[存储类型关键字]  变量类型名  变量名1 [ ,变量名2 , ......变量名n ] ;
```

之前的变量定义，其存储类别为自动存储类型，缺少了关键字 auto。**关键字 auto 是唯一可被缺省的存储类型关键字**。

下面将介绍 4 种不同存储类型的变量。

1. 用 auto 定义自动变量

之前所用的所有变量（包括形式参数变量）均为自动变量，缺省了关键字 auto。

用 auto 定义自动存储类别的变量的完整形式为：

```
auto  变量类型名  变量名1 [ ,变量名2 , ......变量名n ] ;
```

例如：

```
auto int sum=0, i ;
```

在函数内定义的**自动局部变量**，其“自动”的含义：在程序运行进入函数体或语句块时该变量自动获得内存空间，退出函数体或语句块时所占内存空间被自动回收。其**生命期**就是所在的函数或语句块被执行时。自动局部变量占用的是内存中的栈空间，读者可以查阅相关资料深入了解。

自动局部变量在生存期内均起作用，因此作用域是其所在的函数或语句块。

正因为如此，就不难解释，例 5.9 中在 main 和 sumDigit 函数中同名的自动局部变量 sum，不会互相干扰，因为它们各自在不同的时机占用着不同的存储单元，并且有着不同的作用域。同样的道理，实参变量可以与形参同名，它们有着不同的作用域。

之前所有例子中的局部变量均为自动局部变量，在此不再举例赘述。

在例 5.9 中定义了全局变量 count，没有指定其存储类型，则可以理解为**自动全局变量**，其“自动”的含义是：在程序编译时自动在**静态存储区**为该全局变量分配空间并自动初始化为 0，直到程序运行结束时所占内存空间才被回收。其**生命期**：程序运行期间一直存在。

2. 用 static 定义静态变量

前面讲过的自动局部变量在进入函数时占用空间，本次函数调用结束后不再占有空间。那么，有没有什么方法，使得变量在本次函数调用结束后仍然占用着空间，等到下一次函数被调用时再次发挥作用，在程序的其余位置运行时该变量处于“休眠”状态呢？

C 语言中用 static 定义静态变量来达到这一目的。

静态变量的定义格式：

static　变量类型名　变量名 1 [，变量名 2 ， ......变量名 *n*] ；

该定义如果在函数外部，则定义的是**静态全局变量**，第 7 章会作详细介绍。

该定义如果在函数内部，则定义的是**静态局部变量**。下面通过示例讲解静态局部变量在占用空间、生命周期、作用域方面的特性。

例 5.10　利用静态局部变量求解从 1 到 5 的阶乘。

程序代码如下：

```
#include<stdio.h>
/*函数功能：求 n 的阶乘
 函数参数：一个整型形式参数
 函数返回值：整型，返回求得的阶乘值
*/
int fun(int n)                      /*此题只求到 5 的阶乘，所以返回值可以用 int 型*/
{
     static int f= 1;               /*定义静态局部变量 f*/
     f=f*n;                         /*求 n 的阶乘 f*/
     return f;                      /*返回阶乘值*/
}
int main()
{
     int i;                         /*定义局部变量 i*/
     for(i =1;i <=5;i++)            /*循环，依次求 1 到 5 的阶乘*/
         printf("%d != %d\n" , i , fun(i));
     return 0;
}
```

运行结果：

```
1 != 1
2 != 2
3 != 6
4 != 24
5 != 120
```

本例的 fun 函数实现了求 *n* 的阶乘，却没有用到循环进行累乘，而只是作了一个简单的乘法运算就解决了，如此简洁的代码要归功于静态局部变量 *f*。

表 5-6 所示为例 5.10 主函数中前 3 次循环，fun 函数在程序执行的每一步其生命期、作用域及当前值的情况。

表 5-6　　例 5.10 中 fun 函数内静态局部变量 f 每一步的变化

程序执行的流程	fun 函数中的静态局部变量 f
main 中第 1 次循环	f 在静态存储区占用空间，生命期开始，不在作用域
第 1 次调用 fun 函数	第 1 次进入函数，被初始化为 1，在作用域
第 1 次执行 fun 函数	执行 f=f*n 后，f 的值为 1，此为 1 !的结果
第 1 次结束 fun 函数回到 main 函数	f 继续占用空间，有生命期，但不在作用域，进入“休眠”状态
main 中第 2 次循环	在生命期，但不在作用域，保持“休眠”状态
第 2 次调用 fun 函数	第 2 次进入函数，“苏醒”、保持原值，在作用域
第 2 次执行 fun 函数	执行 f=f*n 后，f 的值为 2，此为 2 !的结果

（续表）

程序执行的流程	fun函数中的静态局部变量f
第2次结束fun函数回到main函数	f继续占用空间，有生命期，但不在作用域，进入“休眠”状态
main中第3次循环	在生命期，但不在作用域，保持“休眠”状态
第3次调用fun函数	第3次进入函数，“苏醒”、保持原值，在作用域
第3次执行fun函数	执行f=f*n后，f的值为6，此为3!的结果
第3次结束fun函数回到main函数	f继续占用空间，有生命期，但不在作用域，进入“休眠”状态

静态局部变量的特点如下。

（1）静态局部变量在编译阶段就在**静态存储区**分配了存储空间，并且一直占用到程序结束。也就是说，静态局部变量与全局变量内存空间的分配与释放、所占用区域，生命周期是一样的，均为整个程序。

（2）静态局部变量其定义位置在函数内部，仍然是局部变量，所以其作用域仅限于本函数，仅在本函数被调用时才能被访问。

（3）静态局部变量在第一次进入函数时被初始化，若未指定初值，将自动初始化为0。第一次函数执行结束后，该变量仍在生命期，仍保留其原空间和原值。

（4）在第二次及以后进入函数时，静态局部变量不再进行初始化，而是从“休眠”状态“苏醒”，在原有基础上根据语句继续变化。每次退出函数时就进入“休眠”状态。

总结 静态局部变量的**特殊性**在于：**生命周期等同于全局变量，为整个程序；而作用域等同于自动局部变量，仅限于其所在的函数。**

思考题

（1）如果将函数fun中的static int f= 1;改为int f= 1;，重新运行程序，结果是什么？请解释原因；

（2）如果将main函数中的循环for(i =1;i <=5;i++)改为for(i =3;i <=5;i++)，f恢复成静态局部变量，那么输出结果是3到5的正确阶乘吗？请解释原因；

（3）如果将main函数中的循环for(i =1;i <=5;i++)改为for(i =1;i <=5;i=i+2)，那么输出结果是1、3、5的正确阶乘吗？请解释原因；

（4）如果将main函数中的循环for(i =1;i <=5;i++) printf("%d != %d\n" ，i ，fun(i));改为printf("%d != %d\n" ，5，fun(5));，那么输出结果是5的正确阶乘吗？请解释原因；

（5）如何在main函数中稍加修改，达到求sum= $\sum_{i=1}^{5} i!$ 的效果。

3. 用extern声明外部变量

在例5.9中，如果将全局变量int count;的定义移到main函数与sumDigit函数之间，则会报错，在main函数中被视为未定义标识符。这是因为虽然全局变量的生命期是整个程序，但是其作用域却是从定义点之后到程序结束位置。这样看来，全局变量的全局性大打折扣，有没有什么办法让后定义的全局变量其作用域能扩展到它前面的位置呢？

这需要借助于extern关键字。

特别要强调的是，extern关键字只是用来声明全局变量而不是定义变量的，而其他3个关键字用于变量定义时。

声明变量不需要为变量分配内存空间。变量声明与变量定义的区别类似于函数的原型声明与函数的定义。

因此，当例 5.9 的全局变量定义移动到两个函数之间，却仍然要保证程序正确时，可以在 main 函数之前或 main 函数体的第一条可执行语句 scanf 之前增加一条语句：

```
extern  int count;
```

该语句即为外部变量声明语句，其用法和作用是以下两种之一。

（1）如果在同一个文件中，要访问后定义的全局变量，则需要在前面位置作外部变量声明。

（2）如果程序由多个文件组成，某文件中需要访问另一个文件中定义的全局变量，则一定要通过此语句在需要访问的文件中作外部变量声明。这一点在第 7 章详细介绍。

4. 用 register 定义寄存器变量

前面所学的变量都在内存中占用空间。程序运行时，CPU 需要与内存之间进行数据交换，这有一定的时间开销。若能将一些简单而频繁使用的自动局部变量放到 CPU 的**寄存器**中，则访问变量的速度就与指令执行的速度同步，程序的性能将得到一定的提高。

寄存器是 CPU 内部的一种容量有限但速度极快的存储器。**寄存器变量**就是用寄存器存储的变量，寄存器变量的**定义格式**为：

```
register 变量类型名   变量名1 [ ，变量名2 ，  ......变量名n ] ；
```

由于寄存器的数量有限，因此可定义的寄存器变量的数目依赖于具体机器，声明多了也只有前几个有效。另外，寄存器变量所占字节数不能太多，因此，只限于 int、char、short 、unsigned 和指针类型的变量可以定义为寄存器变量，同时不能对 register 变量取地址。

现在的编译器都具有自动优化程序的功能，自动将普通变量优化为寄存器变量，而无需特别用 register 指定。因此，在现代编程中，register 是一个完全不需要用户去关心的关键字。

变量的 4 种存储类别要合理使用。在编程中，一般建议少使用外部变量，以降低各函数之间的耦合度，保证各函数功能的相对独立性。静态局部变量的生命期等同于外部变量，但作用域与自动局部变量相同（都在本函数内），虽然用于某些特定的程序中可以简化程序，但是，局部静态变量占用内存时间较长且可读性差，因此，除非必要，应尽量避免使用。如果只是用于一般求解的中间变量，都应当定义为自动局部变量，自动局部变量是应用最为广泛的一类变量。

5.7　应用举例——二次项定理求值

一个大型的复杂程序，按自顶向下、逐步细化、模块化的结构化程序设计方法设计，每一个功能用相应的函数具体实现。某些复杂功能将会被分解为若干简单功能，从而需要调用多个函数。

在程序设计时，每一个函数的功能力求简单清晰，代码量较少，可读性强。整个程序通过函数之间的调用及流程控制共同完成整个程序的功能。

例 5.11　用数学中的二项式定理求 $(a+b)^n$。

分析：由数学知识，

$$(a+b)^n = C_n^0 a^n b^0 + C_n^1 a^{n-1} b^1 + \dots + C_n^r a^{n-r} b^r + \dots + C_n^n a^0 b^n = \sum_{r=0}^{n} C_n^r a^{n-r} b^r$$

以及组合数公式：

$$C_m^n = m!/n!/(m-n)!$$

运行此程序，需要提供的最初始的值是实型变量 *a* 和 *b* 的值，以及整型变量 *n* 的值，这里的 *n* 一定是大于等于 0 的数，因此在输入时需要保证这一点。这几个变量的定义及读入在 main 函数中完成。

因为二项式定理展开后就是一个求和公式，因此可以理解成 main 函数直接调用一个求和的函数，假设该求和函数为 Sum。

那么，求和的每一项是什么呢？是一个组合数乘以 a 的一定方次再乘以 b 的一定方次，因此可以定义一个函数 Term 用于求每一项的值，该函数被 Sum 所调用。

在 Term 函数中需要用到求组合数及乘方运算，乘方运算可以直接调用库函数 pow，而组合数是需要自己定义的函数，假设函数名为 Comb。

再根据组合的定义，为求组合必须要用到求阶乘的函数，调用 3 次求阶乘函数方可求解。

于是，我们得到整个程序的函数调用关系，如图 5-3 所示。

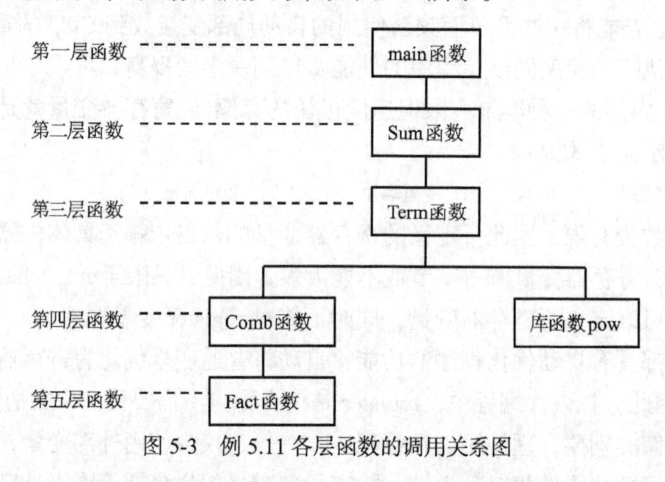

图 5-3　例 5.11 各层函数的调用关系图

因此本程序中需要自定义 5 个函数：main、Sum、Term、Comb 和 Fact 函数，依图 5-3 所示的调用关系进行调用，具体程序代码如下：

```
#include <stdio.h>
#include <math.h>                              /*pow 函数在此头文件中*/
double Fact (int n);                           /*求阶乘的函数 */
double Comb (int m, int n);                    /*求组合的函数，表示求 C(m,n)=m!/n!/(m-n)!  *//

double Term (int n, int r,double a,double b);  /*求二次项定理中的每一项的函数 */
double Sum(double a,double b,int n);      /*根据二次项定理求 n+1 项的和*/
/*函数功能：读入初始的变量值，调用 Sum 函数求得结果
 函数参数： 无
 函数返回值：整型，返回 0 到操作系统
*/
int main( )
{
    int n;
    double a,b,s;
    scanf("%d%lf%lf",&n,&a,&b);
    if (n<0)                                   /*对输入的 n 进行合理性判断*/
        n=-n;                                  /*保证 n 大于等于 0*/
    s=Sum(a,b,n);                              /*调用 Sum 函数求和*/
    if (b>=0)                                  /*输出运算结果，根据 b 的值控制输出格式*/
```

```
        printf("(%lf+%lf)^%d=%lf\n",a,b,n,s);
    else
        printf("(%lf%lf)^%d=%lf\n",a,b,n,s);
    return 0;
}
/*函数功能：求一个非负整数的阶乘
 函数参数： 一个整型形式参数
 函数返回值：实型，返回求得的自变量的阶乘值
*/
double Fact(int n)                      /*求阶乘的函数*/
{
    double f=1.0;                       /*累乘器初始化为 1.0*/
    int i;
    for (i=1;i<=n;i++)                  /*用 for 循环控制累乘*/
        f*=i;
    return f;                           /*返回阶乘的结果*/
}
/*函数功能：求两个整数的组合数
 函数参数：两个整型形式参数
 函数返回值：实型，返回求得的组合数
*/
double Comb(int m, int n)               /*求组合的函数*/
{
    return Fact(m)/Fact(n)/Fact(m-n);   /*调用了 Fact 函数共 3 次求解*/
}

/*函数功能：求二次项定理中的每一项
 函数参数：4 个形式参数
 函数返回值：实型，返回求得的当前项的值
*/
double Term(int n, int r,double a,double b)      /*求每一项*/
{
    double t;
    t=Comb(n,r)*pow(a,n-r)*pow(b,r);    /*调用了 Comb 函数及库函数 pow*/
    return t;
}
/*函数功能：根据二次项定理求 n+1 项的和
 函数参数：3 个形式参数，求 a+b 的 n 次方
 函数返回值：实型，返回求得的和值
*/
double Sum(double a,double b,int n)
{
    int r;
    double t=0.0;
    for (r=0;r<=n;r++)                  /*循环 n+1 次*/
        t+=Term(n,r,a,b);               /*将每一项的值累加到累加器中*/
    return t;
}
```

运行此程序，若输入为：5　1　1<回车>

输出结果为：

```
5 1 1
(1.000000+1.000000)^5=32.000000
```

若输入为：4 3 2 <回车>

输出结果为：

```
(3.000000+2.000000)^4=625.000000
```

若输入为：3 2 -5<回车>

输出结果为：

```
(2.000000-5.000000)^3= -27.000000
```

若输入为：5 -2.34 1.98<回车>

输出结果为：

```
(-2.340000+1.980000)^5=-0.006047
```

说明：本例所采用的编程方法比较常见，当存在多个函数并且相互之间有较复杂的调用关系时，最好的方式就是将除了 main 函数之外的所有函数的原型声明集中在程序最开始，接下来先定义 main 函数，再依次定义其他各函数。由于原型声明保证了函数可以先调用后定义，因此无论各函数相互之间存在怎样复杂的嵌套调用关系，都能保证程序的正常运行。

5.8 本章常见错误及解决方案

在函数的定义和使用过程中，初学者易犯一些错误。表 5-7 中列出了与本章内容相关的一些程序错误，分析了其原因，并给出了错误现象及解决方案。

表 5-7 与函数相关的常见编程错误及解决方案

错误原因	示例	出错现象	解决方案

使用了库函数但未包含相应的头文件	int x,y;
	scanf("%d",&x);
	y=(int)sqrt(x);
	printf("%d %d\n",x,y);
		系统报错：'sqrt' undefined; assuming extern returning int	根据错误提示，增加相应的文件包含：
			#include <math.h>

函数原型声明末尾未加分号	int f(int a,int b) void main( ) { …… } int f(int a,int b) { return a+b; }	系统报错：'main' : not in formal parameter list 等 3 处错误	仔细检查错误提示位置及前后相邻位置，在原型声明最后补加分号
函数定义首部末尾加了分号	int f(int a,int b); { return a+b; } void main( ) { …… }	系统报错：found '{' at file scope (missing function header?) 2 处错误	仔细检查错误提示位置及前后相邻位置，将函数定义首部最后的分号去掉
将形参又定义为本函数内的局部变量	int f(int a,int b) { int a; return a+b; }	系统报错：redefinition of formal parameter 'a'	根据错误提示，修改局部变量名，不能与形参同名
类型相同的形式参数共用了类型标识符	int f(int a,b) { return a+b; }	系统报错：'b' : name in formal parameter list illegal	根据错误提示，修改形式参数表，每个形参单独给一个类型标识，不可共用
从返回值类型为 void 的函数中返回一个值	void f(int a) { return a*10; }	系统告警：'f' : 'void' function returning a value	根据告警提示，删除函数体中的 return 语句

（续表）

错误原因	示例	出错现象	解决方案
有返回值的函数不用 return 指明返回值	int f(int a) {　a=a+100; }	系统告警：'f' : must return a value	根据提示增加 return 语句
在定义一个函数的函数体内定义了另一个函数	int f(int a,int b) {　void q(void) 　{ printf("OK\n"); } 　return a+b; }	系统报错：syntax error : missing ';' before '{'	函数不允许嵌套定义，将函数 q 的定义放到 f 函数外面与 f 函数平行定义
随意修改全局变量的值	int a=3; void f1(void) { a*=100; } void f2(void) { a+=50; }	系统无报错或告警，但是在不适当的时机改变全局变量会引起混乱，并造成模块之间的强耦合	减少全局变量的使用，可以通过参数传递达到多个函数之间的数据传递

习　题

一、单选题

1. 若有函数原型：double f (int , double) ;，主函数中有变量定义：int x=1 ; double m=11.6，n ;，下列主函数中对 f 函数的调用错误的是（　　）。

A. n=f (x , m+2);　　B. printf("%lf "，f (x+2，23.4)) ;

C. f (x , m);　　D. m=f (x);

2. 若主函数有变量定义：int x=1 ; double m=2.3; 且有合法的函数调用语句 f (m,x); 则下列关于函数 f 的原型声明中一定错误的是（　　）。

A. void f (double , int);　　B. int f (int , int);

C. int f (double , double);　　D. void f (double , int , int);

3. 函数的返回值类型由（　　）决定。

A. return 后的表达式类型　　B. 定义函数时指定的返回值类型

C. 调用函数时临时决定　　D. 主调用函数的类型

4. 下面关于函数的理解，不正确的是（　　）。

A. 函数可以嵌套定义　　B. 函数可以嵌套调用

C. 函数可以没有形式参数　　D. 函数的缺省返回类型为 int 型

5. 下列哪一种存储类别用于变量声明而不是变量定义中（　　）。

A. register　　B. auto　　C. extern　　D. static

6. 下面关于静态局部变量的描述，不正确的是（　　）。

A. 静态局部变量只被初始化一次　　B. 静态局部变量作用域为整个程序

C. 静态局部变量生命期为整个程序　　D. 静态局部变量作用域为当前函数

7. 下列哪一种变量一定不是局部变量（　　）。

A. 静态变量　　B. 形式参数变量

C. 外部变量　　D. 自动局部变量

8. 关于同名问题，下列哪一种理解不正确（　　）。

A. 不同函数的局部变量可以同名

B. 形式参数可以与对应的实在参数变量同名

C. 外部变量可以与局部变量同名

D. 形式参数可以与函数体内的局部变量同名

9. 关于作用域的描述，下列哪一种说法是正确的（　　）。

A. 形式参数的作用域一定是它所在的整个函数

B. 全局变量的作用域一定是整个程序

C. 局部变量的作用域一定是整个函数

D. 静态局部变量的作用域不仅限于本函数

10. 关于 return 语句的理解，下列哪一种说法是错误的（　　）。

A. 当函数具有非 void 的返回值类型时，函数体中一定要有 return 语句

B. 当函数的返回值类型为 void 时，函数体中可以没有 return 语句

C. return 后的表达式若与函数返回类型不一致时，一定会在编译时出错

D. 当执行 return 语句时，系统自动生成一个无名变量，获取 return 后表达式的值

二、读程序写结果

1. 写出程序的运行结果。

```
#include <stdio.h>
int Min(int x, int y)
{
    return x<y?x:y;
}
int main( )
{
    int x=13,y=5,z=22;
    printf("%d\n",Min(x,Min(y,z)));
    return 0;
}
```

2. 写出程序的运行结果。

```
#include <stdio.h>
int fun(int m,int n)
{
    int r;
    r=m%n;
    while (r)
    {
        m=n;
        n=r;
        r=m%n;
    }
    return n;
}
int main( )
{
    int x=35,y=45;
    int z=fun(x,y);
    printf("%d,%d\n",z,x*y/z);
    return 0;
}
```

3. 写出程序的运行结果。

```
#include<stdio.h>
void func1( )
{
    int n=10,m=10;
    m++; n++;
    printf("func1: m=%d,n=%d\n",m,n);
}
void func2( )
{
    static int m=5;
    int n=0;
    m++; n++;
    printf("func2: m=%d,n=%d\n",m,n);
}
int m;
void func3( )
{
    m++;
    printf("func3: m=%d\n",m);
}
void f( )
{
    func1(  );
    func2(  );
    func3(  );
}
int main( )
{
    f(  );
    printf("main: m=%d\n",m);
    m*=10;
    printf("main: m=%d\n",m);
    f(  );
    return 0;
}
```

4. 写出程序的运行结果。

```
#include <stdio.h>
int SS(int i)
{
    return i*i;
}
int main()
{
    int i=0;
    i=SS(i);
    for ( ; i<3; i++)
    {
      static int i=1;
      i+=SS(i);
      printf("%d,",i);
    }
    printf("%d\n",i);
    return 0;
}
```

三、程序填空题

1. 编写递归函数实现求两个整数的最大公约数，主函数读入待求的两个整数并调用公约数函数求解，输出结果。

```
#include <stdio.h>
int Gcd( int m, int n)
{   int r;
    r=m%n;
    if (___①_____)
       return  n;
    return  ___②_____;
}
int main( )
{   int m,n;
    scanf("%d%d",&m,&n);
    printf("Gcd of m and n is: %d\n",___③____);
    return 0;
}
```

2. 用全局变量模拟显示一个数字时钟，初始时间需要在main函数中读入当前的时、分、秒值，时、分、秒均按每个数字占两列的格式控制输出。

```
#include <stdio.h>
int hour,minute,second;
void update( )                          /*更新时分秒显示值*/
{
   second++;
   if (60==second)
   {
      ___④___;
      minute++;
   }
   if (___⑤____)
   {
      minute=0;
      hour++;
   }
   if (24==hour)
      ___⑥___ ;
   }
   void display( )                      /*显示时分秒信息*/
   {
      printf("___⑦____",hour,minute,second);
   }
   void delay( )                        /*延时*/
   {
      int t;
      for (t=0; t<100000000; t++);/*循环体为空，延时*/
   }
   int main( )
   {
      int i;
      ___⑧___;
```

```
    for (i=0;i<1000000;i++)
    {
        update( );
        display( );
        delay( );
    }
    return 0;
}
```

四、编程题

1. 定义一个摄氏温度转化为华氏温度的函数。main 函数中读入摄氏温度，调用该函数求出对应的华氏温度，然后在同一行输出对应的两种温度。允许读入多个数据，直到读入负数停止。（提示：华氏温度 = 摄氏温度*9/5+32）

2. 编写两个函数，分别求圆锥体的体积和表面积。从 main 函数中输入圆锥体的高和半径，调用两个自定义函数分别求出对应的体积和表面积，并输出完整信息。

3. 定义一个函数 void drawPic (int n , char c);，实现画出一个共 n 行的由字符 c 作为基本符号组成的等腰三角形，第一行只有一个符号，以后每行比上一行多两个符号。主函数中调用此函数实现画出一个 5 行的由'*'号组成的等腰三角形，及一个 9 行的由'?'组成的等腰三角形。

4. 分别用递归和非递归方法定义一个函数，实现求 x^n（x 为实数，n 为整数），然后调用此函数，求表达式：$2.5^{-4}+(-3.5)3+(0)^{12}+(-27.9)^0$ 的值。（提示：$x^0 = 1$）

5. 编写程序：利用例 5.4 的函数 JudgePrime 验证哥德巴赫猜想之一 —— 2000 以内的正偶数（大于等于 4）都能够分解为两个质数之和。每个偶数表达成形如：4=2+2 的形式，请每行输出 4 个偶数及其分解结果。

6. 编写一个判断水仙花数的函数（水仙花数是指一个 3 位数，其各位数字的立方和等于该数本身）。例如，$153=1^3+5^3+3^3$ 循环，通过主函数调用该函数求 100 ~ 999 的全部水仙花数。

7. 编写检验密码函数，密码输入错误时，允许重新输入，最多 3 次。输入错误时提示："输入错误，请重输！"。如果 3 次输入错误，程序停止，并提示："非法用户！"。如果密码正确，提示"欢迎使用！"，然后显示密码各个位值之和。

第6章 数 组

学习目标：

- 熟练掌握一维数组的定义、初始化和使用方法
- 掌握二维数组的定义、初始化和使用方法
- 掌握向函数传递批量数据的方法

重点提示：

- 一维数组的灵活使用
- 数组相关的各种算法

难点提示：

- 向函数传递数组

6.1 一维数组

实际应用中，经常会遇到需要处理大量同一性质数据的情况，来看看下面的问题：

引例：一个班级有50名学生，需要输入他们某门课的成绩，并求出平均分。

考虑程序处理过程：首先读入数据，对这些数据进行相加的计算，然后求得平均值，最后输出。为完成这些工作，所有数据都必须保存在变量中，根据前面的知识，就至少需要定义50个变量，如score0、score1、….、score49来保存成绩，然后对这些变量进行几乎一样的加法操作以求和，最后通过除法运算求出平均值。

上述方法从思想上看完全没有问题，但从实际编程角度来看，编写这样的程序不仅麻烦，而且无法做到功能通用。因为随着学生人数的变化，所需要定义的变量数目在变，程序的代码跟着都要做修改，这显然是不可行的。

为解决这种问题，C语言提供了**数组类型**，用来处理大量的同类型数据。

数组（array）是一组数据类型相同的有序数据的集合。**数组名**是其标识，数组中所含的每个数据称为**数组元素**，具有相同的数据类型。

一维数组在实际的编程中用的最为广泛，C语言学习者必须熟练掌握一维数组的定义、使用，熟悉其中的重要算法。

6.1.1　一维数组的定义

一维数组的定义语句形式如下：

```
类型标识符　数组名[整型常量表达式];
```

其中：

（1）**类型标识符**表示该数组中的数组元素的类型。

（2）**数组名**是由用户自己定义的合法标识符。

（3）**整型常量表达式**定义了该数组中存储元素的最大容量，即数组长度。

数组定义后，就可以用**数组名[下标]**的方式访问数组中的每一个元素，这里的下标可以是整型的常量、变量、表达式，其有效取值范围为：[0,定义数组时的整型常量表达式的值-1]。

例如：

```
int score[5];
```

表示定义了一个名为 score，长度为 5 的数组。数组中包含了 5 个元素，即 score[0]、score[1]、score[2]、score[3]、score[4]，每个元素都是一个 int 类型的变量。

在定义数组时，数组长度必须为一个整型常量表达式，可以是一个很复杂的整型常量表达式，而不能是变量。如下面的定义就是错误的：

```
int n ;
scanf("%d",&n);
int score[n];                    /*error！数组定义时，长度必须为常量*/
```

实际应用中如果想定义一个大小可以根据需要来确定的数组，可以参考 **7.5.4** 节中介绍的动态空间分配方法。

注意：数组下标是从 0 开始编号的。

如该例中定义的 score 数组，数组长度为 5，因此其最后一个元素就是 score[4]，而不能使用 score[5]，否则将出现下标越界的错误。

特别提醒：C 语言是不检查数组边界的。因此如果使用越界的数组下标，如 score[5]、score[-1]编译时都不会有语法错误，但运行时，操作系统可能会出现一个非法内存访问的错误。甚至因为对超越数组边界的内容进行无意的读写，而导致程序出现莫名的问题。

6.1.2　一维数组的初始化

数组定义后，**各个数组元素在内存中是连续存放的，但值是任意的**，用户可以通过初始化的方式给定元素初值。

初始化是指定义数组的同时直接对数组元素进行赋初值，例如：

```
int score[5]={98,95,67,83,76};
```

初始化后，数组内容如图 6-1 所示，各个元素的值分别为 score[0]=98、score[1]=95、score[2]=67、score[3]=83、 score[4]=76。

	一维数组元素
score[0]	98
score[1]	95
score[2]	67
score[3]	83
score[4]	76

图 6-1　数组的存储

数组初始化的特殊情况：

（1）数组的局部初始化。

```
int score[5]={98,95,67};
```

从下标 0 开始依次赋值，得到的结果是 score[0]=98、score[1]=95、score[2]=67，而 score[3]与 score[4]默认初始化为 0。

（2）初始化时允许省略数组的长度。

```
int score[]={98,95,67,83,76};
```

此时并不表示定义一个大小可变的数组，而是要求在初始化时对数组的所有元素进行赋值，编译器根据所提供元素的数量来确定数组的长度，本例中的数组长度为 5。

6.1.3 一维数组的访问

数组是同类数据的集合，访问数组时，通常借助于循环语句对数组元素逐个进行相同操作。当然，因为数组元素只要指定下标就可以随机访问，也可以只对其中个别元素单独访问。

例 6.1 利用循环实现对一维数组数组元素的访问。

程序代码如下：

```
#include <stdio.h>
int main()
{
    int score1[5]={98,95,67,83,76};
    int score2[5];
    int i;
    printf("score1 is :");                          /*输出数组 score1*/
    for(i=0;i<5;i++)
        printf("%5d",score1[i]);
    printf("\n");
    printf("Input score2 :");
    for(i=0;i<5;i++)
            scanf("%d",&score2[i]);                 /*给数组 score2 赋值*/
    printf("score2 is :");                          /*输出数组 score2*/
    for(i=0;i<5;i++)
        printf("%5d",score2[i]);
    printf("\n");
    for(i=0;i<5;i++)                                /*将 score2 各个元素值赋值给 score1*/
        score1[i]=score2[i];
    printf("now score1 is equal to score2 :");      /*输出数组 score1*/
    for(i=0;i<5;i++)
        printf("%5d",score2[i]);
    printf("\n");
   return 0;
}
```

运行程序，输出结果如下：

```
score1 is :   98   95   67   83   76
Input score2 :99   98   99   87   96
score2 is :   99   98   99   87   96
now score1 is equal to score2 :   99   98   99   87   96
```

说明：

对于表示同类数据集合的数组，其输入、输出和赋值操作只能对单个元素进行。因此例中对数组元素的操作都借助于循环完成。

两个数组即使数据类型相同、数组长度相同，也不能进行整体赋值，而必须通过循环控制逐一进行数组元素之间的赋值操作，如例中用 score2 为 score1 的元素一一赋值。

思考题

在程序的 return 语句之前增加一条语句：score1=score2;，重新编译程序，观察错误提示并解释原因。

6.1.4 一维数组应用举例——求和及 Fibonacci 数列

数组在实际编程中有很多应用，如本章开始部分提出的引例就可以用数组解决。

（1）求和问题。

例 6.2 输入 50 个学生的成绩，并计算平均值。

程序代码如下：

```
#include <stdio.h>
int main()
{
   float score[50]={0};                     /*定义数组用于存储学生的考试成绩，初始化为 0*/
    int num;
   float sum=0,average;                     /*定义变量分别用于存储总和和平均值*/
    int i;
    do
    {
      printf("input the number of students:\n");
      scanf("%d",&num);                     /*输入符合要求的实际学生人数*/
    }while (num<=0||num>50);
    printf("Input the score :\n");
    for (i=0;i<num;i++)
    {
       scanf("%f",&score[i]);               /*逐个输入学生的成绩*/
       sum += score[i];                     /*计算总分*/
    }
    average = sum/num;                      /*求平均分*/
    printf("The average is :%5.2f\n",average);
    return 0;
}
```

运行此程序，屏幕上显示为：

```
input the number of students:
```

用户从键盘输入为：60<回车>

屏幕上接着显示为：

```
input the number of students:
```

用户从键盘输入为：3<回车>

屏幕上接着显示为：

```
Input the score :
```

用户从键盘输入为：90 92 95<回车>

程序输出结果为：

```
The average is :92.33
```

说明：

用数组可以很方便地对一组性质相同的变量进行求和操作。

本例重点理解下标与元素之间的对应关系，同时理解循环控制变量与下标的关系。

延伸阅读：这个程序一旦运行需要输入大量的数据，每次都一个个输入是不是很麻烦？那如何解决呢？可以借助文件，将数据提前存入一个数据文件中，每次运行从该文件而非键盘读取数据。这些内容将在本书第 11 章介绍。

（2）Fibonacci 数列。

利用数组还能方便有效地解决一些数学上的数列问题，因为数列的元素之间存在着一定的关系，而且必定是同一种数据类型的，因此适合用数组解决。

例 6.3 有一对小兔子（一公一母），第二个月长成大兔子，长到第三个月开始每个月就生一对小兔子（一公一母）。等这对兔子长到第三个月又开始生小兔子。假设所有的兔子都不会死，问要几个月后兔子的数目超过 1000 对？

分析：根据描述，第一个月只有一对小兔子；第二个月只有一对大兔子；第三个月将会有一对小兔子（是那一对大兔子所生）及那对大兔子本身，共两对；第四个月将会有一对小兔子（为一对大兔子所生）及两对大兔子（一对是小兔子长成，另一对是原来的大兔子）……具体兔子数量变化如表 6-1 所示。

表 6-1　兔子数统计表

时间(月)	小兔子(对)	大兔子(对)	兔子总数(对)
1	1	0	1
2	0	1	1
3	1	1	2
4	1	2	3
5	2	3	5
6	3	5	8
7	5	8	13
8	8	13	21
…	…	…	…

由表中不难看出，第一个月和第二个月兔子总数都只有一对，第三个月开始兔子总数是相邻的前两个月兔子总数之和。用数列可以表示为：

$$fib[i]=\begin{cases}1 & (i=0\text{ 或 }i=1)\\ fib[i-1]+fib[i-2] & (i\geqslant 1)\end{cases}$$

这就是著名的 Fibonacci（斐波那切）数列。

程序代码如下：

```
#include <stdio.h>
int main()
{
    int i,fib[20]={0,1,1};          /*0 下标不用，从第 1 个月开始计*/
    int count;                      /*记录达到要求的月数*/
    i=3;
    do
    {
        fib[i]=fib[i-1]+fib[i-2];
        i++;
    }while (fib[i-1]<1000);         /*计算每个月兔子总数，直到满足要求*/
    count=i-1;
    for(i=1;i<=count;i++)           /*循环从 1 开始，使数组的下标值和实际月数吻合*/
    {
        printf("%10d",fib[i]);
        if((i)%5==0)                /*每行输出 5 个*/
```

```
            printf("\n");
    }
    printf("\nIn the %d month ,we have enough rabbits!\n",count);
    return 0;
}
```

运行程序，输出结果为：

```
  1        1        2        3        5
  8       13       21       34       55
 89      144      233      377      610
987     1597
In the 17 month ,we have enough rabbits!
```

说明：

（1）在编程过程中，合理利用下标对信息的表示是非常有益的。如本例中，fib[0]弃之不用，这样就可以使得循环控制变量 *i* 兼做数组的下标使用，即 fib[*i*]就表示第 *i* 个月的兔子总数。

（2）本例中只要求兔子总数不超过 1000，所以数组元素为 int 型不会出现越界错误。但是，随着月份的增加，兔子数量的增长很快，到达 47 个月的时候，即使元素类型为 unsigned int 型，兔子总数也已超出该类型所能表示的正确范围了，因此，此时要考虑将元素类型修改为 double 型。

（3）本例运行前无法判断需要多少个月兔子总数才能达到数量要求，也就无法确切知道数组的长度，因此尽量将数组长度设计得大一些，尽量保证不会出现越界错误。如果长度设计不够大，就会产生不可预知的错误。

本例的实现方法很灵活，读者可以尝试其他的实现方式。

6.2 二维数组

类型相同的一批数据，除了用一维数组，还可以使用多维数组，最常见的是二维数组。二维数组具有两个下标值，可以表示数组在两个维度上的长度。

例如，如果只考了一门课，班上有 30 位同学，那么，对于 95 分这个成绩，大家只关心这是谁的分数，即在学号意义上有个排序就可以了，如果是 s[24]=95，就表示是 24 号同学本课程考了 95 分。但是，如果现在考了 3 门课，还是 95 分这个成绩，如要准确表达 95 的完整信息，就需要知道该分数是哪个同学考的，并且是哪一门课程的成绩，于是，此时用一维数组就无法完全正确表示该数据在整个分数集中的排序性了。如果表达成 s[24][2]=95，含义就很清楚——学号 24 的同学第 2 门课程考了 95 分。

一批数据在处理过程中需要在两个维度上表达其顺序性，就需要通过二维数组类型来实现。

二维数组最适合处理数学上的矩阵相关问题，实际问题中能将数据元素理解为矩阵中元素的，也适合用二维数组来表示和处理。

6.2.1 二维数组的定义

二维数组定义格式如下：

```
类型标识符　数组名[整型常量表达式 1] [整型常量表达式 2] ;
```

其中：

（1）和一维数组一样，**类型标识符**表示该数组中所存储的元素的类型。二维数组中的各个元素的数据类型都是一致的。

（2）通常称“常量表达式 1”为**行下标**，“常量表达式 2”为**列下标**，这是与数学上的行列式相对应的。

例如，一个国际象棋的棋盘，可以用一个 8 行 8 列的二维空间表示，定义如下：

```
int checker[8][8];
```

该数组名为 checker，包含了 8×8=64 个元素，即 checker[0][0]、checker[0][1]…chećher[0][7]、checker[1][0]、checker[1][1]…checher[7][7]，每个元素都相当于一个 int 类型的变量，存储的顺序如图 6-2 所示。

与一维数组一样，行下标和列下标都是整型常量，值从 0 开始。例如，checker[1][2]表示 2 行 3 列的元素。

二维数组可以看成是表达一个二维空间的结构，数学上的矩阵问题都是借助于二维数组来实现的。类似的，还可以定义三维数组表示一个立体空间。

二维数组元素
checker[0][0]
checker[0][1]
⋮
checker[0][7]
checker[1][0]
checker[1][1]
⋮
checker[7][7]

图 6-2　二维数组在内存中的存储

6.2.2　二维数组的初始化

在内存中，存储空间是一维的，并不是想象的那样用一个二维空间来存储二维数组。C 语言采用“**行优先**”的方式存储数组元素：即先存储第一行的元素，再依次存储第二、三…行元素。如 6.2.1 节定义的数组 checker 中的 64 个元素是连续存放的，并采用行优先的方式，如图 6-2 所示。

这样，当需要对二维数组进行初始化时，就可以依照存储顺序依次赋值。

（1）全部元素均初始化。

例如：

```
int grade[3][4]={1,2,3,4,5,6,7,8,9,10,11,12};
```

该方法将数组中的元素一次放在一对花括号中，系统会按照数组元素在内存中的排列顺序依次对元素初始化。经过这样的初始化，数组中的元素所获得的值依次如下：

```
grade[0][0]=1, grade[0][1]=2, ……grade[1][0]=5, grade[1][1]=6, ……grade  [2][3]=12
```

全部元素初始化时可写成如下等价形式：

```
int grade[3][4]={{1,2,3,4},{5,6,7,8},{9,10,11,12}};
```

用分行的方式给二维数组初始化更加清晰。此时，可以把二维数组的每一行看成一个一维数组，分别初始化。

（2）对部分元素初始化。

例如：

```
int grade[3][4]={ 1,2,3,4,5,6 };
```

如果花括号内的数据少于定义时确定的数组元素个数，系统仍按内存顺序依次对元素初始化，后面没有初始化的元素默认值为 0，此时得到的初始化状态如图 6-3 所示。

用户也可以逐行进行部分元素的初始化，例如：

```
int grade[3][4]={{1,2},{3,4},{5,6}};
```

此时，里面的每对花括号代表一行，本行中未给定确定值的元素默认值为 0，其初始化状态如图 6-4 所示。

1	2	3	4
5	6	0	0
0	0	0	0

图 6-3 二维数组 grade 的初始化

1	2	0	0
3	4	0	0
5	6	0	0

图 6-4 二维数组 grade 的缺省初始化

无论是采用哪一种方式进行部分元素初始化，都要求遵循从左到右依次的原则，以下的初始化方式是错误的：

```
int grade[3][4]={ 1, ,  ,4,5,6 };  或 int grade[3][4]={{1, ,2},{3, ,4},{5, ,6}};
```

（3）省略行数。

与一维数组类似，在初始化时可以省略二维数组的行数，但是不能省略列数，系统将自动根据数据个数与列数计算出行数，满足：**（行数-1）*列数< 数据个数≤行数*列数**。

例如：

```
int grade[][4]={1,2,3,4,5,6,7,8,9,10,11,12};
```

则行数=12/4=3。

如果 int grade[][4]={1,2,3,4,5,6,7,8,9,10};

则行数=10/4+1=3。

如果 int grade[][4]={1,2,3,4,5,6,7,8};

则行数=8/4=2。

6.2.3　二维数组的访问

二维数组中的每个元素是数据类型的基类型变量，又按照一定顺序进行存储，因此可以用嵌套循环按下标方式进行访问。

二维数组常用于矩阵计算中。

例 6.4　定义一个三行四列的二维数组，将数组中的元素转置后存入另一个二维数组中。

程序代码如下：

```
#include <stdio.h>
#include <time.h>
#include <stdlib.h>
#define  ROW 3                                  /*原始矩阵的行数*/
#define  COL 4                                  /*原始矩阵的列数*/
int main()
{
    int array_a[ROW][ COL];                     /*用来存储原始矩阵*/
    int array_b[ COL][ROW];                     /*用来存储转置后的矩阵，注意行列数*/
    int i,j;
    srand(time(NULL));                          /*time 函数读取系统时钟，srand 产生随机数的种子*/
     for(i=0;i< ROW;i++)
    {
        for(j=0;j< COL;j++)
            array_a[i][j]=rand()%100+1;/*rand 函数产生随机数，[1,100]以内随机值给元素赋值*/
    }
    printf("Before transpose:\n");         /*输出原始矩阵*/
    for(i=0;i< ROW;i++)                         /*控制行*/
    {
        for(j=0;j< COL;j++)                     /*控制列*/
```

```
            printf("%4d",array_a[i][j]);   /*在同一行输出本行所有列元素*/
        printf("\n");                      /*换行，使得二维数组中元素以分行的方式显示*/
    }
    For(i=0;i< COL;i++)                    /*控制新矩阵的行*/
        for(j=0;j< ROW;j++)                /*控制新矩阵的列*/
            array_b[i][j]=array_a[j][i];   /*转置操作，注意下标的变化*/
    printf("After transpose:\n");          /*输出转置后的矩阵*/
    for(i=0;i< COL;i++)
    {
        for(j=0;j< ROW;j++)
            printf("%4d",array_b[i][j]);
        printf("\n");
    }
    return 0;
}
```

运行程序，输出结果如下：

```
Before transpose:
  82  95  92  60
  45  65  86  72
  19 100  54  91
After transpose:
  82  45  19
  95  65 100
  92  86  54
  60  72  91
```

说明：

（1）用 define 方式定义符号常量 ROW 和 COL 分别对应于原始矩阵的行数和列数，便于程序的阅读和修改。关于宏定义的具体内容请参见 9.1.2 节。

（2）本例中首次用到了随机函数 rand，使得二维数组中的原始数据除了初始化和从键盘输入之外，又有了一种新的方式——调用随机函数获得随机值赋值给数组元素。rand 函数产生的是伪随机整数，如果要产生[a,b]范围内的整数，则可以使用式子：rand%(b-a+1)+a，本例中的 a 为 1，b 为 100，所以 rand()%100+1 产生的就是[1,100]范围内的整数。

（3）本例中配合函数 rand 还用到了另外两个函数：srand 和 time，如果在调用 rand 函数之前不调用 srand，则每一次程序运行得到的数组元素都是确定的序列，为了使数据的随机性更好，在第一次调用 rand 之前调用一次 srand 函数就可以了，其参数为 time(NULL)，这是调用的时间函数，用来获取计算机系统的当前时钟，显然，每次运行程序系统时钟一定是不一样的，因此 time(NULL)得到不同的值，srand 也就获得了不同的结果，从而接下来调用 rand 函数获得的随机数序列将会随着每次运行调用时间的变化而有所区分。

（4）二维数组遵循按行存储的原则，因此通常用外层循环控制行的变化，而内层循环控制列的变化，当然也可以根据需要外层控制列变化，内层控制行变化。本例中的第 3 个二层循环，用于实现矩阵转置功能的，相对于新矩阵而言外层控制行，内层控制列，但是相对于原始矩阵而言，正相反，外层控制列，内层控制行。注意语句 array_b[i][j]=array_a[j][i]; 在编程时理清思路究竟先控制行还是列。

（5）与一维数组元素的访问一样，访问二维数组元素时一定要注意避免下标越界的错误，行、列下标值的范围分别是[0，行数-1]和[0，列数-1]。

思考题

如果二维数组的行、列数完全相同，即表示方阵的情况下，（1）程序要做怎样的改动就能实现方阵的转置？（2）只用一个数组是否就能实现？

6.3 向函数传递数组

程序设计过程中，可以将程序中使用频率较高的功能用函数的形式加以模块化，如判断素数等。这样，程序中要用到这个功能模块时就不必重复书写这段代码，只要给定必要的入口参数即可，函数之间通过参数传递和返回值完成信息的交流。

在第5章，我们已经掌握用简单变量作为函数参数的方法，也就是说被调函数和主调函数之间可以传递或者返回值。

本节我们将借助数组完成批量数据的传递，即将数组作为参数传递给函数。一维数组和二维数组在作为形参传递数据时形式上是有所区分的，下面分别予以介绍。

6.3.1 向函数传递一维数组

在传递一维数组数据时，**函数需要得到一维数组的数组名和数组的长度。**

例 6.5 用函数完成最大值、最小值的求解。

程序代码如下：

```
#include <stdio.h>
#define N 10                           /*表示数组的长度*/
void printarr(int a[],int n);          /*函数原型声明，功能：输出一维数组的所有元素*/
int maxnum(int a[],int n);             /*函数原型声明，功能：求一维数组中最大元素并返回*/
int minnum(int a[],int n);             /*函数原型声明，功能：求一维数组中最小元素并返回*/
int main()
{
    int array[N],i,n;                  /*定义数组，i控制下标，n控制元素实际个数*/
    int max,min;                       /*存最大、最小元素值，类型与元素类型一致*/
    do                                 /*保证读入的n满足1≤n≤N*/
    {   printf("Please input n(1<=n<=10):\n");
        scanf("%d",&n);
    }while (n<1||n>N);
    printf("Please input %d elements:\n",n);
    for (i=0;i<n;i++)                  /*用for语句控制输入n个元素*/
        scanf("%d",&array[i]);
    printarr(array,n);                 /*调用printarr函数输出数组的n个元素*/
    max=maxnum(array,n);               /*调用maxnum函数求出最大元素值并赋值给max变量*/
    min=minnum(array,n);               /*调用minnum函数求出最大元素值并赋值给min变量*/
    printf("max element:%d\n",max);    /*输出最大元素值*/
    printf("min element:%d\n",min);    /*输出最小元素值*/
    return 0;
}
/*函数功能：输出一维数组
  函数参数：两个形式参数分别表示待输出的数组、实际输出的元素个数
  函数返回值：无
*/
void printarr(int a[],int n)
{
```

```
    int i;
    printf("The elements are:\n");
    for (i=0;i<n;i++)                          /*用 for 语句控制输出 n 个元素*/
        printf("%5d",a[i]);
    printf("\n");
}
/*函数功能：求一维数组中最大的元素
 函数参数： 第一参数对应待传递的数组，第 2 个整型参数表示数组的实际长度
 函数返回值：最大值
*/
int maxnum(int a[],int n)
{
    int i,max;
    max=a[0] ;                                 /*假定第 1 个元素是最大值*/
    for (i=1;i<n; i++)                         /*从第 2 个元素到第 n 个元素与当前的最大值比较*/
        if (a[i]>max)
            max=a[i];                          /*当前元素值若大于 max，则将值赋给 max 变量*/
   return max;
}
/*函数功能：求一维数组中最小的元素
 函数参数： 第一参数对应待传递的数组，第 2 个整型参数表示数组的实际长度
 函数返回值：最小值
*/
int minnum(int a[],int n)
{
    int i,min;
    min=a[0] ;                                 /*假定第 1 个元素是最小值*/
    for (i=1;i<n; i++)                         /*从第 2 个元素到第 n 个元素与当前最小值比较*/
        if (a[i]<min)                          /*当前元素值若小于 min，则将值赋给 min 变量*/
            min=a[i];
    return min;
}
```

运行程序，屏幕上显示为：

```
Please input n(1<=n<=10):
```

用户从键盘输入为：7<回车>

屏幕上接着显示为：

```
Please input 7 elements:
```

用户从键盘输入为：

```
4 7 9 5 3 2 7<回车>
```

程序输出结果为：

```
The elements are:
    4    7    9    5    3    2    7
max element=9
min element=2
```

说明：

本例中通过循环的方式输出数组中的各个元素，并通过比较找出最大数和最小数，这是在编程中常用的访问数组模式。

本例中涉及的 3 个函数 void printarr(int a[ ],int n)、int maxnum(int a[],int n)、int minnum(int a[],int n)的形式参数的含义说明如下：

（1）int a[]指出第 1 个参数是一个整型数组，其对应的实际参数通常是主调用函数中定义的数组名。如本例 main()中的 printarr(array,length)，实际参数是 main 函数中定义的数组 array，对应形式参数是数组 a。这里我们姑且将 a 理解为一个数组名，定义时其后的方括号一定不能省略，但实际上此处的形参 a 是一个指针变量，这个知识将在 7.3 节中详细介绍。

（2）第 2 个参数就表示数组实际参与运算的元素个数。通常，当向一个函数传递数组时，将数组元素的实际个数也通过另一个参数传递给函数，这样的方式使得该函数可以处理有任意个元素的数组，功能更通用，使用更灵活。

（3）函数调用除了保证参数正确对应之外，还要根据返回值类型决定如何调用。如 printarr(array，length);语句，此处 printarr( )是无返回值的函数，可以直接作为函数调用语句使用；max=maxnum(array，length);　min=minnum(array，length); 这两个函数分别返回一个整数值，分别赋值给了 max 变量和 min 变量，通过这两个变量输出结果。

6.3.2　向函数传递二维数组

当函数的形参是二维数组时，列数是必须给出的，而行数则可以通过参数传递。

例 6.6　用函数的形式输出二维数组各个元素的值。

程序代码如下：

```
#include <stdio.h>
#define  ROW 3
#define  COL 4
void print(int a[][COL],int r);
int main()
{
    int array_a[ROW][ COL] ={{1,2},{0},{9,10,11}};
    print(array_a,ROW);
    return 0;
}
/*函数功能：输出二维数组
 函数参数： 第一参数对应待传递的数组，第 2 个整型参数表示二维数组的行数
 函数返回值：无
*/
void print(int a[][COL],int r)
{
    int i,j;
    printf("The array is:\n");
    for(i=0;i<r;i++)
    {
        for(j=0;j< COL;j++)
            printf("%4d",a[i][j]);
        printf("\n");                        /*使得二维数组中元素以分行的方式显示*/
    }
}
```

运行程序，输出结果为：

```
The array is:
   1   2   0   0
   0   0   0   0
   9  10  11   0
```

说明：

本例中函数 void print(int a[][COL],int r)用于完成二维数组的输出，参数 int a[][COL]指出要传递的是一个整型的二维数组，和二维数组初始化一样，列数不能省略。调用时，只要将二维数组名作为实参即可；第二参数 int r 用于接受实际的行数，使函数功能更通用灵活。

这种调用方法涉及的原理请参考本书 7.5.3 节。

6.4 数组常用算法介绍

实际应用中常涉及大量同类型数据的查找、插入、排序、删除和排序等操作，这些都是数组中的常用算法，本节逐一介绍这些算法。

6.4.1 数组元素查找

查找算法是为了获得待查询元素在数组中是否存在，如果存在其具体的位置信息。最简单的方法就是从第一个元素开始依次与待查找的元素进行比较，如果相等就查找成功，输出元素及对应下标；如果与所有元素比较结束仍没有相等元素，则输出元素不存在的提示信息，即顺序查找法。

例 6.7 从键盘上输入 $n(1\leqslant n\leqslant 10)$个整数作为数组 a 的元素值，再读入一个待查找的整数 x，在 a 数组中查找 x，如果存在输出它的下标，否则提示："Not present!"。

程序代码如下：

```
#include <stdio.h>
#define SIZE 10
int find(int a[],int n,int x);              /*在 a 数组的前 n 个元素中查找 x 是否存在*/
int main()
{
   int array[SIZE],i=0,n,x;
   int pos;
   do
   { printf("Please input n(1<=n<=%d):\n",SIZE);
     scanf("%d",&n);
    }while (n<1||n>SIZE);                   /*保证读入的 n 满足 1≤n≤SIZE*/
    printf("Please input %d elements:\n",n);
    for (i=0;i<n;i++)
      scanf("%d",&array[i]);                /*读入数组元素*/
    printf("Please input x be searched:\n");
      scanf("%d",&x);                       /*读入待查找数据*/
   pos=find(array,n,x);                     /*调用函数完成查找*/
   if(pos<n)
     printf("value=%d, index=%d\n",x,pos);
    else
     printf("Not present!\n");
    return 0;
}
/*函数功能：完成一维数组的查找算法
```

```
函数参数: 3个形式参数分别对应于待查找的数组、数组的有效元素个数、待查找的值
 函数返回值:返回查询结果,若查询成功返回数组元素所在下标,不成功则返回数组长度值n
*/
int find(int a[],int n,int x)
{
    int i=0;
    while(i<n)                          /*循环条件为:如果未找到且未搜索完元素*/
    {
        if (x==a[i])                    /*如果查找成功,i的值正好是元素下标*/
            break;
        i++;
    }
    return i;
}
```

运行此程序,屏幕上显示为:

```
Please input n(1<=n<=10):
```

用户从键盘输入为:4<回车>

屏幕上接着显示为:

```
Please input 4 elements:
```

用户从键盘输入为:98 -45 34 72 <回车>

屏幕上接着显示为:

```
Please input x be searched :            /*提示读入待查找的值x*/
```

用户从键盘输入为:34 <回车>

程序输出结果为:

```
value=34, index=2                       /*查找成功,输出元素值以及其下标*/
```

再次运行程序,屏幕上显示为:

```
Please input n(1<=n<=10):
```

用户从键盘输入为:3<回车>

屏幕上接着显示为:

```
Please input 3 elements:
```

用户从键盘输入为:45 72 15<回车>

屏幕上接着显示为:

```
Please input x be searched:
```

用户从键盘输入为:5<回车>

程序输出结果为:

```
Not present!                            /*查找不成功,给出相应的提示信息*/
```

说明:

本例实现的是最简单的顺序查找方法,这种算法对数组元素的初始序列值无任何要求,即不要求元素值有序。最糟糕的情况下要比较 n 次(数组长度),效率不高。为提高查找效率,可以用其他的查询算法,如二分法等。

思考题

设计一个简单的猜数字游戏:产生1~20的10个整数放入数组中,然后读入一个整数 x 为所猜的数,如果 x 是数组中的元素,猜字成功,否则不成功。

6.4.2 插入数组元素

插入是指在数组中按要求插入一个元素。有的时候是指定位置的插入，更多情况下是向有序数组中插入一个数据元素，使得插入后的数组仍保持原序。

插入算法的一般步骤如下：

（1）**定位**：即确定新元素的插入位置。在给定插入位置的插入算法中该步骤可以省略；但是如果是向有序数组中插入，则首先必须寻找待插入的位置，即得到新元素插入的下标 *i*。

（2）**移位**：插入位置有两种，一种是在已有的任意数据元素的前面插入；第二种是在数组的最后位置插入，这种情况下不需要移位。如果数组原来有 *n* 个元素，则共有 *n*+1 个可能的插入位置。

对于第一种位置的情况，需要移位，方法是：将下标为 *n*-1 的元素到下标为 *i* 的元素依次做赋值给后一个元素的操作，这样下标 *i* 位置上的元素事实上已经移动到了下标为 *i*+1 的位置上，因此可以被待插入元素所覆盖。

（3）**插入**：在下标为 *i* 的位置上插入新元素，即作一次赋值操作，将待插入元素赋值给数组的下标为 *i* 的元素。

例 6.8 整型数组 *a* 中的元素值已按非递减有序排列，再读入一个待插入的整数 *x*，将 *x* 插入数组中使 *a* 数组中的元素保持非递减有序。

程序代码如下：

```
#include <stdio.h>
#define SIZE 7
void print(int a[],int n);
void insert(int a[],int n,int x);
int main( )
{
    int array[SIZE]={12,23,34,45,56,67};     /*初始化使数组元素值递增*/
    int x;
    print(array,SIZE-1);
    printf("Please input x be inserted:\n");
    scanf ("%d",&x);                         /*读入待插入的值x*/
    insert(array,SIZE-1,x);
    print(array,SIZE);
    return 0;
}
/*函数功能：完成一维数组的输出
 函数参数： 两个形式参数分别表示待输出的数组、实际输出的元素个数
 函数返回值：无返回值
*/
void print(int a[],int n)
{
   int i;
   printf("The array is:\n");
for (i=0;i<n;i++)
   printf("%5d",a[i]);
printf("\n");
}
/*函数功能：完成一维数组的插入算法
 函数参数： 3个形式参数分别对应于待插入的数组、现有元素个数、待插入元素
 函数返回值：无返回值
```

```
*/
void insert(int a[],int n,int x)
{
    int i,j;
    for (i=0;i<n&&a[i]<x;i++);          /*定位：查找待插入的位置 i，循环停止时的 i 就是*/
    for (j=n-1;j>=i;j--)                /*移位：用递减循环移位，使 i 下标元素可被覆盖*/
        a[j+1]=a[j];
    a[i]=x;                             /*插入：数组的 i 下标元素值赋值为插入的 x*/
}
```

运行程序，首先输出原序列为：

```
The array is:
  12  23  34  45  56  67
```

屏幕接着显示提示信息为：

Please input x be inserted:

用户从键盘输入为：50<回车>

最后输出插入后的序列为：

```
The array is:
  12  23  34  45  50  56  67
```

说明：

（1）程序实现时要注意，插入数据要有空余的空间，因此定义数组时其长度一定要大于初始的数组有效元素个数。

（2）元素移位的操作过程是用递减循环实现的，后移就是作形如 a[j+1]=a[j];的赋值。本例中具体执行过程如图 6-5 所示（图 b 中灰底斜体的 56 是可以被覆盖的）。

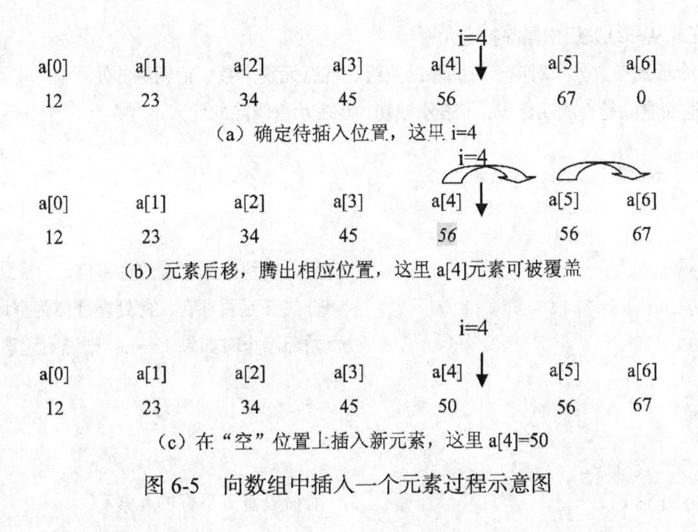

图 6-5　向数组中插入一个元素过程示意图

6.4.3　数组元素删除

内存空间中的数据只能修改，不能“擦除”，“删除”其实是通过将需要删除的元素“覆盖”完成的。也就是通过将待删除元素后面的元素依次赋值给前一个元素完成。

删除算法的一般步骤如下：

（1）定位：即确定待删除元素的下标。此步骤通过循环将数组中的元素与待删除的值 x 作是否相等的比较，找到相等元素后停止循环，此时的下标 i 就是待删除的位置。当然，也有可能比较完所有的元素均不存在某一个元素值等于 x，则表示不能做删除操作，那么不进行后面的操作。

（2）移位：如果待删除的元素下标为 i，则通过一个递增型循环，从 i 下标开始一直到 n-2 下标依次将元素前移（如 *a[j]=a[j+1];*），从而达到覆盖下标 i 原有值的效果。

（3）个数减 1：第 2 步结束之后，下标 n-2 和下标 n-1 两个位置上的元素为同一个值，即原来的最后一个元素有两个副本，此时，只能通过将有效元素个数 n 的值减 1 的方式，使得第 2 份元素变成一个多余的不再被访问的元素，从而达到删除的最后效果。

下面通过例 6.9 来体会删除的完整过程。

例 6.9 整型数组 a 中有若干个元素，再读入一个待删除的整数 x，删除数组中第一个等于 x 的元素，如果 x 不是数组中的元素，则显示："can not delete x!"。

程序代码如下：

```
#include <stdio.h>
#define SIZE 5
/*函数功能：完成一维数组的输出
 函数参数： 两个形式参数分别表示待输出的数组、实际输出的元素个数
 函数返回值：无返回值
*/
void print(int a[],int n)
{
    int i;
    printf("The array is:\n");
    for (i=0;i<n;i++)
      printf("%5d",a[i]);
    printf("\n");
}
/*函数功能：完成从一维数组中删除特定元素
 函数参数： 3个形式参数分别对应于待删除的数组、现有元素个数、待删除的元素值
 函数返回值：返回删除是否成功标志，1 表示成功，0 表示待删除的元素不存在
*/
int delArray(int a[],int n,int x)
{
    int i,j;
    int flag=1;                         /*是否找到待删元素的标志位，1 找到，0 未找到*/
    for (i=0;i<n &&a[i]!=x;i++) ;       /*查找 x 是否存在，此处循环体为空语句*/
    if (i==n)                           /*循环停止时如果 i==n，则说明元素不存在*/
        flag=0;
    else
    {
        for (j=i;j<n-1 ;j++)
          a[j]=a[j+1];                  /*前移覆盖 i 下标的元素*/
    }
    return flag;
}
int main( )
{
    int array[SIZE]={23,45,34,12,56};   /*初始化数组*/
    int x;
    print(array,SIZE);                  /*输出删除前的数组*/
    printf("Please input x be deleted:\n");
```

```
    scanf("%d",&x);                    /*读入待删除的 x*/
    if(delArray(array,SIZE,x))         /*调用 delArray 删除元素 x*/
        print(array,SIZE-1);           /*如果成功输出删除后的数组元素*/
    else
        printf("can not delete x!\n"); /*否则给出未删除的提示信息*/
    return 0;
}
```

第一次运行程序，首先输出原序列为：

```
The array is:
  23  45  34  12  56
```

屏幕接着显示提示信息为：

```
Please input x be deleted:
```

用户从键盘输入为：34<回车>

最后输出删除后的序列为：

```
The array is:
  23  45  12  56
```

第二次运行程序，首先输出原序列为：

```
The array is:
  23  45  34  12  56
```

屏幕接着显示提示信息为：

```
Please input x be deleted:
```

用户从键盘输入为：90 <回车>

最后输出结果为：

```
can not delete x!
```

说明：

注意元素**移位**的操作过程，这个过程与插入操作不同，是用递增循环来实现的，前移就是作形如 a[j]=a[j+1];的赋值。本例中具体执行过程如图 6-6 所示，图 6-6（a）中灰底斜体的 34 是被删除的元素，需要被覆盖。最后会有两个 56 存在于数组中，因此将 n 值减 1。

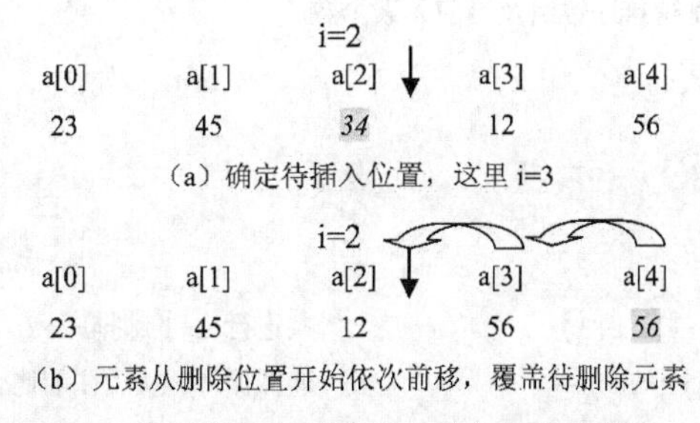

图 6-6　从数组中删除一个元素过程示意图

本程序只能实现删除第一个等于 x 值的元素，如果存在多个与 x 值相同的元素，则需要改进方法。

思考题

在例 6.9 的基础上稍作变化，要求删除数组中所有等于 x 的元素。输出删除前后的数组元素，未删除时给出提示信息。

6.4.4　数组排序

排序是将原来数组中元素未按特定顺序存放的元素进行存放位置上的调整，使得最终数组中的元素按非递增或非递减的顺序排列。排序算法是数组中常用的经典算法。

排序可以用很多种方法实现，本节只介绍其中的一种——**冒泡排序**。

冒泡排序的算法思想：在排序过程中对元素进行两两比较，越小的元素会经由交换慢慢“浮”到数组的前面（低下标处），像气泡一样慢慢浮起，由此得名。假设对长度为 *n* 的数组进行冒泡排序，算法可以描述如下：

（1）第 1 趟冒泡：从数组 *n*-1 下标的元素到 0 下标元素遍历，比较相邻元素对，如果后一个元素小于前一个元素，则交换。第 1 趟结束时，最小元素“浮起”到达 0 下标位置。

（2）第 2 趟冒泡：从数组 *n*-1 下标的元素到 1 下标元素遍历（因为 0 下标的元素已是最小元素，已经到位，无需再参加比较），比较相邻元素对，如果后一个元素小于前一个元素，则交换。第 2 趟结束时，本趟最小元素到达 1 下标位置。

依次类推，最多 *n*-1 趟冒泡（*n* 是元素个数），便可以完成排序。

例 6.10 从键盘上输入 $n(1\leqslant n\leqslant 10)$ 个整数，用冒泡法将元素按从小到大的顺序排序，然后输出排序后元素。

程序代码如下：

```
#include <stdio.h>
#define SIZE 10
/*函数功能：完成一维数组的输出
 函数参数：两个形式参数分别表示待输出的数组、实际输出的元素个数
 函数返回值：无返回值
*/
void print(int a[],int n)
{   int i;
   printf("The array is:\n");
   for (i=0;i<n;i++)
      printf("%5d",a[i]);
   printf("\n");
}
/*函数功能：完成一维数组的冒泡排序算法
 函数参数： 两个参数分别是待排序数组及当前元素个数
 函数返回值：无返回值
*/
void BubbleSort(int a[], int n)
{
   int i, j,temp;
   for (i = 0; i < n-1; i++)                  /*共进行 n-1 趟排序*/
      for (j =n-1; j>i ; j--)                 /*递减循环，从后往前比较，趟号增加，相邻元素对减少*/
         if (a[j ] < a[j-1])                  /*两两比较，若后一个元素小，则交换该组相邻元素*/
         {
            temp=a[j-1];
            a[j-1]=a[j];
            a[j]=temp;
         }
}
int main()
{
   int array[SIZE],i=0,n;
   do
```

```
    {    printf("Please input n(1<=n<=%d):\n",SIZE);
         scanf("%d",&n);
    }while (n<1||n>SIZE);                          /*保证读入的 n 满足 1≤n≤SIZE*/
    printf("Please input %d elements:\n",n);
    for (i=0;i<n;i++)
         scanf("%d",&array[i]);                    /*读入数组元素*/
    BubbleSort(array,n);
    print(array,n);
    return 0;
}
```

运行程序，屏幕提示为：

```
Please input n(1<=n<=10):
```

用户从键盘输入为：4<回车>

接下来的屏幕提示为：

```
Please input 4 elements:
```

用户从键盘输入为：4　3　1　5 <回车>

输出结果为：

```
The array is:
  1   3   4   5
```

说明：

例中冒泡排序的过程实现如图 6-7 所示。

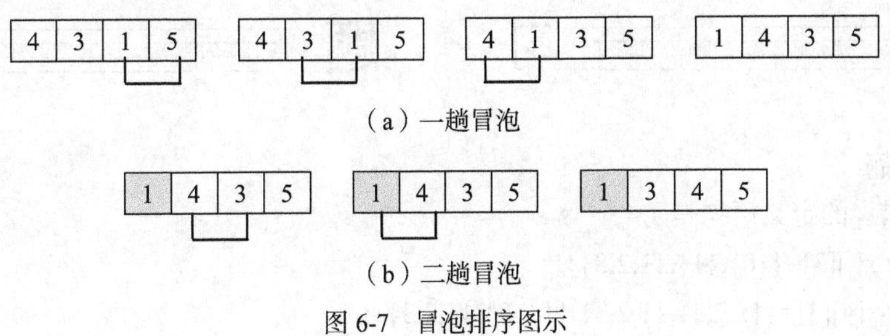

图 6-7　冒泡排序图示

思考题

冒泡排序算法中，对每一趟排序无论数据是否有序都会进行比较，影响算法效率，改进算法以减少排序趟数，并且输出排序的趟数是多少。

6.5　本章常见错误及解决方案

实际编程中，数组有广泛的应用，但对初学者而言，经常会遇到一些问题，这里给出与数组相关的常见编程错误及解决方案，如表 6-2 所示。

表 6-2　与数组相关的常见编程错误及解决方案

错误原因	示　例	出错现象	解决方案
未使用整型常量表达式定义数组的长度	int n=10 ; int a[n];	系统报错：expected constant expression	将 n 定义为符号常量， #define n 10 int a[n];
初始化数组时提供的初值个数大于数组长度	int a[3]={1,2,3,4} ;	系统报错：too many initializers	保证初值个数和数组长度一致

（续表）

错误原因	示　例	出错现象	解决方案

数组越界，对不确定存储空间进行访问	int a[10],i;
	for (i=1 ;i<=10 ;i++)
	scanf("%d",&a[i]);
		没有告警、没有错误，运行时出错	检查数组边界

访问二维数组的形式不对	int a[2][3]; …… a[i.j]=9; ……	系统报错：left operator must be l-value	二维数组元素的访问形式为a[i][j]=9;

数组定义后未初始化直接使用，产生随机数问题	int a[10],i，sum=0;
	for (i=1 ;i<10 ;i++)
	sum+=a[i];
	printf("%d",sum);
		没有告警、没有错误，输出结果为：1717986916	定义时给数组赋初值，或者用键盘输入各个元素的值

数组之间不能赋值	int a[10]={1,2,3},b[10] ; b=a ;	系统报错：left operator must be l-value	用循环对数组元素进行逐个赋值

与数组形参对应的实参调用形式不对	void f(int a[]);
	void main()
	{int arr[]={1,2,3};
	f(arr[]);
	}
		系统报错：syntax error:']'	调用时只需要数组名，形式为f(arr);

习　题

一、单选题

1. 以下错误的定义语句是（　　）。

   A. int x[ ][3]={{0},{1},{1,2,3}};

   B. int x[4][3]={{1,2,3},{1,2,3},{1,2,3},{1,2,3}};

   C. int x[4][ ]={{1,2,3},{1,2,3},{1,2,3},{1,2,3}};

   D. int x[ ][3]={1,2,3,4};

2. 下列正确的一维数组初始化是（　　）。

   A. int a[5]={1,2} ;　　B. int a[2]={1,2,3,4,5};

   C. int a[5]={ , ,1,2} ;　　D. int a{5}={1,2,3,4,5};

3. 若定义 int m[10]={9,4,12,8,2,10,7,5,1,3};，则 m[m[4]+m[8]]的值是（　　）。

   A. 8　　B. 12　　C. 10　　D. 7

4. 若有定义：int a[2][3];，则以下选项中对 a 数组元素正确引用的是（　　）。

   A. a[2][!1]　　B. a[2][3]　　C. a [0][3]　　D. a[1>2][!1]

5. 若定义 int a[][4]={1,2,3,4,5,6,7,8};，a[1][0]的值是（　　）。

   A. 3　　B. .4　　C. 5　　D. .1

6. 如下程序执行后输出（　　）。

```
#include <stdio.h>
int main()
{
   static int a[3][3];
   int i,j;
```

```
    for (i=0;i<3;i++)
        for (j=0;j<3;j++)
            a[i][j]=a[i][j]+i*j;
    printf("%d,%d",a[1][2],a[2][1]);
    return 0;
}
```

A. 2,2　　B. 2,4　　C. 4,2　　D. 不确定值，不确定值

7. 有以下 C 语言程序：

```
#include <stdio.h>
#define N 20
void fun(int a[],int n,int m)
{
    int i,j;
    for(i=m;i>=n;i--)
        a[i+1]=a[i];
}
int main()
{
    int i,a[N]={1,2,3,4,5,6,7,8,9,10};
    fun(a,2,9);
    for(i=0;i<5;i++)
        printf("%d",a[i]);
    return 0;
}
```

程序运行后的输出结果是（　　）。

A. 10234　　B. 12344　　C. 12334　　D. 12234

8. 以下程序编译运行后输出（　　）。

```
#include <stdio.h>
double F(int x)
{
    return(3.14*x*x);
}
int main()
{
    int a[3]={1,2,3};
    printf("%5.2f\n",F(a[1]));
    return 0;
}
```

A. 3.14　　B. 12.56　　C. 28.26　　D. 编译出错

二、读程序写结果

1. 当输入 a<回车> bc<回车> def<回车>时，写出下面程序的输出结果。

```
#include<stdio.h>
 int main()
 {
      char X[6];
      int i;
      for(i=0;i<6;i++)
          X[i]=getchar();
      for(i=0;i<6;i++)
          putchar(X[i]);
      return 0;
 }
```

2. 写出程序的运行结果。

```
#include<stdio.h>
 int main()
 {
        int X[6][6]={0};
        int i,j;
        for(i=1;i<6;i++)
            for(j=1;j<6;j++)
                X[i][j]=(i/j)*(j/i);
         for(i=0;i<6;i++)
         {
             for(j=0;j<6;j++)
                   printf("%5d",X[i][j]);
            printf("\n");
         }
        return 0;
 }
```

3. 写出程序的运行结果。

```
#include<stdio.h>
int fun(int s[],int t[])
{
    int i,j=0;
    for(i=0;i<10;i++)
         if(i%2)
         {
             t[j]=s[i];
             j++;
         }
    return j;
}

 int main()
 {
        int X[10]={1,2,3,4,5,6,7,8,9,10};
        int Y[10];
        int m,i;
        m=fun(X,Y);
        for(i=0;i<m;i++)
            printf("%5d",Y[i]);
        printf("\n");
        return 0;
 }
```

4. 写出程序的运行结果。

```
#include<stdio.h>
 int main()
 {
        int X[4][4]={{11,2,31,14},{5,16,7,4},{18,9,6,10},{17,1,3,12}};
        int i,j,k,t;
        for(i=0;i<4;i++)
            for(j=0;j<4;j++)
                for(k=j+1;k<4;k++)
                {
                    if (X[i][j]>X[i][k])
                    {
```

```
                t=X[i][j];
               X[i][j]= X[i][k];
                X[i][k]=t;
            }
        }

    for(i=0;i<4;i++)
    {
        for(j=0;j<4;j++)
            printf("%5d",X[i][j]);
        printf("\n");
    }
    return 0;
}
```

三、填写程序完成要求

1. 完成下面程序，给一维数组输入数据后，找出下标为偶数的元素的最小值并输出。

```
#include <stdio.h>
int main()
{
    int a[10],min;
    int i;
    for(i=0;i<10;i++)
      ______①______ ;
    min=a[0];
    for(i=2;i<10; ____②____ )
        if( ____③____ )
            min=a[i];
    printf("%d",min);
    return 0;
}
```

2. 以下程序输入指定数据给数组 x，并按如下形式输出，请填空。

4

3 7

2 6 9

1 5 8 10

```
#include <stdio.h>
int main()
{
    int x[4][4],n=0;
    int i,j;
    for(j=0;j<4;j++)
        for(i=3;i>=j; ____④____ )
        {
            n++;
            x[i][j]= ______⑤______ ;
        }
    for(i=0;i<4;i++)
    {
        for(j=0; ____⑥____ ;j++)
            printf("%3d",x[i][j]);
```

```
        printf("\n");
    }
    return 0;
}
```

3. 以下程序求得二维数组 a 的每行最大值，并存储在数组 b 中，请将程序补充完整。

```
#include <stdio.h>
void fun(int ar[][4], int bar[],int m,int n)
{
    int i,j;
    for(i=0;i<m;i++)
     {
      ___⑦___;
        for(j=1;j<n;j++)
           if(ar[i][j]>bar[i])
               bar[i]=ar[i][j];
    }
}

int main()
{
    int a[3][4]={{12,41,36,28},{19,33,15,27},{3,27,19,1}},b[3],i;
    _____⑧_____;
    for(i=0;i<3;i++)
        printf("%4d",b[i]);
    printf("\n");
    return 0;
}
```

四、编程题

1. 编程从键盘上输入 20 个整数，求去掉最大值和最小值以后那些元素的平均值。

2. 编写函数判断 n 阶矩阵是否对称，对称时返回 1，不对称时返回 0。主函数中定义矩阵并调用该函数进行判断。

3. 编写函数 fun，求出 a 到 b 之内能被 7 或者 11 整除，但不能同时被 7 和 11 整除的所有正数，并将它们放在数组中，函数返回这些数的个数。编写 main 函数，输入 a、b 的值并调用函数进行运算。

4. 编程打印如下形式的杨辉三角形：（编程提示：用二维数组存放杨辉三角形中的数据）。

```
1
1   1
1   2   1
1   3   3   1
1   4   6   4   1
1   5   10  10  5   1
```

5. 利用公式 Cij= $\sum_{k=1}^{n} Aik * Bkj$ ，求 A、B 两个矩阵的乘积并输出结果矩阵（要求：A 矩阵列数=B 矩阵行数），A 和 B 矩阵中元素的初值要求调用 rand 函数产生 1~10 的整数。

第7章 指针

学习目标：

- 掌握指针的定义和使用方法
- 掌握指针和数组的关系，能用指针访问数组
- 掌握指针在函数中应用的方法
- 掌握动态内存的分配和使用方法

重点提示：

- 指针类型的定义和运算
- 数组的下标引用和指针引用
- 指针作为形参的传址方法
- 一维动态数组的实现

难点提示：

- 对指针数据类型的理解
- 二维数组相关的行指针、列指针
- 指针数组、二级指针等高级指针
- 带参数的main()函数

7.1 指针变量

指针是C语言中最富特色的内容，是C语言的精髓所在。指针可以直接访问计算机内存，开发底层的程序，这使得C语言这种高级程序设计语言也能完成低级语言的工作。灵活运用指针，可以编写出简洁、高效、紧凑的程序，可以提高程序的运行速度，降低程序的存储空间，还可以有效地表示和实现复杂的数据结构。

因此，掌握指针的使用方法，对于学习C语言非常重要。指针的使用非常灵活，初学时常会出错，在学习和使用时要深入理解其概念和本质，多思考、多练习，在实践过程中逐步掌握。

7.1.1 变量地址和变量的值

我们编写程序时都要用到变量，变量定义后，就可以根据要求完成输入、输出和计算等功能，这一切都得益于变量的存储能力。

变量能够存储数据是因为程序中定义的任何变量，编译后编译器都会根据它的数据类型分配相应的内存单元，如整型变量分配 2 或 4 字节存储空间。这样，程序运行过程中变量的值就可以存储到这些内存单元中了。

但是，计算机拥有众多的内存单元，怎样才能将每一个变量和它的内存单元对应起来呢？为了使用这些内存单元的数据，程序又是如何读取和存放的呢？

本书 1.3.1 节中已简单介绍过，为了对内存空间进行有效管理，计算机为存储空间中的每一字节（8 个二进制位）分配一个号码，通常叫作“**编址**”，这个号码就是我们常说的**内存地址**（**地址**）。编址时保证内存中的每一字节都有独一无二的地址号。

从第 2 章我们知道，除了 char 类型变量，其他变量占用的空间都超过 1 字节。这时，我们就以它占用的那块内存的第一字节的地址也就是起始地址来表示这个变量在内存中的地址。

例 7.1 变量及其地址。

程序代码如下：

```
#include <stdio.h>
int main()
{
    int x=10;
    printf("x=%d\t%p\n",x,&x);
    return 0;
}
```

运行程序，输出结果为：

```
x=10    0028FF1C
```

地址	X
	……
0028FF1C	00001010
0028FF1D	00000000
0028FF1E	00000000
0028FF1F	00000000
	……

图 7-1 变量存储示意图

说明：

（1）每个变量有唯一的地址，用以表示在内存中占用的内存空间。

如图 7-1 所示，整型变量 x 占用从 0028FF1C~0028FF1F 4 字节的内存空间，**变量 x 的地址**就是 0028FF1C。程序中“&”是取地址运算符，&x 就得到变量 x 的地址。

（2）每个变量的值存储在变量地址表示的那段内存空间中。

变量 x 的值 10 就以二进制的形式存放在编译器为 x 分配的 4 个空间里。通过变量名可以访问变量的值。

（3）本例中显示的地址值是 64 位操作系统下 Visual C++ 6.0 的运行结果，编译环境和操作系统都可能影响到显示的地址值，因为地址是系统自动分配的。

变量的地址使得变量名和其所在的内存空间一一对应起来。C 语言中专门引入一种数据类型——**指针类型**，用以存放**变量的地址值**。

指针为程序中特定的操作，如动态内存的分配提供支持。另外，指针也可以改善程序的效率，比如在不同函数之间可以共享同一段内存空间，从而避免了大量数据的传递等。

7.1.2 指针变量的定义和访问

1. 指针变量的定义

指针变量是用于且仅用于保存地址值的变量。定义形式如下：

基类型标识符 *指针变量名 1[,*指针变量名 2,….. *指针变量名 *n*];

其中：

（1）**基类型标识符**代表该指针变量可以指向的变量类型，即该指针变量中存储的地址值所对应的内存空间中数据的类型，对应空间中只能保存这种类型的数据。

（2）“*”是定义指针变量时的说明符，“**基类型标识符 ***”一起表示了指针类型。

例如：

int *p1;表示定义了一个指针变量 p1，p1 所属类型为 int *，p1 对应的基类型为 int，p1 用于保存 int 类型变量的地址值

char *p2;表示定义了一个指针变量 p2，p1 所属类型为 char *，p2 对应的基类型为 char，p2 用于保存 char 类型变量的地址值。

2. 指针变量的初始化和赋值

和普通变量一样，这样定义后的指针变量存储的是随机值，这在指针的应用中是要避免的，因为该随机值所指向的内存空间未必是允许程序正常访问的空间，一旦误操作可能会带来意想不到的后果，需要在编程中避免使用不确定值的指针变量。

指针变量可以进行初始化或者赋值操作。如在例 7.1 中增加一个指针变量指向整型 x，可以用如下语句实现：

```
int *p=&x;  /*初始化方法*/
```

或者

```
int *p;     /*定义指针变量*/
p=&x;       /*用变量地址值给指针变量赋值*/
```

这时，指针变量 p 的基类型是 int，其中存放 int 类型变量 x 的地址的值为整型变量 x 的地址，也就是说指针变量 p 指向变量 x。两者的关系如图 7-2 所示。

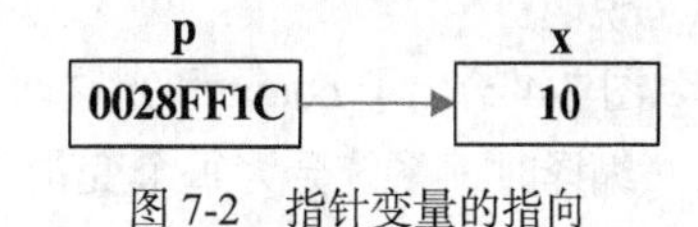

图 7-2　指针变量的指向

作为一个变量，指针在初始化或者赋值后可以改变它的值，如上面定义的指向变量 x 的指针 p 可以重新赋值：

```
int count=20;
p=&count;
```

此时指针变量 p 中存放的就是整型变量 count 的地址，也就是 p 指向变量 count 了。此时，内存中变量 x、count 和指针变量的关系如图 7-3 所示。P 指向 count 变量，而和 x 变量没有关系了。

p　0028FF0C
x　10
count　20

图 7-3　改变指针变量的指向

基类型相同的指针之间也可以相互赋值，例如：

```
int *p1,*p2;
p1=&count;      /*用变量的地址赋值*/
p2=p1;          /*基类型相同的指针变量相互赋值*/
```

特别提醒：指针变量的赋值和初始化都必须是同类型变量的地址。图 7-2 中的指针变量 p，如果赋值类型不匹配，就会导致语法错误，如：

```
int count;
double *pd=&count;  /*错误！类型不一致*/
```

3. 直接访问和间接访问

当我们需要对变量进行操作，如获得变量的值，通常只需要使用变量名就可以直接表示对应的内存单元中的值了，如 count++，就是把 count 对应的内存单元的值增加 1，这就是**直接访问（直接引用、直接寻址）**。

指针变量的引入，提供了新的变量访问方式——**间接访问（间接引用、间接寻址）**。

下面用例子加以说明。

例 7.2 定义整型变量和指向它的指针变量，输出它们的起始地址和值。

程序代码如下：

```
#include <stdio.h>
int main()
{
        int count=10;
        int *p=&count;                                    /*定义指针变量并初始化*/
        printf("\t address\t\tvalue\n");
        printf("count:\t%10p\t%10d\n",&count,count);  /*普通变量 count 的值和地址*/
        printf(" p:\t%10p\t%10p\n",&p,p);              /*指针变量 p 的值和地址*/
        printf(" \nchange count: \n");
        count=20;
        printf("p=%10p\t*p=%10d\n ",p,*p);          /*用指针变量 p 访问变量 count 的地址和值*/
        return 0;
}
```

运行程序，输出结果为：

```
        address                value
count:    0028FF1C              10
 p:       0028FF18          0028FF1C

change count:
p=0028FF1C              *p=20
```

说明：

图 7-4 给出了 count 和 p 这两个变量的存储示意图。

编译时，系统会为每个变量分配存储空间，变量的值就存放在这个空间。

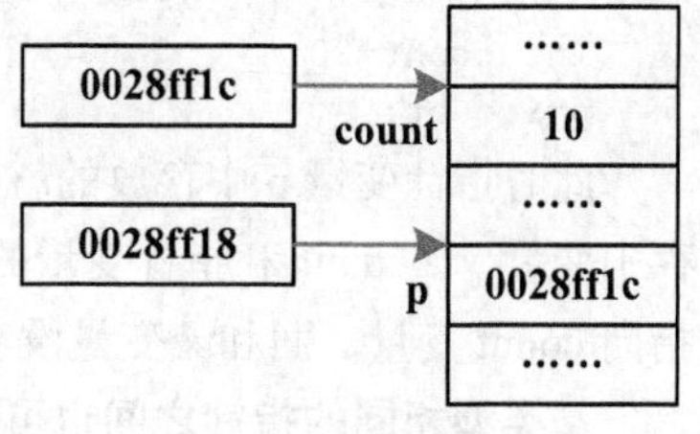

图 7-4　存储示意图

例中，整型变量 count 的地址为 0028ff1c，值为 10，count 变量的地址可以通过运算符&求得。

类似的，指针变量 p 的地址也可以用&求得，其地址是 0028ff18，其中存放的值是 0028ff1c，是 count 变量的地址，也就是指针变量 p 指向普通变量 count。

注意区分指针变量 p 的地址和其中存放的内容（变量的值）。

要对变量 count 进行操作有以下两种方法。

（1）直接访问。

用变量名直接得到要操作的内存单元的内容，即直接访问。

程序中用变量名 count 得到对应的起始为 0028ff1c 整型变量内存空间中的内容就是 count 变量的值。又如例中 count=20；将这段内存空间存储的内容修改为 20，count 变量的值就是 20 了。

（2）间接访问——通过* 运算符实现。

通过指向变量的指针变量得到要操作的内存单元的内容，即间接访问。

程序中定义了指针变量 p 并用变量 count 的地址初始化，这样指针变量 p 就指向变量 count 所在的起始为 0028ff1c 的内存空间。这时用间接访问运算符“*”来通过地址间接得到该地址中存储的内容，即*p 可以得到这段空间存储的内容——变量 count 的值。

直接访问和间接访问都可以访问到内存空间中存储的内容，但两者实现的原理有所不同。直接访问是直接得到变量所在的存储空间的内容，而间接访问则是通过地址间接得到对应存储空间的内容。如果打个比方，变量 count 所在的存储空间是抽屉 A，里面放着一本书。指针变量 p 所在的存储空间是抽屉 B，里面放着抽屉 A 的钥匙。那么使用直接访问的方式：打开抽屉 A 得到书，打开抽屉 B 得到抽屉 A 的钥匙，直接得到存储空间中的内容。而间接访问呢？打开抽屉 B 得到存放在里面的抽屉 A 的钥匙，再打开抽屉 A 后才能得到书。对应到程序中，用 p 和 count 可以得到其中存放的值，分别是地址值 0028ff1c 和整型值 10，这是直接访问。而*p 得到整型值 10 就是间接访问了。

从这个过程也可以看出，**间接访问运算符“*”的运算对象只能是地址变量**，非地址变量的间接访问没有任何意义。

4. 非法指针

通过指针可以直接访问到内存单元，这种方式可以为程序带来一定的便利性，但是使用过程中也容易出现错误。需要特别注意的是：**指针变量使用过程中需要始终关注指针的指向，避免出现非法使用指针的情况。**

如下例是常见的错误：

```
int *p;
*p=100;
```

这里试图将值 100 存放在指针 p 指向的内存空间，但是 p 指向哪里呢？变量 p 没有初值，所以是个随机值。也就是程序对一个未知的空间进行访问，这会造成不可预知的错误。

因此，我们常常在定义时将其值赋值为 0，这是一个特殊的指针值，表示指针未指向任何存储空间。例如：

```
double *pd=0;
float *pf=NULL;  /*NULL 是一个标准规定的宏定义，表示指针不指向任何存储空间*/
```

思考题

变量都有各自的存储空间，空间的大小和变量的数据类型有关，例如 int 类型的变量占用的空间可以用 sizeof(int)求出，通常为 4，那么指针变量占用的空间有多大？和指针的基类型有关吗？

7.1.3　指针变量的运算

和所有变量一样，指针变量也可以参与运算，但指针变量的值是地址值，使得指针变量能参与的运算和运算结果与普通变量有所区别，有它自己的特殊性。

1. “&”和“*”

“&”和“*”两个运算符都是单目运算符，优先级相同，结合方向都是自右而左。

“&”　取地址运算符，其操作数是变量，包括普通变量和指针变量，得到的是变量的地址。

“*”　间接引用运算符。其操作数必须是指针变量，得到指针变量所指向的变量的值。对普通变量进行间接引用运算是错误的。

例如：

```
int m=10;
int *p=&m;
```

这样，指针变量 p 指向变量 m，p 的值就是 m 的地址值&m。另一方面，*p 表示对 p 进行间接访问，可以得到 m 的值。

这两个运算符可以在一起使用，优先级相同，但是按照自右向左的方向结合，例如：

&*p，相当于&(*p)，先计算*p，等到变量 m，再执行&m，因此&*p 和&m，也就是 p 是一样的。

&m，相当于(&m)，先计算&m，得到 m 的地址，再执行间接访问，得到 m 的值，因此*&m

和 m 是一样的。

但是，这两个运算符在使用时要注意对运算对象的要求，如&*m 则是错误的，因为 m 不是指针变量，不能进行间接访问。

注意，区分运算符“*”有三种应用场合，举例如下：

```
double area;
int a=0;
int *p=&a;              /*定义指针变量 p 时的一个说明符，而不是一个运算符*/
(*p)++;                 /*间接引用运算符，是单目运算符*/
area = 3.14 *a *a;      /*作为乘法运算符，是双目运算符*/
```

2. 算术运算

指针变量可以参与算术运算，但是有一定的特殊性。

（1）指针变量是用于存储地址值的变量，如两个指针变量即使基类型相同，也不能进行相加的操作，因为两个地址值相加的结果没有任何意义。

（2）指针变量能进行自加、自减或者加减一个整数的运算，但是不同于普通变量的增减，**指针变量的增减是以指针变量的基类型所占字节大小为单位的，**即每次增减 1，地址值变化是 1 个基类型所占的存储空间的字节数，例如：

对 int 类型指针加 1，地址值实际增加了 sizeof(int)字节；

对 float 类型指针加 2，地址值实际增加 2*sizeof(float)字节；

对 double 类型指针减 3，地址值实际减少了 3*sizeof(double)字节

……

看看图 7-5 所示的一段整型变量存储空间，若定义基类型为 int 的指针 p，并使其具有值 0028ff04，那么 p 指针就指向 0028ff04 这个存储单元，于是执行 p+1 或 p++后 p 的值为 0028ff08，即 p 指针指向 0028ff08 这个存储单元。而基类型为 int 的指针 q 具有值 0028ff10，q 就指向了 0028ff10 这个存储单元，如果执行 q–1 或者 q–，则 q 的值为 0028ff0c，即 q 指向 0028ff0c 这个存储单元。

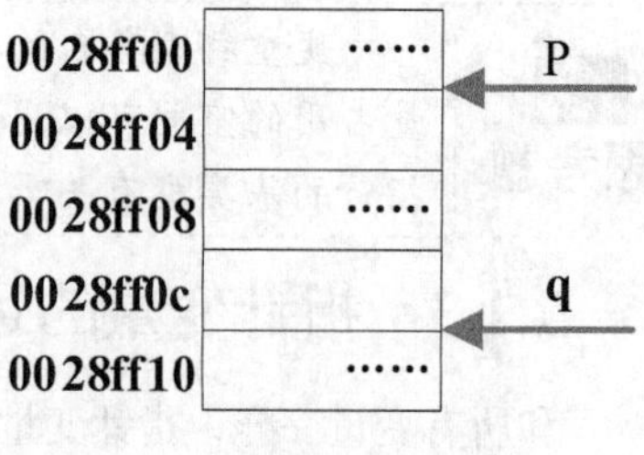

地址	内容	
0028ff00	……	P
0028ff04		
0028ff08	……	
0028ff0c		q
0028ff10	……	

图 7-5　指针算术运算示意

说明：

（1）基类型的含义。

指针变量的基类型在定义时给出，表示指针指向的变量类型，例如：

```
float *fp;  /*指针 fp 的基类型是 float */
char *cp;  /*指针 cp 的基类型为 char*/
```

（2）基类型决定了编译器对该地址指向空间的处理方式，即处理时以什么数据类型来进行。如例 7.2 中指针变量 p 的基类型为 int，当对该指针指向的内存空间进行操作时系统会按照 int 类型变量的方式进行，如语句 printf("p=%10p\t*p=%10d\n ",p,*p);中的*p，运行时首先找到 p 的值即存储的地址值表示的存储单元，然后顺次取出 sizeof(int)字节中的内容，如在例 7.2 中取出 0028ff1c、0028ff1d、0028ff1e、0028ff1f 这 4 字节中的内容，最后按照 int 类型的方式将其处理为整数值，即 count 的值。

若此时定义的是 double *dp=&count;　/*错误！类型不一致*/

指针变量 dp 的基类型是 double，表明其指向一个 double 类型的数据，但是上面却用 int 类型变量的地址为其赋值，系统对此空间的数据按照 double 类型处理，其值不具备任何实际意义，甚

至可能出现访问错误。

（3）两个同类型的指针变量之间还可以做减法，得到的整型数如 n，同样表示的是这两个指针变量的地址值相差 n*sizeof（基类型）字节。如图 7-5 所示的两个基类型为 int 的指针 p、q，执行 q–p 得到 3，两者相差 3*sizeof(int)，即 12 字节。

特别提醒：不管指针变量参与什么运算，运算后的结果应保证指针变量指向的空间是能访问的，并且存放的是和该指针变量基类型一致的变量。正因为如此，指针运算常常和数组结合应用，具体见 7.3 节。

3. 关系运算符

指针变量参与的关系运算可用于比较地址变量的高低，例如：

```
int array[10];
int *p1=&array[0];
int *p2=&array[9];
```

那么表达式 p1<p2 的值为 1，表示 p1 指向的数组元素存储在 p2 指向的数组元素的前面。

又如下面的代码片段：

```
int *p;
……
if (p==NULL)  /**判断指针是否没有指向/
  ……
```

NULL 作为特殊的值表示指针是没有指向的，在某些特定的应用中，比如 10.2 节中的单向链表会利用这个值表示链表的结束，访问时就需要判断指针的值是否是 NULL。

7.2　指针与函数

指针与函数的结合是指针最重要的应用之一，本节我们探讨指针变量在函数中的应用。

7.2.1　传值与传地址

函数调用过程中，数据从实参传递给形参，是把实参的值单向拷贝到形参中。若实参给形参传递的是地址值，则称为**地址调用**，简称为**传地址**；否则称为**值调用**，简称为**传值**。

下面我们通过程序 7.3 的两种不同实现来分析地址调用和值调用的区别。

表 7-1　　例 7.3 传值和传地址的实现代码

传值	传地址
#include<stdio.h>	#include<stdio.h>
void SwapByValue(int,int);　/*值形参*/	void SwapByAddress(int*,int*); /*地址形参*/
int main()	int main()
{　int a=3,b=4;	{ int a=3,b=4;
SwapByValue (a,b); /*实参为两个 int 变量*/	SwapByAddress (&a,&b);/*实参为变量地址*/
printf("a=%d,b=%d\n",a,b);	printf("a=%d,b=%d\n",a,b);
return 0;	return 0;
}	}
void SwapByValue (int x,int y)	void SwapByAddress(int *px,int *py)
{　int tmp;　　/*交换两个值参变量的值*/	{　int tmp;　　/*交换两个指针变量所指向的值*/

（续表）

传值	传地址

tmp=x;
x=y;
y=tmp; /*直接访问,交换 x、y*/
printf("x=%d,y=%d\n",x,y);
}
	tmp=*px;
	*px=*py;
	*py=tmp; /*间接访问交换*px,*py 指向的空间 */
	printf("*px=%d,*py=%d\n",*px,*py);
	}

<运行结果> x=4,y=3 a=3,b=4	<运行结果> *px=4,*py=3 a=4,b=3

例 7.3 用传值和传地址的方式实现 swap 函数，完成两个数的交换，并在主函数中调用，测试函数执行情况。

程序源代码如表 7-1 所示。

说明：

主函数有两个变量 a 和 b，其值分别为 3 和 4，分别以传值和传地址两种不同的方法调用函数，以期交换 a 和 b 的值。

传值调用要求形参为普通类型的变量（值形参）而不是指针变量；而传地址调用要求形参为指针变量，因为只有指针变量才能接收地址值。对应的实参必须是地址值，保证能正确赋给指针形参。

对比结果，我们可以发现：

（1）传值函数中，x 和 y 的值是交换的，但是函数执行完返回 main 函数后，a 和 b 的值并没有交换。

（2）传地址函数中，*px 和*py 的值相互交换，而且函数执行完返回 main 函数后，a 和 b 的值也进行了交换。

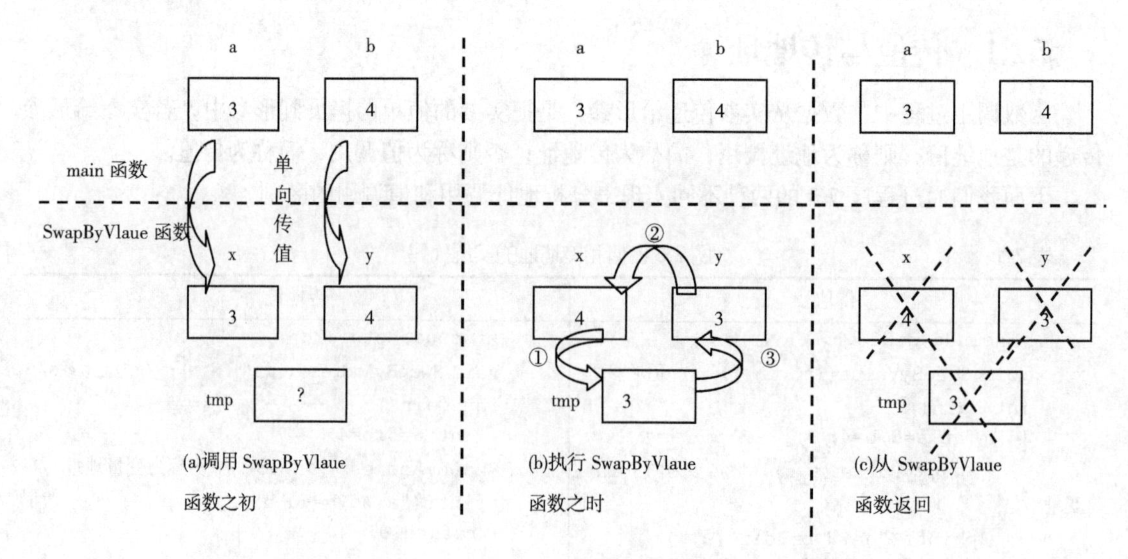

图 7-6 以传值方式调用 SwapByVlaue 函数参数变化情况

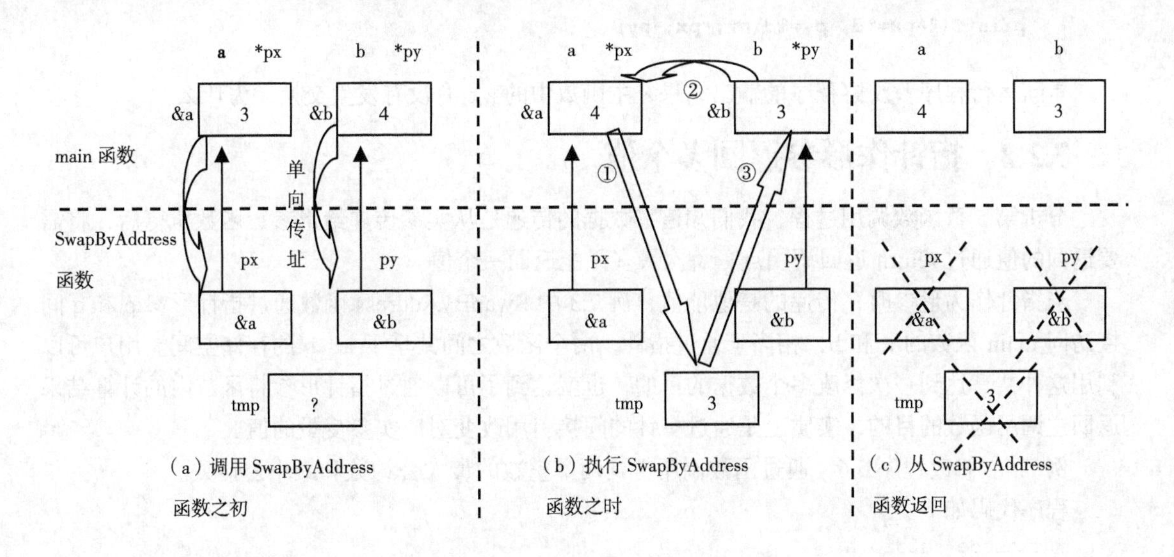

图 7-7　以传地址方式调用 SwapByAddress 函数参数变化情况

通过表 7-1 的对比程序及不同的运行结果可以看出：在传地址调用中，指针形参的修改能影响到实参，而传值调用不会。

我们从函数调用的过程来分析一下：

（1）传值调用（见图 7-6），main 函数中的实参 a 和 b，与 SwapByVlaue 的形参 x 和 y 占用的是两组不同的空间，具有不同的作用域。参数传递时，实参 a 和 b 的值分别拷贝到形参 x 和 y 中；SwapByVlaue 函数执行时，交换了形参 x 和 y 的值；当 SwapByVlaue 函数调用结束时，形参 x 和 y 的空间释放，而实参 a 和 b 值没有交换。注意观察图 7-6 中调用前、调用时、调用结束 3 种情况下内存变量的变化及赋值的情况。

（2）传地址调用（见图 7-7），main 函数中实参是&a 和&b，即 a 和 b 的地址，SwapByAddress 函数的形参 px 和 py 为指针变量，拥有自己的存储空间。函数调用时，两个指针形参被初始化为&a 和&b，即 px 和 py 分别指向 main 函数的变量 a 和 b 所在的空间；SwapByAddress 函数执行时，用间接访问方式交换了*px 和*py 的值，而*px 和*py 访问的正是 main 函数中的变量 a 和 b，因此交换*px 和*py 就是交换了 a 和 b 的值。注意观察图 7-7 中调用前、调用时、调用结束 3 种情况下内存变量的变化及赋值的情况。

综上所述，在实际编程中，如果希望一个实参变量在调用之后发生改变，则将对应的形参定义为指针变量，然后通过间接引用改变指针变量所指向的内容（实质上就是实参变量的值），从而达到修改实参变量的目的。

思考题

将 SwapByAddress 的函数体改为如下代码：

```
void SwapByAddress(int *px,int *py)
{
    int *tmp;        /*交换两个指针变量所指向的值*/
    tmp=px;
    px=py;
    py=tmp;          /*间接访问交换*px,*py 指向的空间*/
```

```
    printf("*px=%d,*py=%d\n",*px,*py);
}
```

重新运行程序，观察程序的输出结果，主函数中的 a,b 有没有发生交换，为什么？

7.2.2 指针作形参返回多个值

分析第 5 章函数调用过程，我们知道：数据的传递是从实参传递给形参，函数执行后，将需要返回的值通过 return 返回调用点，每次最多只能返回一个值。

当指针作为形参时，传递的是地址值，例 7.3 中 SwapByAddress 函数通过指针形参 p 和 q 间接访问 main 函数的 a 和 b，相当于通过指针，两个函数之间共享了 a、b 的存储空间。用户可以利用这种共享达到一次修改多个数据的目的，也就达到了可以通过指针形参将函数内的计算结果返回主调用函数的目的，实质上是通过指针的间接引用改变对应实参变量的值。

例 7.4 修改程序 5.6，通过函数调用得到两个整数的最大公约数和最小公倍数。

程序代码如下：

```
# include <stdio.h>
int get (int m , int n,int *p);                   /*函数原型声明*/
int main ( )
{
    int m,n;
    int gcd,gbd;
    scanf ( "%d%d" , &m , &n) ;
    gcd=get(m,n,&gbd);
    printf ( "gcd: %d\tgbd:%d\n" ,gcd,gbd); /*求最大公约数函数调用*/
    return 0 ;
}
/*函数功能：求两个正整数的最大公约数和最小公倍数
  函数参数：  两个整型形式参数，对应待求最大公约数的两个整数整型指针变量，存放求得的最小公倍数
  函数返回值：整型，返回求得的最大公约数
*/
int get ( int m , int n,int *p )                  /*求最大公约数函数定义首部*/
{
     int r;
    *p=m*n;
    do                                              /*用辗转相除法求最大公约数*/
      {
       r = m % n;
         m = n ;
         n = r ;
      } while ( r );                                /*使余数 r 为 0 时的除数为最大公约数*/
    *p=*p/m;                                        /*两数之积除以最大公约数得到最小公倍数*/
    return m ;                                      /*返回最大公约数*/
}
```

运行程序，从键盘输入为：12　8<回车>

程序输出结果为：

```
gcd: 4  gbd:24
```

再次运行程序，从键盘输入为：12　7<回车>

程序输出结果为：

```
gcd: 1  gbd:84
```

说明：

例 5.6 通过 return 返回两个整数的最大公约数，而本例要求同时求得最小公倍数，只能通过传地址的形参来完成了。

当一个函数需要返回的值不止一个时，可以通过返回值返回其中一个，其余的需要返回的值，可以通过设定指针形式参数，然后在主调用函数中传入相应变量的地址来对应，这样，主调用函数的那些传地址的变量就可以获得对应指针形式参数通过间接引用方式计算出来的值。

*7.2.3 返回指针的函数

在 C 语言中允许一个函数的返回值是一个指针（即地址值），这种返回指针值的函数称为**指针（型）函数**。函数原型的一般形式为：

类型名 * 函数名（参数表）;

其中函数名之前加了“*”号表明这是一个指针型函数，即返回值是一个指针。类型说明符表示了返回的指针值所指向的数据类型。

例 7.5 用返回值和返回指针的方式得到两个数中的大数和小数。

程序代码如下：

```
#include <stdio.h>
int larger(int x, int y);              /*函数功能：求两个数中的较大值，返回值*/
    int *smaller(int *x, int *y);  /*函数功能：求两个数中的较大值，返回指针*/
    int main()
    {
        int a, b, big, *small;
        printf("Enter two integer values:\n");
        scanf("%d%d", &a, &b);
        big = larger(a, b);          /*函数返回结果为整型值，给整型变量赋值*/
        printf("The larger value is %d.\n ", big);
        small= smaller(&a, &b);      /*函数返回结果为地址值，给指针变量赋值*/
        printf("The lsmaller value is %d.\n", *small);
        return 0;
}
/*函数功能：求两个数中的较大值
 函数参数： 两个整型形式参数，用于输入待比较的两个整数
 函数返回值：整型，返回求得的较大的数
*/
    int larger(int x, int y)
    {
        if (y > x)
            return y;
        return x;
    }
 /*函数功能：求两个数中的较小值
 函数参数： 两个整型形式参数，用于输入待比较的两个整数
 函数返回值：指向整型的指针，返回求得的较小的数的地址
*/
int *smaller(int *x, int *y)
    {
```

```
    if (*y< *x)
        return y;
    return x;
}
```

运行此程序，屏幕上显示为：

```
Enter two integer values:
```

用户从键盘输入为： 10 20<回车>

程序输出结果为：

```
The larger value is 20.
The lsmaller value is 10.
```

说明：

指针函数返回的是地址值，这个地址值的使用方法和指针用法一致，可以给同类型的指针变量赋值。但是，要注意的是，返回的不能是局部变量的地址，否则当变量释放后，访问的是不确定值。

思考题

下面程序得到 3 个整数的最大值，试着运行程序，如果有错误，分析错误产生的原因。

```
#include <stdio.h>
    int *largest(int x, int y,int z);            /*函数功能：求最大值*/
    int main()
    {
        int a, b,c, *big;
        printf("Enter three integer values: ");
        scanf("%d%d%d", &a, &b,&c);
        big = largest(a,b,c);                    /*函数返回为整型指针*/
        printf("The largest value is %d. \n ", *big);
        return 0;
    }
    int *largest(int x, int y,int z)
    {
        int m;
        m=x>y?x:y;
        m=m>z?m:z;
        return &m;
    }
```

7.3 指针与数组

C 语言中，数组和指针有密切的关系。数组是同类型的一组数据的集合，它在内存中是连续存放的。因此，和指针的间接访问类似，如果知道数组存放的首地址和数组元素的数据类型，就能通过地址访问到后续所有的元素了。

7.3.1　指针与一维数组

1. 数组名的实质

一个数组包含若干数组元素，这些元素相当于变量，各自有存储空间和相应的地址。而且，数组中的这些元素具有相同的数据类型，在内存中连续存放，占据若干个相同大小的存储空间（和数组长度一致）。C 语言规定，用**数组名表示数组第一个元素的地址，也就是这段连续空间的起始地址——数组首地址，因此数组名实质上是一个指针常量**。

例 7.6　对已知数组输出数组中各元素的地址，并求出所有元素的平均值。

程序代码如下：

```
#include <stdio.h>
int main()
{
    double score[5]={90.5,91.0,92.0,93.5,94.0};
    int i;
    double sum=0.0;                                    /*求和变量初始化*/
    printf("The address of  the array:%10p\n",score);
    printf("The address and value of each element:\n");
    for (i=0;i<5;i++)
      printf("score[%d]:\t%p\t%4.2f\n",i,&score[i],score[i]); /*输出各个元素的地址和值*/
    for(i=0;i<5;i++)
       sum += *(score+i);                             /*通过数组名间接访问数组元素的值*/
    printf("the average of score is:%4.2f\n",sum/5);
    return 0;
}
```

运行程序，结果如下：

```
The address of  the array:  0028FED8
The address and value of each element:
score[0]:       0028FED8       90.50
score[1]:       0028FEE0       91.00
score[2]:       0028FEE8       92.00
score[3]:       0028FEF0       93.50
score[4]:       0028FEF8       94.00
the average of score is:92.20
```

说明：

观察输出，我们会发现数组名 score 表示的是地址值，并且和&score[0]是一致的，也就是**数组名代表该数组的首地址**。和变量的地址一样，数组首地址在编译时由系统分配并且在程序运行过程中都不可以改变，**是一个指针常量**。

数组名 score 表示数组的首地址，也是数组第一个元素的 score[0]的地址，因此，可以用*score 输出 score[0]的值。

既然 score 是基类型为 double 的指针常量，那么 score+1 表示在数组起始地址上加上 sizeof（double）字节，即 8 字节。而数组中每个元素占用 8 字节的内存，这样 score+1 就正好指向了数组的第二个元素 score[1]，通过*(score+1)可得到 score[1]的值。依次类推，通过间接引用方式

(score+1)、(score+2)……可以依次得到 score[1]、score[2]……的值。数组元素的地址和值的表示方式具体如图 7-8 所示。

总结：

一维数组的数组名是指针常量，这个指针常量的基类型就是数组元素的类型。

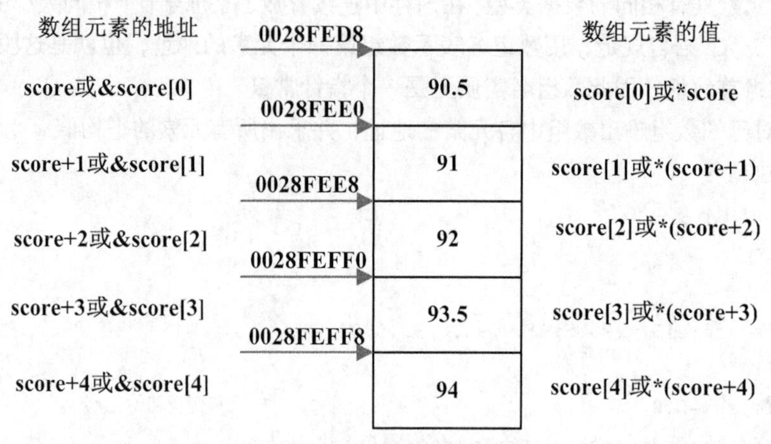

图 7-8　一维数组存储示意图

2. 指针访问一维数组

一维数组的数组名是指针常量，通过数组名可以访问连续存储的所有数组元素，但是常量在参与运算时只能用于访问而不能改变其值。通常，我们还可以定义一个指针变量来指向数组，只要**指针变量的基类型和数组元素类型一致**，就可以用指针变量来访问数组了。

例 7.7　修改例 7.6，用指针访问数组，输出数组的平均值。

```
#include <stdio.h>
int main()
{
    double score[5]={90.5,91.0,92.0,93.5,94.0};
    double *p=score;         /*将数组名——指针常量赋值给基类型一致的指针变量 p*/
int i;
double sum=0.0;
cout<<"The array is:\n";
for (i=0;i<5;i++)
        printf("score[%d]:\t%p\t%4.2f\n",i,score[i],*(p+i));   /*移动下标*/
    for(p=score;p<score+5;p++)                                 /*移动指针*/
        sum += *p;
    printf("the average of score is:%4.2f\n",sum/5);
    return 0;
}
```

运行程序，结果如下：

```
The array is:
score[0]:        90.5   90.5
score[1]:         91     91
score[2]:         92     92
score[3]:        93.5   93.5
score[4]:         94     94
the average of score is:92.2
```

说明：

数组的访问可以通过移动下标或移动指针进行，如图 7-9 所示。

移动下标时，指针变量 p 始终指向数组起始地址，通过 p+i 的运算得到要访问数组的各个元素的地址，然后用间接引用*(p+i)得到各个数组元素的值。前面我们已经知道 score[i]和*(score+i)等价，这里*(p+i)也可以写成等价的 p[i]形式。

移动指针时，指针变量做自加运算，每次执行 p++，指针变量的值发生变化，指针就指向下一个数组元素，这种访问效率比较高。但是**注意**，当循环完成时，指针指向数组存储空间后的内存空间，也就是图 7-9(b)中 score+5 的位置，如果此时再用这个指针变量进行间接访问，就超出数组的边界，产生不可预知的错误。因此，如果需要继续用这个指针，就会用 p=score 将指针重新指向数组的起始位置。

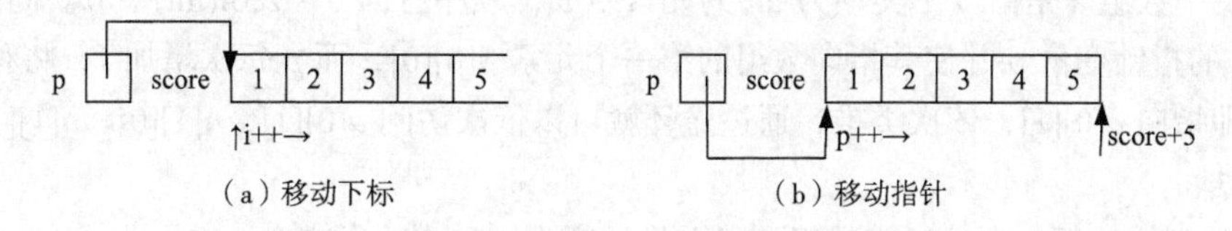

图 7-9　移动下标和移动指针输出所有元素的比较

数组元素可以用数组名或者指向该数组的同类型的指针来访问，若有以下定义：

```
float  fArray[10];  float *fp=fArray+2;
```

填写表 7-2，按要求给出相应的表示方法。

表 7-2　数组元素的表示方法

用指针变量 fp 表示		用数组名 fArray 表示	
间接访问	下标法	间接访问法	下标法
fp	&fp[0]	fArray+2	&fArray[2]
*fp			
	&fp[6]		
		* (fArray+2)+6	
			fArray[9]

7.3.2　指针和二维数组

1. 二维数组和指针变量

二维数组存储时也是将各个元素按照顺序依次存储，且遵循**“行优先”**原则，如定义 int a[4][3]，各个元素存储顺序如图 7-10 所示。由于数组每个元素的类型都是 int，就可以用基类型为 int 的指针来访问这个数组。

例 7.8　指针变量访问二维数组。

程序代码如下：

```
#include<stdio.h>
int main()
{
    int a[3][2]={1,2,3,4,5,6};
    int i;
    int *p=&a[0][0];
```

```
    for(i=0;i<6;i++)
    {
        printf("%p\t%d\n",p+i,*(p+i));                /*指针访问二维数组各个元素*/
    }
    return 0;
}
```

运行程序，结果如下：

```
0028FEF0     1
0028FEF4     2
0028FEF8     3
0028FEFC     4
0028FF00     5
0028FF04     6
```

说明：

本例中数组 a 是由 6 个类型为 int 的元素组成，顺序占据 6*sizeof(int)字节。同时定义了基类型为 int 的指针变量 *p* 并使其指向数组的第一个元素 *a*[0][0]，而 *p* 每次增加 1，将移动 sizeof(int)字节，即指向 *a*[0][1]，依次类推，通过循环就可以依次访问 *a*[0][1]、*a*[1][0]、*a*[1][1]……。

总结：

（1）一个 *m* 行 *n* 列的二维数组可以看作长度为 *m*n* 的一维数组。

（2）可以用和二维数组元素类型相同的指针变量访问二维数组。这种指针因其每次移动，跨过二维数组的一列，也称为**列指针**。

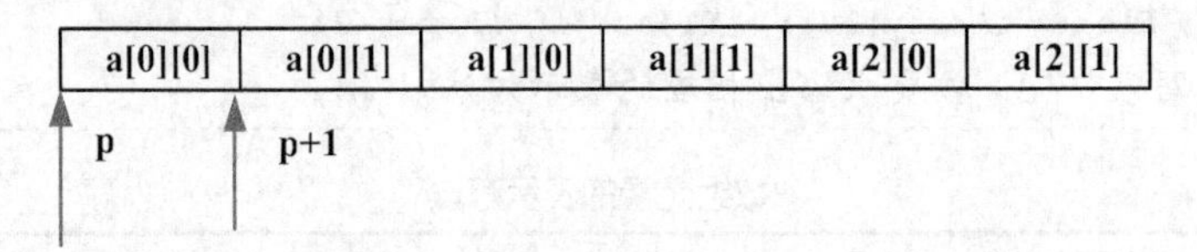

图 7-10　按列访问二维数组

2. 二维数组的行地址和列地址

二维数组的数组名也是指针常量，表示数组的起始地址。但是，二维数组有两个维度，在内存中存储时是行优先的，如定义 int a[3][2];，存储顺序为：先存储第一行的 a[0][0]，a[0][1]，然后是第二行的 a[1][0]，a[1][1]，然后是第三行的 a[2][0]，a[2][1]，这时可以将这个二维数组看成一个长度为 3 的一维数组，如图 7-11 所示，用 a[0]、a[1]、 a[2]表示数组 a 中的 3 个元素，这 3 个元素自身也是数组名，表示长度为 2 的一维整型数组，分别代表第一行、第二行、第三行的 2 个数组元素，如 a[0]表示有 a[0][0]、a[0][1]这两个整型元素的数组。

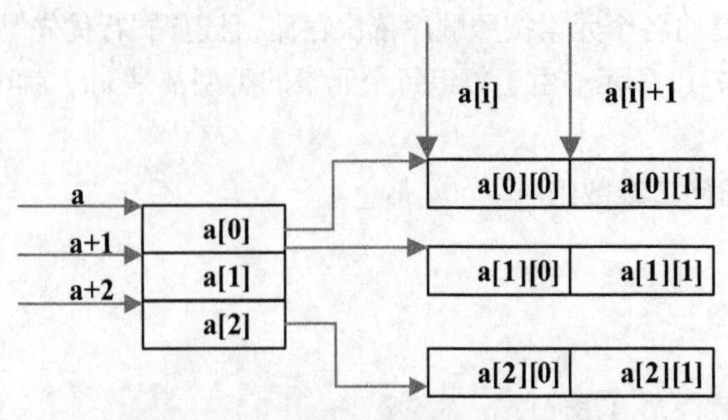

图 7-11　二维数组的逻辑存储示意图

因此，数组a的元素即a[0]、a[1]、 a[2]的类型是int[2]，数组名a这个指针常量的基类型也就是int[2]。此时指针常量的运算a+1就表示移动sizeof(int[2])字节，从a[0]指向a[1]，正好跨过第一行2个元素a[0][0]、a[0][1]指向第二行第一个元素a[1][0]。因此，二维数组数组名表示的是一个**行地址**。每次移动，移动一行。

而a[i](i=0,1,2)既然也是数组名，表示的也是地址。a[i]的两个元素a[i][0]、a[i][1]是int型，那么a[i]就是基类型为int的指针常量。此时，指针常量的运算a[i]+1就表示移动sizeof(int)字节，从a[i][0]指向a[i][1]，跨过数组的一列。因此a[i]表示的是一个**列地址**。每次移动，移动一列。

例7.9　二维数组中的地址及运算。

程序代码如下：

```
#include<stdio.h>
int main()
{
    int a[3][2];
    printf("%p\t%p\n",a,a+1);                          /*二维数组名为行地址*/
    printf("%p\t%p\n",a[0],a[0]+1);                    /*二维数组的列地址*/
printf("%p\t%p\n",&a[0],&a[0]+1);                      /*二维数组的行地址*/
    printf("%p\t%p\n",&a[0][0],&a[0][0]+1);            /*二维数组的列地址*/
    return 0;
}
```

运行程序：

```
0028FF08        0028FF10
0028FF08        0028FF0C
0028FF08        0028FF10
0028FF08        0028FF0C
```

说明：

图7-11中，a\a[0]的值都是二维数组的起始地址，为&a[0][0]，但是分别加1后，却指向不同的地址，这是因为它们有不同的基类型：

（1）a[0]、&a[0][0]　基类型是int，是列指针。

（2）a、&a[0]　基类型是int[2] ，是行指针。

因此a+1,&a[0]+1的地址值从0028FF08指向0028FF10，为int类型元素a[0][0]、a[0][1]所占用的空间，是数组的一行；而a[0]+1、&a[0][0]+1的地址值从0028FF08指向0028FF0c，为int类型元素a[0][0]所占用的空间，是数组的一列。

二维数组中的行地址、列地址还有不同的表示方法，如表7-3所示。

表7-3　二维数组中的行地址和列地址

类型	表示形式	含义	地址运算
行地址	a	二维数组名	a+1从a[0]移动到a[1]，移动一行
列地址	*a	等价于*(a+0)，即a[0]	*a+1等价于a[0]+1，移动一列，即从a[0][0]指向a[0][1]
行地址	a+i	等价于&a[i]	指向i行的首地址，a+i+1会移动一行
列地址	*(a+i)	等价于*(a+i)，即a[i]	*(a+i)+j等价于a[i]+j，移动j列，即从a[i][0]指向a[i][j]
行地址	&a[0]	元素a[0]的地址，而a[0]的类型是int[2]，该地址的基类型也是int[2]	&a[0]+1从a[0]移动一行，指向a[1]

（续表）

类型	表示形式	含义	地址运算
列地址	a[0]	第 1 行数组名，含有两个整型元素 a[0][0]、a[0][1]	a[0]+1，移动一列，即从 a[0][0]指向 a[0][1]
列地址	&a[0][0]	元素 a[0][0]的地址	&a[0][0]+1，移动一列，指向 a[0][1]

二维数组中的行列地址可以通过相应的运算进行相互转换：**行变列，加“*”号，列变行，加“&”号**。本例中，a+i 和&a[i]都代表行指针常量；*(a+i)和 a[i]以及&a[i][j]都代表列指针常量。

3. 二维数组元素的访问

二维数组的行地址和列地址提供了访问二维数组元素的不同方式。

例 7.10 二维数组元素访问方法。

程序代码如下：

```
#include<stdio.h>
#define  ROW_SIZE 4
#define  COLUMN_SIZE 3
int main()
{
    int i,j;
    int count=0;
    int a[ROW_SIZE][ COLUMN_SIZE];
    for(i=0;i<ROW_SIZE;i++)
    {
        for(j=0;j<COLUMN_SIZE;j++)
        {
            printf("%p\t",a[i]+j);              /*a[i]是列地址*/
             * (a[i]+j)=count;                  /*间接访问给数组元素赋值*/
             count++;
        }
        printf("\n");
    }
   for(i=0;i<ROW_SIZE;i++)
   {
       for(j=0;j<COLUMN_SIZE;j++)
            printf("%d\t",*(*(a+i)+j));        /*间接访问输出数组元素的值*/
        printf("\n");
   }
          return 0;
}
```

运行程序，输出结果为：

```
0028FEE4        0028FEE8        0028FEEC
0028FEF0        0028FEF4        0028FEF8
0028FEFC        0028FF00        0028FF04
0028FF08        0028FF0C        0028FF10
0       1       2
3       4       5
6       7       8
9       10      11
```

说明：

例中首先用列地址移动找到元素所在位置，再以间接访问形式给元素赋值。而后用行地址移动找到元素所在位置，再以间接访问方式输出元素的值。

a[*i*]是列地址，代表数组第 *i* 行（从第 0 行计算）的起始地址，指向数组第 *i* 行的第一个元素 *a*[*i*][0]。列地址每次加 1，表示移动一列，因此 *a*[*i*]+*j* 得到第 *i* 行的第 *j* 个元素 *a*[*i*][*j*]的地址，再用间接访问运算符*就可以得到 *a*[*i*][*j*]的值了。

a 是二维数组的数组名，是行地址，指向数组起始地址。行地址每次加 1，表示移动一行，因此 *a*+*i* 移动 *i* 行，指向第 *i* 行，用*(*a*+*i*)得到列地址 *a*[*i*]。为了得到 *a*[*i*][*j*]，继续移动 *j* 列，此时的地址为*(*a*+*i*)+*j*，再次进行间接访问*(*(*a*+*i*)+*j*)得到 *a*[*i*][*j*]的值。

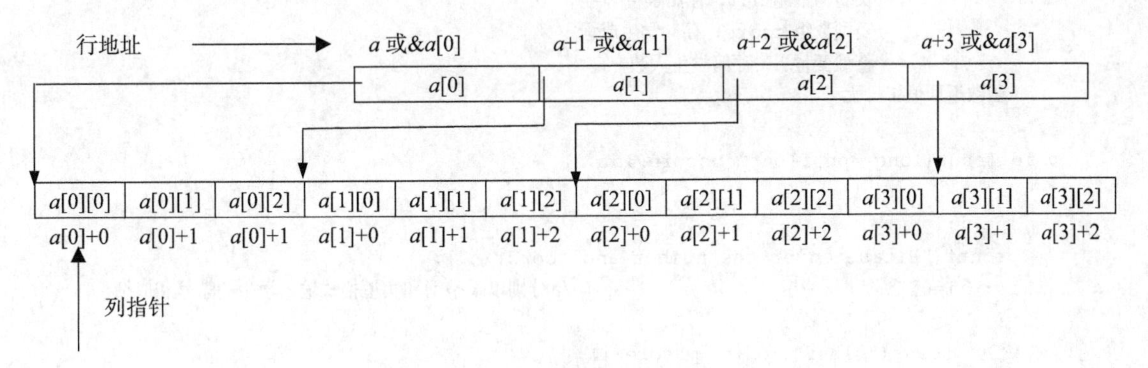

图 7-12　二维数组的行地址和列地址

二维数组通过行列指针访问元素的过程类似于住房的房号，如 805，903 等。行指针好比房号的第一位，表示楼层；列指针好比房号的后 2 位，表示房间编号。如果我们想找到房间 805，首先找到第一层，然后第二层…找到第 8 层后，在第 8 层从编号 01 的房间找，然后 02…直到编号为 05 的房间就是要找的 805 房间了。

上述过程具体如图 7-12 所示。通过二维数组的行地址列地址可以以不同的方式访问到数组中的元素，为了使用的灵活与便利，还可以定义相应的指针变量。

例 7.8 中定义指针 *p* 并初始化的语句为 *p*=&*a*[0][0]，指针 *p* 和&*a*[0][0]的基类型都是 int，*p* 每一次移动移过数组的一列，通过 *p*+*i* 依次访问二维数组的各个元素。例中 *p* 的初始化语句还可以写成 int *p*=*a*[0]; 因为 *a*[0]同样是列地址，基类型都是 int。

行地址对应的指针变量是行指针，这部分内容可以参见 7.5.3 节。

7.4　应用举例

本书在 6.3 节中介绍了数组作函数参数的用法，因为数组名可表示地址值，所以作为参数传递给形式参数时，本质上就是传地址——传入实参数组首地址。而此时，形参能够接收实参地址值，那么形参当然就是指针变量了。因此 6.3 节各函数形式参数表中的 int a[]本质上就是 int *a，但是在专门的数组应用中，写成 int a[ ]更加直观容易理解，表示这里对应实参是数组相关的地址。由于指针可以指向数组，程序中常常将指针、数组、函数结合应用，特别是在函数之间共享批量数据时。下面通过几个例子来展示这种灵活应用。

7.4.1 批量数据的统计

数组用来处理相同类型的批量数据，对这些数据按一定的要求进行统计是经常需要执行的操作。例 7.11 给出了一个在一维数组中进行统计的示例，这种用法同样适合于二维数组。

例 7.11　输入 10 个学生的程序设计课程考试成绩并统计出不及格的人数。

程序代码如下：

```
#include  <stdio.h>
#define NUM  30                                 /*宏定义，存储数组最大长度*/
/*   函数功能：    完成学生学号、分数的输入
     函数入口参数：
                  长整型数组 num，存储学生学号
                  实型数组 score，存储学生成绩
                  整型变量 n，存储学生人数
     函数返回值：  无
*/
void Input(long *pn,float *pscore,int n)
{
   int i;
   printf("Please enter the number and score:\n");
   for (i=0; i<n; i++)                         /*分别以长整型和实型格式输入学生的学号和成绩*/
    {
       scanf("%ld%f", pn+i, pscore+i);
    }
}
/*   函数功能：    统计不及格人数
     函数入口参数：
                  长整型数组 num，存储学生学号
                  实型数组 score，存储学生成绩
                  整型变量 n，存储学生人数
     函数返回值：  不及格人数
*/
int Find(long num[],float score[],  int n)
{
   int    i;
   int count=0;
    for (i=0; i<n; i++)                        /*对所有 score[i]进行比较*/
       if (score[i] < 60)
         {
            if (!count)
              printf("Failed student:\n");              /*有不及格学生时输出提示*/
               printf("%ld %5.2f\n",num[i],score[i]);   /*不及格学生的学号成绩*/
              count++;
         }
   return count;
}
int main()
{
    float  score[NUM];
    long num[NUM];
    int    n;
```

```
    int  fail=0;                            /*统计不及格人数*/
    printf("Please enter total number:");
    scanf("%d", &n);                        /*从键盘输入学生人数n*/
    Input(num,score,n);                     /*调用函数，输入学号和成绩*/
    fail=Find(num, score,n);                /*查询不及格人数*/
    printf(" %d students are fail!\n",fail);
    return 0;
}
```

运行此程序，屏幕上显示为：

```
Please enter total number:
```

用户从键盘输入为：5<回车>

屏幕上接着显示为：

```
Please enter the number and score:
```

用户从键盘输入为：

```
100 98<回车>
101 56<回车>
102 76<回车>
103 45<回车>
104 88<回车>
```

程序输出结果为：

```
Failed student:
101 56.00
103 45.00
2 students are fail!
```

说明：

本例在main函数中定义了两个数组分别用于存储学号和成绩。

函数Input完成这两个数组的录入功能。函数原型是void Input(long *pn,float *pscore,int n)，调用形式为Input(num,score,n)。前面两个实参是数组名，表示数组的起始地址，将实参地址值传递给形参的两个指针变量，最后一个参数是传值形式给出数组长度，这样在函数Input中通过指针间接访问这两个数组的各个元素，实现了函数之间共享批量数据的功能。

函数Find完成不及格人数的统计功能。函数原型int Find(long num[],float score[],int n)，调用形式为fail=Find(num，score,n)。同样前两个参数为地址传递，而最后一个为值传递。该函数原型的另一个等效写法是：int Find(long *num,float *score,int n);，和Input函数的形参表示同样的含义，两种写法本质一样。

思考题

原例题是在统计的过程中完成不及格人数的学号和分数的输出，改造程序，将不及格的学号存放在另一个数组中批量返回，并在main函数中得到下列输出结果。（输入方式与例7.11相同）

```
2 students are fail!
101 56.00
103 45.00
```

7.4.2 进制转换

进制转换问题在例5.8中已作过介绍，当时为了将十进制数转换成二进制数，采用的是递归算法，实现了对所求余数的逆序转出，得到转换结果。

在学习数组之后，就可以将每一次求得的余数存放在一个数组中，然后对数组的元素按下标从大到小控制就能实现余数的逆序输出，这种方法更简洁直观，效率更高。

例 7.12 编写程序，完成从十进制数到二进制数的转换并输出。

分析：十进制数转换成二进制数，关键在于“不断地除 2 求余”，直到商为“0”，然后反序输出。本书例 5.8 是用递归函数完成。如果用非递归算法完成，这就要求能存下每一次求得的余数，最后再将求得的余数按相反次序输出，可以用数组存储余数。

源程序代码如下：

```
#include<stdio.h>
int main()
{
    int r[16];                          /*定义数组，存放转换后的二进制各位数值*/
    int *p=r;                           /*定义指针指向数组*/
    int m;                              /*存放待转换的整数*/
    printf("Input an integer which belong to 0~65535\n");
    do
    {
        scanf("%d",&m);                 /*输入待转换的整数*/
    }while (m<0 || m>65535);
    while(m!=0)
    {
        *p=m%2;
        m=m/2;
        p++;
    }
    printf("The binary is:");
    p--;                                /*指向最后得到的那个余数*/
    for ( ; p>=r ; p--)                 /*逆序输出得到转换后的二进制值*/
        printf("%d",*p);
    return 0;
}
```

运行此程序，屏幕上显示为：

```
Input an integer which belong to 0~65535
```

用户从键盘输入为：65<回车>

程序输出结果为：

```
The binary is:1000001
```

再次运行程序，屏幕上显示为：

```
Input an integer which belong to 0~65535
```

用户从键盘输入为：70000<回车>

因输入的值超出规定范围，屏幕上继续显示为：

```
Input an integer which belong to 0~65535
```

用户从键盘输入为：2345<回车>

程序输出结果为：

```
The binary is:100100101001
```

说明：

本例中利用数组存储各个余数，求解过程中，通过指针变量的移动首先实现从前向后的存储，然后再从后往前输出，得到变换后的二进制数。

（1）如果将输出二进制数前的p--这句话删除，程序输出什么？

（2）在程序的开始，为什么要限制输入的整数大小？

（3）如果用r[i]而不用指针访问数组，应怎样修改程序？

（4）如果将求解二进制的各个数值和输出二进制这两个功能封装成函数，程序应该怎样修改呢？

本例的思想，为将十进制数转换成任意进制数提供了思路。

在本例基础上进行修改，可以将进制转换的部分抽象成一个函数，例如函数原型为：**void Change(int x，int s,char v[ ]);**，表示将十进制数 x 转换成 s 进制数，余数结果存放在数组 v 中。这里第3个参数用字符数组，是为了考虑到十进制转换成十六进制等大于10的进制数时，正确存储每一位的值。读者可以尝试着定义该转换函数完成本例的功能。

7.4.3　选择法排序

排序是一维数组中最经典的算法思想，排序方法很多。

在6.4节介绍过冒泡排序，本节将介绍另一种排序方法——简单选择排序。

注意本节除了介绍一种新的排序方法外，更主要的目的是学习指针形式参数与数组实参的对应用法，正确使用const关键字限定指针形式参数以保护对应的实参数组。

例7.13　从键盘上输入 $n(1\leqslant n\leqslant 10)$ 个整数，定义函数将这些整数按升序排列，并定义函数输出。

分析：选择法排序的算法思想如下：

（1）有 n 个元素的数组一共需要进行 n-1 趟排序，为了方便地与数组一标一致，控制趟数的外层循环控制变量的值从0变化到 n-2；

（2）每一趟的任务是找出本趟参加比较元素中最小的元素所在的位置。第 i 趟进行时，默认最小元素位置为 i，然后通过一个内层循环，从 i+1 下标一直扫描到 n-1 下标，逐个比较得到最小元素的下标值；

（3）每趟结束时判断本趟得到的最小元素下标是否在 i 下标处，如果不在，则将这两个位置的元素作交换，保证本趟的最小元素到位。

例如，将98、-45、34、73这几个数用选择法排序，即 n=3，排序过程如表7-4所示，其中的k控制排序的趟序号，index存储本趟最小元素的下标。

表7-4　　选择法排序执行过程表

k	index	a[0]	a[1]	a[2]	a[3]	说明
		98	34	-45	72	输入的数组元素初值
0	2	-45	34	98	72	第0趟在a[0]~a[3]中找到最小元素a[2]，将a[2]与a[0]交换
1	1	-45	34	98	72	第1趟在a[1]~a[3]中找到最小元素a[1]，index等于k，不交换
2	3	-45	34	72	98	第2趟在a[2]~a[3]中找到最小元素a[3]，将a[3]与a[2]交换

源程序代码如下：

```
#include <stdio.h>
/*   函数功能:      输入数组元素
     函数入口参数:
                    整型指针*pa，指向数组首地址
                    整型变量n，数组的长度
```

```
    函数返回值:  无返回
*/
void Input(int *pa,int n)
{
   int i;
   printf("Please input %d elements:\n",n);
    for (i=0;i<n;i++)                          /*用 for 语句控制输入 n 个元素*/
        scanf("%d",pa+i);
}
/*  函数功能:    完成数组排序
    函数入口参数:
                 整型指针*pa，指向数组首地址
                 整型变量 n，数组的长度
    函数返回值:  无返回
*/
void sort(int *pa,int n)
{
   int index,i,k,temp;
   for (k=0;k<n-1;k++)                        /*k 控制排序的趟数，以 0 到 n-2 表示所有趟*/
    {
        index=k ;                             /*本趟最小位置存于 index，开始时为 k*/
        for (i=k+1;i<n;i++)                   /*通过内层循环找出本趟真正的最小元素*/
            if (pa[i]<pa[index])              /*将本趟最小元素的下标赋给 index*/
                index=i;
        if (index!=k)                         /*如果本趟最小元素没有到位*/
        {   temp=pa[index];                   /*则通过交换使本趟最小元素到 k 下标处*/
            pa[index]=pa[k];
            pa[k]=temp;
        }
    }
}
/*  函数功能:    输出数组元素
    函数入口参数:
                 整型指针*pa，指向数组首地址
                 整型变量 n，数组的长度
    函数返回值:  无返回
*/
void Output(const int *pa,int n)
{
   int i;
   for (i=0;i<n;i++)                          /*用 for 语句控制输出 n 个初始元素*/
       printf("%5d",*(pa+i));
    printf("\n");
}
int main()
{   int a[10],n;                              /*定义数组，n 控制元素个数*/
    do                                        /*保证读入的 n 满足 1≤n≤10*/
    {   printf("Please input n(1<=n<=10):\n");
```

```
        scanf("%d",&n);
    }while (n<1||n>10);
    Input(a,n);                          /*调用函数，完成输入*/
    printf("The original array is:\n");
    Output(a,n);                         /*调用函数，输出原始数组*/
    sort(a,n);                           /*调用函数，完成排序*/
    printf("The sorted array is:\n");
    Output(a,n);                         /*调用函数，输出排序后的数组*/
    return 0;
}
```

运行此程序，屏幕上显示为：

```
Please input n(1<=n<=10):
```

用户从键盘输入为：4<回车>

屏幕上继续显示为：

```
Please input 4 elements:
```

用户从键盘输入为：

98 -45 34 73<回车>

程序输出结果为：

```
The original array is:
   98  -45   34   73
The sorted array is:
  -45   34   73   98
```

说明：

（1）本程序由 4 个函数组成，前 3 个函数的第一形式参数都是一个指针形参，对应实参是一维数组名，通过指针形参共享实参数组空间；

（2）Output 函数中的第 1 个形式参数前用 const，这是因为，在本函数中，不能通过指针形式参数修改数组元素的值，加了 const，从语法上保证了实参数组内容不能被修改；

（3）请体会选择法排序与冒泡法的区别，其他的排序方法读者可以仿照本例方法自行编程实现。

7.4.4　矩阵中的运算

二维数组是处理数学中矩阵问题的数据类型，矩阵中有多种运算：转置、求马鞍点、相加、加乘、查找特定元素等，本例给出了较为简单的求对角线元素和的实例。

该例展示了如何用一级指针形式参数与二维数组中的列指针实参对应，从而共享数组空间的内容。

例 7.14　计算二维方阵的对角线和，用函数实现。

分析：二维方阵可以用二维数组存储。要用函数对二维数组进行处理，就需要在函数之间传递这个数组。传递的方式可以用 6.3 节中的方法定义二维数组作形参，也可以定义指针作为形参。

源程序代码如下：

```
#include <stdio.h>
#define COL   3
#define ROW   3
/*   函数功能：     输出数组元素
     函数入口参数：
```

```
                整型指针*pa，指向数组首地址
    函数返回值：  无返回
*/
void Output(int *pa)
{
        int i;
        for(i=0;i<ROW*COL;i++)                  /*按列依次访问各个元素*/
        {   if ( !(i%COL) &&i )                 /*控制换行*/
                printf("\n");
            printf("%d\t",pa[i]);
        }
        printf("\n");
}
/*  函数功能：    计算数组对角线元素之和
    函数入口参数：
                整型指针*pa，指向数组首地址
    函数返回值：  返回元素之和
*/
int Sum(int *pa)
{       int i;
        int sum=0;
        for(i=0;i<ROW;i++)
            sum+=*(pa+i+i*COL);                 /*对角线元素进行累加*/
        return sum;
}

int main()
{   int a[ROW][COL]={{5,6,7},{10,11,12},{15,16,17}};
    Output(a[0]);                               /*调用时用列指针 a[0]初始化指针变量 pa*/
    printf("\nThe sum of diagonal is: %d\n",Sum(a[0]));
    return 0;
}
```

运行程序，输出结果为：

```
5       6       7
10      11      12
15      16      17
5       11      17

The sum of diagonal is: 33
```

说明：

（1）本例函数中用指针变量 pa 得到数组的起始地址，然后以列指针的方式访问二维数组的各个元素。但注意，函数调用时要用二维数组的列地址 a[0]给指针赋值，如果用行地址 a 赋值，实参和形参的基类型不一致。

（2）用列指针的方式在函数之间共享二维数组是可行的，但是在函数里对元素的操作会有些不便，比如本例中的对角元素，就无法用习惯的行列表示。在 7.5.3 节将介绍用行指针方式传递二维数组的方法，读者可以自行阅读。

*7.5 指针进阶

指针是C语言中最富特色的数据类型，概念较多，应用灵活多变。

7.5.1 const与指针的结合

一个指针变量可以操作两个存储单元的值，一是地址值，即指针变量自己的值，改变地址值，就可以改变指针的指向；二是指针变量指向的存储空间的值，也就是通过对指针进行间接访问得到的值。于是，定义指针时根据 const 的位置可以得到不同常量：常指针、指向常量的指针、指向常量的常指针，具体定义如下：

1. 常指针

定义形式：

基类型名 *const 指针名=地址值;

const 在指针名前面表示指针值在经过初始化之后将不允许修改，称之为常指针。

例如：

```
int a=10,b=20;
int *const p=&a;
```

定义了常指针 p，说明 p 只能用于读取而不能修改，因此定义时就必须初始化使其有确切的地址值，此后，只能修改*p 而不能修改 p 了，例如：

```
*p=20;              /*合法，等同于 a=20;*/
p=&b;               /*非法，试图改变 p 的值，指向另一个变量*/
```

2. 指向常量的指针

定义形式：

基类型名 const * 指针名;

或

const 基类型名 * 指针名;

const 修饰*指针名，表示指针指向的内容不允许通过指针修改，但是指针本身是变量，可以改变。例如：

```
int a=10,b=20;
int const * p;
p=&a;
```

定义了指向常量的指针 p，于是，*p 是不能修改的，而 p 可以。例如：

```
a=20;               /*合法，给变量 a 赋值*/
*p=20;              /*非法，不能用*p 的方式改变 a 的值*/
p=&b;               /*合法，改变 p 的值，指向另一个变量 b*/
```

特别说明：这种方式定义下，只是限定了不能通过指针修改它所指向空间中的内容，但是，就上例而言，p 指向了变量 a，由于 a 本身是变量，所以可以通过直接引用方式对 a 的值作出修改，如 a=100; 是正确的；但是在 p=&a; 之后，就不能执行*p=100; 操作了。

---

3. 指向常量的常指针

定义形式：

const 基类型名* const 指针名=地址值;

两个 const 分别表示指针以及指针指向的都是常量，定义时就必须初始化使指针具有确定地址值。程序运行过程中指针及指针所指向的内容都只能用于读取，而不能修改。例如：

```
int a=10,b=20;
const int * const p=&a;
```

定义了指向常量的常指针 p，p 和*p 都是不能修改的。例如：

```
a=20;                    /*合法，给变量 a 赋值*/
*p=20;                   /*非法，不能用*p 的方式改变 a 的值*/
p=&b;                    /*非法，不能改变 p 的值，指向另一个变量 b*/
```

const 和指针结合的 3 种形式中，以第 2 种，也就是指向常量的指针较为常用，特别是在函数中，对参数起到保护作用。例如：

```
void change(const int *p)
{…
    *p=20;               /*报错，因为 const 的限制，不能对 main 函数中的 a 进行修改*/
    printf("%d",*p); /*函数中能读取值*/
  …
}

void main()
{
    int a=10;
    …
    change(a);
    …
}
```

通常，在需要借助于指针共享实参数组空间，但是又不希望通过该指针修改实参数组元素的场合，会在指针形式参数前加入 const 定义为一个指向常量的指针来达到效果。例如，例 7.13 中有一个控制输出的函数 void Output(int *pa,int n)，该函数首部修改为 void Output(**const** int *pa ，int n)就更合理了，因为该函数中如果试图改变数组元素的值，程序将无法通过编译。相反，在不加 const 的情况下，通过 pa 指针修改数组元素的值至少在语法上是不可能报错的。

C 语言的标准库函数中有很多将指针类型的形参前加上 const 修饰，目的就是只运行函数读取该指针指向的内容而不运行修改其内容，保护数据的安全性。

读者需要掌握 const 与指针的结合方法，更好地服务于编程。

7.5.2 二级指针和指针数组

1. 二级指针

指针也是一个变量，相应的也有变量的地址和变量的值，如以下定义：

```
int x=10;
int *p=&x;
```

变量 x 和 p 的关系如图 7-2 所示，变量 p 的值为变量 x 的地址。但是变量 p 也是有地址、有存储空间的，如果需要一个变量保存指针变量 p 的地址，怎么办呢？这时我们可以定义一个**二级指针**变量存放指针变量的地址，即**指向指针的指针**。

二级指针定义形式如下：

类型标识符 **二级指针变量名;

类型标识符确定了二级指针指向的指针变量的基类型为**类型标识符 ***。

例 7.15　二级指针的定义和使用。

程序代码如下：

```
#include<stdio.h>
int main()
{
    int a=10;
    int *b=&a;
    int **c=&b;                                  /*定义二级指针 c*/
    printf("a and b:\n");
    printf("&a:%p\tb:%p\n",&a,b);
    printf("a:%d\t\t*b:%d\n",a,*b);
    printf("\nb and c:\n");
    printf("&b:%p\tc:%p\n",&b,c);
    printf("b:%p\t*c:%p\n",b,*c);
    printf("\na and c:\n");
    printf("a:%d\t**c:%d\n",a,**c);              /*间接访问得到变量值*/
     return 0;
}
```

运行程序，输出结果为：

```
a and b:
&a:0028FF18     b:0028FF18
a:10           *b:10

b and c:
&b:0028FF14     c:0028FF14
b:0028FF18     *c:0028FF18

a and c:
a:10   **c:10
```

说明：

变量 c 是一个指向指针变量的指针，即二级指针，c 中存放的是指针变量 b 的地址，即二级指针 c 指向指针变量 b。

变量 b 是指针变量，指向整型变量 a。

本例中 3 个变量 a、b、c 之间的关系如图 7-13 所示。

例题中也可以看出，变量 a 的访问有 3 种形式：

（1）直接访问，用变量名 a 实现；

（2）间接访问，用*b 实现；

（3）二级间接访问，用**c 实现。二级指针变量 c 的定义决定*c 能得到变量 b 的值也就是变量 a 的地址值，那么，再进行一次间接访问就可以得到变量 a 的值了。

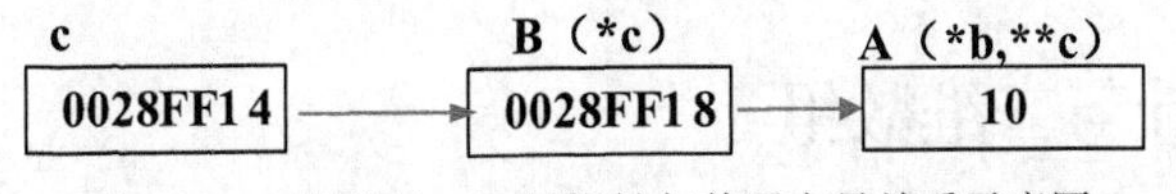

图 7-13　二级指针、一级指针与普通变量关系示意图

2. 指针数组

指针数组就是数组元素为一级指针变量的数组。定义形式为：

类型标识符 *指针变量名[整型常量表达式];

例如：

```
int  * a[5];
```

表示定义了一个长度为 5 的指针数组 a，数组元素都是基类型为 int 的指针变量。数组名 a 表示指针数组的起始地址，而数组元素又是指针变量，因此，数组名 a 实际就是一个二级指针常量。

例 7.16　用指针数组输出二维数组。

程序代码如下：

```
#include <stdio.h>
int main()
{   int a[3][4]={1,3,5,7,9,11,13,15,17,19,21,23};
    int i,j;
    int *p[3];                          /*定义长度为 3 的指针数组*/
    for(i=0;i<3;i++)
    {
      p[i]=a[i];                        /*为指针数组的每一个元素赋值*/
      for(j=0;j<4;j++)
        printf("%5d ",*(p[i]+j));
      printf("\n");
      }
      return 0;
}
```

运行程序，输出结果如下：

```
    1     3     5     7
    9    11    13    15
   17    19    21    23
```

说明：

指针数组和二维数组的关系如图 7-14 所示。定义指针数组后，数组的每个元素都是 int 型指针变量，而二维数组 a 可以看成由 a[0]、a[1]、a[2]组成，而 a[i](i=0,1,2)是 a[i][0]、a[i][1]、a[i][2]、a[i][3]这个数组的数组名，为 int 型指针，因此可以用 a[i]为 p[i]赋值，使得 p[i]分别指向二维数组每行的第一个元素，这样，*(p[i]+j)就可以依次访问到数组各个元素。

为 p[i]赋值，有以下几种等价的表达式：

```
p[i]=*(a+i);
p[i]=&a[i][0];
p[i]=a[i];
```

	p		a				
p[0]		—>	1	3	5	7	a[0]
p[1]		—>	9	11	13	15	a[1]
p[2]		—>	17	19	21	23	a[2]

图 7-14　指针数组 p 和二维数组 a 的关系

7.5.3　行指针与二维数组

二维数组中有两个不同类型的地址值：行地址和列地址，通过这两个地址都可以访问二维数组的各个元素。例如，例 7.15 中形参定义为指针变量，也就是列指针的形式。如果要在函数中传递行地址，就需要用到**行指针变量**了。

行指针变量的定义格式为：

类型标识指示符 （*指针变量名）[整型常量表达式]；

例如：

```
int (*p)[3];
```

定义了行指针变量 p，它指向的是长度为 3 的一维整型数组，其基类型是 int [3]，这样执行 p+1 时，指针移动 3*sizeof(int)字节。

如果用这样的指针指向列长度为 3 的二维数组，指针每加 1 就相当于移动 1 行，和二维数组的行地址，如数组名的行为是一致的。举例如下：

```
int (*p)[3];
int a[4][3]={{1,2,3},{4,5,6},{7,8,9},{10,11,12}};
p=a;                                        /*二维数组名赋值给行指针变量*/
```

这时，行指针变量 p 等价于二维数组数组名 a，有以下等价表达式：

```
p+i 等价于 a+i                              (i=0,1,2,3)
p[i]等价于 a[i]                             (i=0,1,2,3)
p[i][j]等价于 a[i][j]                       (i=0,1,2,3, j=0,1,2)
```

二维数组中元素的地址和值的访问形式如图 7-15 所示。

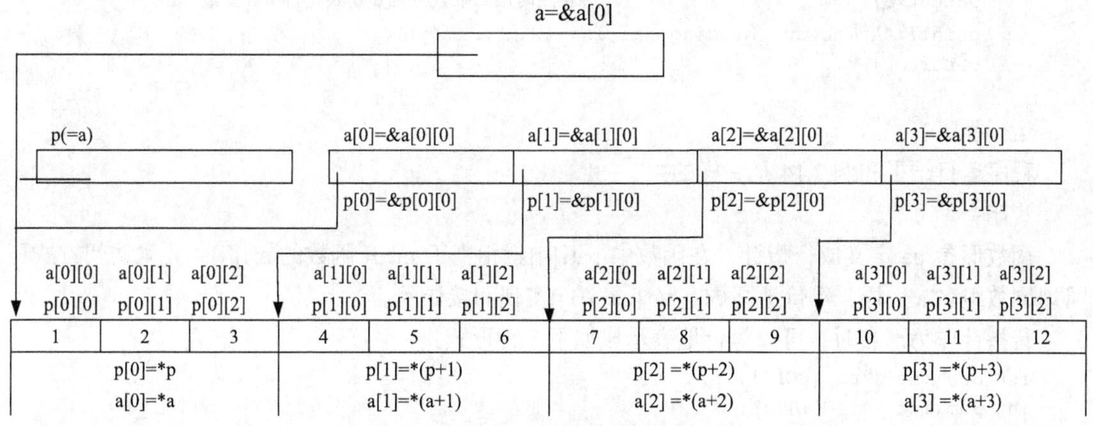

图 7-15　行指针变量与二维数组

例 7.17　修改例 7.14，用行指针实现二维数组的传递，求矩阵主对角线元素之和并输出。

程序代码如下：

```
#include<stdio.h>
#define COL   3
#define ROW  3
/*   函数功能:       输出数组元素
     函数入口参数:
                    行指针 pa，指向列长度为 COL 的二维数组
     函数返回值:     无返回
*/
void Output(int (*pa)[COL])
{
     int i,j;
     for(i=0;i<ROW;i++)
     {
```

```
        for(j=0;j<COL;j++)
          printf("%d\t",pa[i][j]);
      printf("\n");
    }
        printf("\n");
}
/*  函数功能:    计算二维数组对角线元素之和
    函数入口参数:
                 行指针pa，指向列长度为COL的二维数组
    函数返回值:  返回元素之和
*/
int Sum(int (*pa)[COL])
{
        int i;
        int sum=0;
        for(i=0;i<ROW;i++)
            sum+=pa[i][i];          /*对角线元素进行累加*/
        return sum;
}
int main()
{   int a[ROW][COL]={{5,6,7},{10,11,12},{15,16,17}};
    Output(a);                      /*调用时用二维数组名a初始化行指针变量pa*/
    printf("\nThe sum of diagonal is: %d\n",Sum(a));
    return 0;
}
```

运行程序：

程序运行结果和例7.14是一样的。

说明：

函数形参pa定义成行指针，在函数中pa[i][j]就相当于main函数的a[i][j]。元素访问方式还可以同数组名a一样，等价地写成：*(*(pa+i)+j)实现间接访问。

行指针作为形参时，可以等价地表示成如下3种形式：

```
int Sum(int (*pa)[COL]);
int Sum(int a[][COL]);
int Sum(int a[ROW][COL]);
```

后面两种写成数组形式，其本质还是行指针，在第6章的例题中采用的是数组表达形式。

比较例7.14和本例的实现方法，最大的差别在参数传递时，形参为列指针时，实参必须用a[i]这种形式的列地址，而形参为行指针时，实参是数组名 a。而且用行指针作为形参，在函数里就可以用我们习惯的pa[i][j]的形式访问数组元素，比较方便。

可见，与二维数组实参相对应的形式参数，用行指针变量比用列指针变量更加直观简洁。

7.5.4 指针与动态空间

程序运行前，系统为程序中定义的变量分配相应的空间以便在运行过程中实现数据的处理。通常，这些数据的取值范围、需要多少个变量都是能确定的。但是在实际应用中，会根据需要分配数量可变的内存空间，例如，管理的不是 10 个学生的成绩而是不同学生数量怎么办？又如例7.11中，定义数组时，长度必须是常量，因此为了不产生数组越界的错误，程序中限制了输入的大小，这显然也限制了程序的处理能力。

这类问题的一种解决办法就是定义数组时，将数组的长度定义得足够大，但是这样有可能浪费过多的存储空间。另一种解决方法就是根据实际需要动态地确定数组长度就可以避免空间的浪费。这就是本节的动态空间管理——根据实际需要，在运行过程中动态地申请空间。

1. **动态分配函数**

C 语言动态内存的分配和释放由函数实现。ANSI C 标准定义了 4 个相关函数：malloc()、calloc()、free()、realloc()。在程序中根据需要调用这些函数完成动态空间的分配和释放，使用时要包含头文件**<stdlib.h>**，各个函数的原型和作用如下：

（1）申请动态内存空间。

```
void* malloc(unsigned size);
void* calloc(unsigned numElements, unsigned sizeOfElements);
```

函数 malloc 按字节数 size 分配内存空间，只有一个参数，返回空间起始地址。calloc 有两个参数，按元素个数和元素大小分配内存空间，返回空间起始地址。

动态空间申请成功，则返回这一部分动态空间的起始地址，类型为 void*。如果动态分配没有成功，返回值为 NULL（指针 0 值），这时应终止程序。

例如，建立一个长度为 *n*（*n*>0）的一维整型数组，可以用以下两种方式之一。

方式 1：调用 malloc 函数申请空间。语句：

```
int* pa=(int*)malloc(n*sizeof(int));
```

如果申请成功，指针 pa 返回动态空间的首地址，pa 指向的数组空间中的 *n* 个元素值均为随机值，即 pa[0]到 pa[*n*-1]都是随机值。

方式 2：调用 calloc 函数申请空间。语句：

```
int* pa=(int*)calloc(n, sizeof(int));
```

如果申请成功，指针 pa 返回动态空间的首地址，pa 指向的数组空间中的 n 个元素值均自动初始化为 0。

（2）释放动态空间。

```
void free( void *p);
```

函数 free 的功能是释放 p 指向的动态空间，执行后，这部分空间相当于没有使用过，系统可以重新分配给其他变量或进程使用。

如前面通过 pa 申请的动态一维数组，可以用 free(pa);来释放动态内存空间。

动态空间的生命周期从执行动态分配函数 malloc 或 calloc 开始，到执行 free 函数结束。

（3）改变动态空间大小。

```
void *realloc(void *p, unsigned int newsize);
```

函数的功能是改变指针 p 指向空间的大小，变成 newsize 字节。返回的是新分配空间的首地址，和原来分配的首地址不一定相同。

该函数使用时应特别注意：**新的空间大小一定要大于原来的，否则会导致数据丢失！**

和动态空间分配相关的函数里都涉及了 void 类型指针，这种指针称为**通用指针（泛指针）**。它可以指向任意类型的数据，亦即可用任意数据类型的指针对 void 指针赋值。例如：

```
int a;
int * pi=&a;
void *pvoid;
pvoid = pi;
```

如果要将 pvoid 赋给其他类型指针，则需要强制类型转换（如 pi= (int *)pvoid;不能直接用赋值方式，即 pi= pvoid;是错误的）。

void 型指针常用于函数的形参或者返回值类型，使得函数具有更好的通用性。如动态空间分配函数返回的都是 void 类型指针，它可以用来指向任何类型的数据空间，使用时，用强制类型转换使之适用于实际的需要。

2. 动态一维数组的应用

动态空间申请后，系统会分配若干连续空间，这段连续空间就可以存放一维数组，实现动态一维数组。

例 7.18　用筛选法求 *n* 以内的所有质数（正整数 *n* 由键盘输入）。

分析：

在本书第 5 章中介绍了质数判断的算法，质数的判断还可以用筛选法实现。

筛选法的基本思想：建立一个长度为 *n*+1 的数组，将 1 至 *n* 与数组下标对应，作为挑选质数的对象。下标所“指向”的数组元素如果值为 0，表示该下标是质数，如果是 1，则不是质数。

具体步骤：

（1）定义一个长度为 *n*+1 的整型数组 *s*，数组 *s* 相当于“筛子”，所有元素初始值为 0。

（2）令 s[0]和 s[1]的值为 1，将 0 和 1 排除在质数之外。

（3）循环，下标 *i* 从 2 开始至 *n* 依次递增 1 进行筛选，只要某一个 *s*[*i*]的值为 0，则 *i* 一定是质数，这个 *i* 称为“筛眼”。将 *i* 的所有倍数下标所对应的数组元素值改为 1（因为这些数能被 *i* 整除，肯定不是质数），依次类推，直至循环结束。

图 7-16 表示了 *n* 等于 18 时的筛选过程。

（a）将 0 和 1 排除在质数之外

（b）2 为质数，2 的倍数不是质数

（c）3 为质数，3 的倍数不是质数

（d）元素值为零的全部质数

图 7-16　筛选法求质数

算法中，需要根据 *n* 的值动态确定数组的长度，用动态分配方法。

源程序代码如下：

```
#include <stdio.h>
#include <stdlib.h>
int main( )
{   int i,j,n;
    int *s;                                 /*定义指针 s 用来申请动态数组空间*/
    do
    {   printf("Please input n:\n");
        scanf("%d",&n);
```

```
    }while (n<=0);                          /*保证读入一个正整数n*/
    s=(int*)calloc(n+1,sizeof(int));        /*用s申请大小为n+1的动态一维数组空间*/
    if(s==NULL)                             /*如果申请失败*/
    {
        printf("allocation failure");       /*提示：动态分配失败*/
      exit(1);                              /*终止程序，控制权交给操作系统*/
    }
    s[0]=s[1]=1;                            /*0和1不是质数，元素值修改为1*/
    for(i=2;i<=n;i++)                       /*从2到n筛选*/
        if(s[i]==0)                         /*i是质数，s[i]为筛眼*/
            for(j=2*i;j<n+1;j=j+i)          /*所有s[i]的倍数都不是质数*/
                s[j]=1;                     /*元素s[i]为筛眼的倍数，值修改为1表示不是质数*/
    for (i=0;i<=n;i++)                      /*扫描所有的i*/
        if (!s[i])   printf("%5d",i);       /*等效于if(s[i]= =0)，如果i是质数则输出*/
   printf("\n");
    free(s);                                /*释放动态数组空间*/
    return 0;
}
```

运行程序，提示信息为：

```
Please input n:
```

用户从键盘输入为：18 <回车>

程序输出结果为：

```
    2   3   5   7  11  13  17
```

说明：

例中给出动态空间申请和使用的整个过程。**特别注意的是，和动态空间相关的函数原型中定义的指针类型都是void类型，在应用时要根据实际需求作强制类型转换。**

void型指针，只表示它是指针类型，指向一段存储空间，而这个指针的值是这段空间的起始地址。当指针参与程序操作，不论是存储还是运算，都和具体的数据类型有关，也就是指针的基类型有关，这是保证指针运算准确的前提，因此，需用强制类型转换使它成为某种具体类型的指针。本例中，要分配n个int类型空间以存放长度为n的一维整型数组，因此指针都强制转换成int类型，使得所有的访问形式和int类型一样。

另外，申请动态空间后，一定要判断是否申请成功，如果不成功，则要用一定的方式使程序结束，以免进行后续无效的操作。

思考题

例7.12十进制数转换成二进制数的程序中，为了保证数组不越界，限定了输入整数的大小，请修改程序，根据输入的大小，定义动态数组完成转换功能。

3. 动态二维数组的应用

要得到动态二维数组，需要首先用二级指针申请一维指针数组空间，指针数组的长度就是动态二维数组的行数；一维指针数组的每一个元素都是一个一级指针变量，因此，接着用这些一级指针变量分别申请动态一维数组空间，其元素个数就是动态二维数组的列数。申请ROW行COL列的动态二维数组的通用代码如下（type代表二维数组的元素类型）：

```
int i;
type **p;
```

```
p = (type **)malloc(ROW*sizeof(type *));
            /*动态分配指针数组的空间，长度为二维数组的行数*/
for (i = 0; i<ROW; ++i)
{
    p[i] = (type *)malloc(COL*sizeof(type));;
            /*动态分配一维数组空间，长度为二维数组的列数*/
}
```

其中，type 是要存储在动态空间中的数据类型，即二维数组的元素类型，ROW 和 COL 分别表示二维数组的行数和列数。这里 p 是一个二级指针指向一个包含 ROW 个元素的指针数组，并且每个元素指向一个有 COL 个元素的一维数组，这样就构建了一个 ROW 行 COL 列的动态二维数组。

例 7.19 通过二级指针变量 array 申请了 row 行 col 列的动态二维数组空间，二维数组的元素为 0~99 的随机数。最后以矩阵形式输出该动态二维数组。

程序代码如下：

```
#include<stdio.h>
#include<time.h>
#include<stdlib.h>
int main( )
{
int i,j,row,col;                                    /*定义行列数变量，从键盘输入更灵活*/
        int **array;                                /*定义二级指针变量，即指针的指针*/
        printf("Input row and col\n");
        scanf("%d%d",&row,&col);                    /*输入矩阵的行数和列数*/
        array=(int **)malloc(row*sizeof(int *));    /*申请一维指针数组，分量个数=行数*/
        for (i=0;i<row;i++)                         /*利用每一个一级指针元素再申请动态*/
            array[i]=(int *)malloc(col*sizeof(int)); /*一维数组空间，分量个数=列数*/
        srand(time(0));                             /*生成随机种子*/
        for (i=0;i<row;i++)
            for (j=0;j<col;j++)
                array[i][j]=rand( )%100;            /*调用随机函数为二维数组的元素赋值*/
        printf("Matrix is:\n");
    for (i=0;i<row;i++)                             /*以矩阵形式输出二维数组*/
        {
            for (j=0;j<col;j++)
                printf("%6d",array[i][j]);
            printf("\n");
        }
        for (i=0;i<row;i++)                         /*首先通过一维指针数组的每个指针元素*/
            free(array[i]);                         /*释放动态二维数组的空间*/
        free(array);                                /*再通过二级指针变量释放动态一维指针数组空间*/
        return 0;
}
```

运行程序，提示信息显示为：

```
Input row and col
```

用户从键盘输入为：

```
3<回车>
4<回车>
```

程序输出结果为：

```
Matrix is:
    61    52    69    84
     5     7    31    41
    30    98    19    33
```

说明：

该程序每次运行的结果都不一样，因为每次都会调用系统时钟产生随机种子。

图 7-17 是利用二级指针变量 array 申请动态二维数组空间的示意图。图中只有二级指针变量 array 所占的空间是编译时系统分配的，其余所有的空间均为程序运行时利用指针申请出来的动态空间，最后这些动态空间都通过 free 函数被释放掉。

注意

释放二维动态数组空间的顺序：先利用循环释放 array[i]所指向的动态一维数组空间，然后再用 free (array)释放掉 array 所申请到的一维指针数组空间。

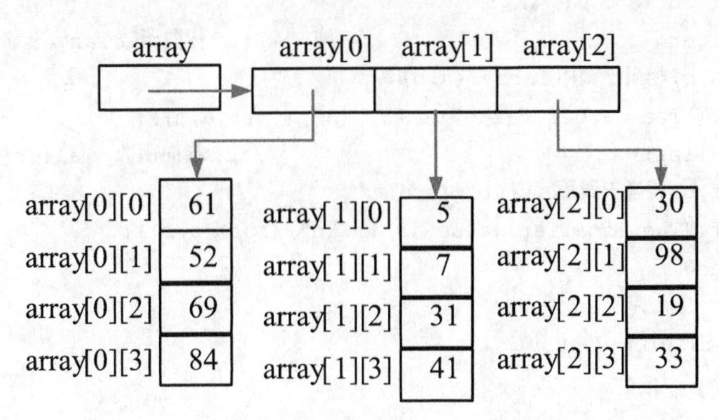

图 7-17　利用二级指针申请动态二维数组空间示意图

7.5.5　指向函数的指针

C 语言中规定，一个函数总是占用一段连续的内存区，而函数名就是该函数所占内存区的首地址（**入口地址**）。这样，和变量相似，我们也可以把函数的这个首地址赋值给一个指针变量，使该指针变量指向该函数，而后通过指针变量就可以找到并调用这个函数。这种指向函数的指针变量称为**函数指针**。定义的一般形式为：

类型说明符　(*指针变量名)(形参表);

其中：

（1）类型说明符表示被指函数的返回值类型。

（2）(*指针变量名) 表示“*”后面的变量是定义的函数指针变量，()表示这个指针是一个指向函数的指针。

（3）最后的括号里是形参表，形参表可以和普通函数一样有若干参数，也可以没有参数，仅表示为一个空括号。

例如：

```
int (*pf1)();  /*表示 pf1 是一个指向函数的指针变量，该函数的返回值是整型*/
int (*pf2)(int x);/*表示 pf2 是一个指向函数的指针变量，该函数的返回值是整型，且只有一个整型形参*/
```

pf1 和 pf2 都可以指向返回值为 int 类型的函数，区别在于形参的匹配要求。当有形参表时，只能指向形参表一致的函数，如 pf2 只能指向返回值为 int 且仅有一个 int 类型形参的函数。如果没有形参表，对指向的函数是否有形参或形参的个数等没有要求，但是返回类型一定要一致，也就是，pf1 可以指向任何一个返回值为 int 的函数。

例 7.20 使用函数指针调用函数。

程序代码如下：

```
#include <stdio.h>
int larger(int x, int y);
int smaller(int x, int y);
int main()
{
        int a, b;
        int (*pf)();                              /*定义无参数的函数指针*/
        printf("Enter two integer values:\n");
        scanf("%d %d", &a, &b);
        pf=larger;                             /*pf 指向函数 larger*/
        /*pf(a,b)相当于调用 larger(a,b)*/
        printf("The larger value is %d. \n",(*pf)(a,b));
        pf=smaller;                            /*pf 指向函数 smaller*/
        /*pf(a,b)相当于调用 smaller(a,b)*/
        printf("The lsmaller value is %d.\n",(*pf)(a,b));
        return 0;
    }
    int larger(int x, int y)
    {
        if (y > x)
            return y;
        return x;
    }
    int smaller(int x, int y)
    {
        if (y<x)
            return y;
        return x;
    }
```

运行此程序，屏幕上显示为：

```
Enter two integer values:
```

用户从键盘输入为：10　20<回车>

程序输出结果为：

```
The larger value is 20.
The lsmaller value is 10.
```

说明：

指向函数的指针定义后，并不固定指向哪一个函数，只是表示定义了这样一个指向函数的指针，可用于存放函数的入口地址。

给函数指针赋值时，只需给出函数名而不必给出参数，如例中的：pf=larger。

赋值就是把某个函数的入口地址给它，这时它就指向这个函数。pf=larger 执行后，pf 就指向 larger 函数。

用函数指针调用函数时，只要将函数名用(*pf)代替即可，实参和用函数名调用是一样的，如(*pa)(a,b)就表示 larger(a,b)，也可以用 pf(a,b)来调用函数。

程序中定义的 pf 函数指针没有参数，所以可以指向返回值为 int 的任何函数。如果在程序中增加定义 int (*pf1)(int);，并赋值 pf1=larger;，则会出错，因为 larger 函数有 2 个形参，而 pf1 只有 1 个形参，形参个数不匹配。如果要定义含有形参的函数指针指向 larger 函数或者 smaller 函数就需要定义，如下：

```
int (*pf2)(int,int);
```

注意

指向函数的指针变量用于指向一个函数，为一个函数的入口地址，所以它们作加减运算是无意义的。

7.6　本章常见错误及解决方案

在指针的定义和使用过程中，初学者易犯一些错误。表 7-5 中列出了与本章内容相关的一些程序错误，分析了其原因，并给出了错误现象及解决方案。

表 7-5　与指针相关的常见编程错误及解决方案

错误原因	示例	出错现象	解决方案
指针定义后没有初始化，造成对不确定空间的操作	int *p; scanf("%d",p);	系统告警：'p' is used uninitialized in this funcion	使指针指向能访问的空间，如定义 int a;，执行 p=&a；然后，再用 scanf 完成输入

赋值时指针类型不匹配	int a;
	int *p=&a;
	float *q=p;
		系统告警：initialization from incompatible type	赋值必须在类型一致（void 除外）的指针变量之间进行

指针变量作形参，实参非地址值	void f(int *p); { *p=100;} void main( ) {　int a; …　f(a);…}	系统告警：passing argument 1 of 'f'makes pointer from a incompatible pointer type. Expected 'int *' but argument is type ‘int'	根据提示，修改调用方式为 f(&a)

指针指向不确定空间	int a;
	int *p=&a;
	*p++;
		没有报警或错误提示，但是程序运行具有不确定性	对没有指向数组的指针进行算术运算没有任何意义

数组名是指针常量，不能改变	int a[10]; …a++;…	系统报错：lvalue required as an increment operand	增加同类型的指针变量指向数组，而后移动
指针变量作形参，实参不是匹配的类型	void f(int *pa) {…} void main() {　int a[2][2]; …f(a);…}	系统告警：passing argument 1 of 'f'makes pointer from incompatible pointer type. Expected 'int *' but argument is type 'int(*)[3] '	二维数组名 a 代表行地址，基类型是 int(*)[3]，而形参要求的是 int *。将行地址转换成列地址，将调用方式改成 f(a[0])

习 题

一、单选题

1. 如有定义 int a,*p=&a;，输入语句为 scanf("%d", _____);或者 scanf("%d", _____);，输出为 printf("%d", _____);或者 printf("%d", _____)。

A. &a,p,a,*p　　B. &a,&p,a,p

C. a&p,a,*p　　D. &a,p,a,p

2. 设 int　*p，x，a[5]={1，2，3，4，5};　p=a;，能使 x 的值为 2 的语句是（　　）。

A. x=a[2];　　B. x=*(p+2);

C. a++;　x=*a;　　D. x=*(a+1);

3. 下列对指针 p 的操作，正确的是（　　）。

A. int *p ; *p=2 ;　　B. int a[5]={ 1,2 ,3,4,5},*p=&a; *p=5 ;

C. int a,*p=&a;　　D. float a[5];　int *p= &a;

4. 若有说明：int a[ ]={15,12,-9，28,5，3 },*p=a;，则下列哪一种表达错误（　　）。

A. . *(a=a+3)　　B. *(p=p+3)　　C. p[p[4]]　　D. *(a+*(a+5))

5. 若有下列定义：int a[3],*p=a,*q[2]={a,&a[1]} ;，则（　　）不能正确表示&a[1]。

A. a+1　　B. q[1]　　C. ++p　　D. ++a

6. 设有下列语句，int n = 0，*p = &n，**q = &p;，则下面（　　）是正确的赋值语句。

A. p = 1;　　B. *p = 2;　　C. q = p;　　D. *q = 5;

7. 以下程序有错，错误原因是（　　）。

```
int main( )
{
  int *p,i;
  char *q,ch;
  p=&i;
  q=&ch;
  *p=40;
  *p=*q;
  ......
  return 0;
}
```

A. p 和 q 的类型不一致，不能执行*p=*q;

B. *p 中存放的是地址值，因此不能执行*p=40;

C. q 没有指向具体的存储单元，所以*q 没有意义

D. q 有指向，但是没有确定的值，因此执行*p=*q;没有任何意义

8. 若有定义 int a[2][3]，对元素 a[i][j]地址的不正确引用是（　　）。

A. a[i]+j　　B. *a+i*3+j

C. (a+i)+j　　D. *(a+i)+j

9. 有定义：int a[2][3],(*p)[3]; p=a;，对 a 中数组元素值的正确引用是（　　）。

A. *(p+2)　　B. *p[2]

C. p[1]+1　　D. *（*（p+1）+2）

10. 以下正确的叙述是（　　）。

A. C语言允许main函数带形参，且形参个数和形参名都可以由用户指定

B. C语言允许main函数带形参，且形参名只能从命令行中得到

C. 当main函数带形参时，传给形参的值只能从命令行中得到

D. 若有说明：main(int argc,char*argv)，则形参argc的值必须大于1

11. 若char a[7]={'p','r','o','g','r','a','m'};char *p=a;，表达式（　　）能得到字符'o'。

A. *p+2;　　　　B. *(p+2);

C. p+2;　　　　D. p++,*p;

12. 设有语句 int a[2][3]，下面哪一种表示不能表示元素a[i][j]（　　）。

A. *(a[i] + j)　　　　B. *(*(a+ i) + j)

C. *(a + i*3 + j)　　　　D. *(*a + i*3 + j)

二、读程序写结果

1. 写出程序的运行结果。

```
#include<stdio.h>
void sub(int x,int y,int *z)
{
   *z=y-x;
}

int main()
{
   int a,b,c;
   sub(10,5,&a);
   sub(7,a,&b);
   sub(a,b,&c);
   printf("%4d,%4d,%4d\n",a,b,c);
   return 0;
}
```

2. 写出程序的运行结果。

```
#include<stdio.h>
int main()
{
   int arr[4]={1,2,3,4};
   int b=10;
   int *p=arr;
   int i;
   p++;
   *p=100;
   printf("%d\n",*p);
   for (i=0;i<4;i++)
     printf("%5d",arr[i]);
   printf("\n");
   p=&b;
   printf("%d\n",*p);
   for (i=0;i<4;i++)
     printf("%5d",arr[i]);
   printf("\n");
   return 0;
}
```

3. 写出程序的运行结果。

```
#include <stdio.h>
void fun(int x,int *y)
{
     x+=*y;
     *y+=x;
}
int main( )
{
     int x=5,y=10;
     fun(x,&y);
     fun(y,&x);
     printf("x=%d,y=%d",x,y);
     return 0;
}
```

4. 写出程序的运行结果。

```
#include <stdio.h>
int fun(int (*s)[4],int n, int k)
{
    int m, i;
    m=s[0][k];
    for(i=1; i<n; i++)
       if(s[i][k]>m)
    m=s[i][k];
return m;
}
int main()
{
    int a[4][4]={{1,2,3,4},{11,12,13,14},{21,22,23,24},{31,32,33,34}};
    printf("%d\n", fun(a,4,0));
}
```

5. 写出程序的运行结果。

```
#include <stdio.h>
int main( )
{
     int arr[10]={2,3,-9,5,7,0,4,-1,6,-7},*p;
     int sum=0;
     for (p=&arr[3];p<arr+10;)
          sum+=*p++;
     printf("sum=%d\n",sum);
     return 0;
}
```

三、程序填空题

1. 编程实现从键盘上输入若干个整数，存入动态数组，然后统计其中负数的个数，并计算所有正数之和。

```
#include <stdio.h>
#include <stdlib.h>
int main()
{    int i=0,count,sum=0,num;
```

```
    int *p;
    printf("%Input the number:");
    scanf("%d",&num);
   ______①______ ;
     do
     {
          ______②______ ;
            i++  ;
     }while (i<num);

     for (i=0;  i<num  ;i++)
     {
          if (______③______)
               count++;
          else
               ______④______;
     }
     printf("negative number is:%d\n",count);
     printf("sum of positive is:%d\n",sum);
     delete p;
     return 0;
}
```

2. 求给出矩阵的主对角线之和并找出最大元素值。

```
#include <stdio.h>
int f(int a[3][3],int *max,int n)
{int i,j,s=0;
     *max=a[0][0];
     for (i=0;i<n;i++)
     {  s+=______①______;
        for ( j=0;______②______;j++ )
            if (______③______) *max=a[i][j];
     }
     return s;
}
int main( )
{
   int a[3][3]={1,-2,9,4,-8,6,7,0,5};
     int max,sum;
     sum= f (a, ______④______ );
     printf("sum=%d,max=%d\n",sum,max);
        return 0;
}
```

四、编程题

1. 编写函数判断 n 阶方阵是否对称，对称时返回 1，不对称时返回 0。主函数中定义矩阵并调用该函数进行判断（编程提示：函数的形参可以是行指针或列指针）。

2. 寻找矩阵中的马鞍点。一个矩阵中的元素，若在它所在的行中最小，且在它所在的列中最大，则称为马鞍点。求一个 $n*m$ 阶矩阵的马鞍点，如果不存在马鞍点则给出提示信息（编程提示：使用动态数组）。

3. 随机产生10个100以内的int类型数据，然后将这些数按输入顺序逆序输出，用函数实现。

4. 约瑟夫环问题：有 n 个人围城一圈。从第一个人开始报数（从1到 m 报数），凡报到 m 的人退出圈子，问最后留下的是原来的第几号的那个人？（编程提示：根据人数动态建立数组。假设每次从下标为 i 的元素开始数数，那么需要删除的是下标为 $(i+m-1)\%n$，直到 n 为1就是留下的那个人）

5. 有 n 个整数，现在将前面各数顺序向后移 m 个位置，最后 m 个数变成最前面 m 个数，并输出。（编程提示：定义函数，实现每次数组往后移动一个元素，最后一个放到数组前面，这样调用m次即实现数组后移m个数）

第8章 字符串

学习目标：

- 掌握字符串的定义和输入/输出方法
- 掌握用字符数组和字符指针处理字符串的方法
- 掌握字符串处理相关函数的使用

重点提示：

- 字符串特殊的存储和处理方式
- 字符串处理函数的定义和使用方法

难点提示：

- 理解字符数组、字符指针和字符串之间的关系
- 字符串处理技巧
- 带参数的 main 函数

8.1 字符串的定义与初始化

字符串是由 0 个或多个字符组成的序列，用于存储字母、数字、标点和其他符号组成的文本数据，如学号、姓名、书名等。

C 语言中没有特别设置字符串类型，而是利用字符数组或字符指针来处理字符串。灵活使用字符和字符串，在编程中是非常有用的。

字符串常量是用一对双引号括起来的若干字符，系统自动在其最后加上'\0'作为字符串的结束标志，如“Hello”。而 C 语言基本类型中的 char 类型，仅能存储一个字符，因此字符串就只能依赖于字符数组来存储了。

字符数组的定义格式与第 6 章其他类型的数组一样，例如如下定义：char ch[12]; ，表示定义了一个长度为 12 的字符数组，数组中的一个元素就是一个字符。

和其他类型的数组一样，字符数组可以有一维数组和多维数组，常用一维数组存放一个字符串，二维数组存放多个字符串。

1. 用字符型数组初始化

字符型数组定义后，可以进行赋值操作，例如：

```
char ch[12];
```

定义了长度为 12 的字符数组后，可执行：

```
ch[0]= 'H'; ch[1]= 'e'; ch[2]= 'l'; ch[3]= 'l'; ch[4]= 'o'; ch[5]= ' '; ch[6]= 'w';
ch[7]= 'o';
ch[8]= 'r'; ch[9]= 'l'; ch[10]= 'd'; ch[11]= '!';
```

对数组元素逐一进行引用，赋值后数组中的状态如图 8-1 所示。

ch[0]	ch[1]	ch[2]	ch[3]	ch[4]	ch[5]	ch[6]	ch[7]	ch[8]	ch[9]	ch[10]	ch[11]
H	e	l	l	o		w	o	r	l	d	!

图 8-1　字符数组 ch 存储示意图

用这种方式给数组中的元素逐一赋值还是比较麻烦的，可以采用前面学习数组时使用的初始化方式，使字符数组中每一个元素获得一个字符初始值，例如：

```
char ch[12]={ 'H', 'e', 'l','l', 'o', ' ', 'w', 'o', 'r','l', 'd', '!'};
```

可以达到同样的效果。

初始化时，如果元素个数小于数组的长度，则后面的元素自动初始化为空字符'\0'。例如：

```
char ch[12]={ 'H', 'i', ' ', 'w', 'o', 'r','l', 'd', '!'};
```

则该字符数组中的状态如图 8-2 所示。

ch[0]	ch[1]	ch[2]	ch[3]	ch[4]	ch[5]	ch[6]	ch[7]	ch[8]	ch[9]	ch[10]	ch[11]
H	i		w	o	r	l	d	!	\0	\0	\0

图 8-2　字符数组 ch 部分赋值存储示意图

字符数组同样存在越界的问题，如果元素个数大于数组的长度，例如：ch[10]={ 'H', 'e', 'l', 'l', 'o', ' ', 'w', 'o', 'r','l', 'd', '!'};则会按编译出错处理，出错信息为：error C2078: too many initializers。

对于全部元素给定初始值的情况下，也同样可以缺省数组的长度，这时，系统可以自动对字符计数，得到数组的长度，免去人工统计的麻烦。例如：

char ch[]={ 'H', 'e', 'l','l', 'o', ' ', 'w', 'o', 'r','l', 'd', '!'};

此时，默认字符数组 ch 的长度为 12 。

二维字符数组的定义和初始化也是同样的，例如：

char ch[][6]={{' ', ' ', ' ', '*', '*', '*'},{' ',' ', '*', '*', '*',' '},
　　　　　　{' ','*', '*', '*',' ',' '}, {'*', '*', '*',' ',' ',' '}};

这里省略了一维下标，默认第一维为 4，但是第二维不可省略，得到一个由“*”组成的平行四边形，如图 8-3 所示。

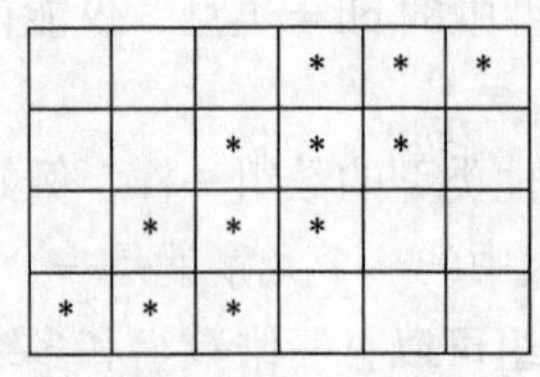

图 8-3　二维数组存储示意

2. 用字符串常量初始化

字符数组还可以用字符串常量来初始化，甚至省略花括号，定义如下：

```
char ch1[14]={"Programming!"};或 char ch1[14]="Programming!";
```

```
char ch2[]={"Programming!"};或 char ch2[]="Programming!";
```

字符串常量"Programming!"在内存中实际占用的空间是 13 个单元，因为末尾有结束标记符。这样上述定义中字符数组 ch1 占用的空间是 14 字节，最后还有一个'\0'，而字符数组 ch2 占用的空间是 13 字节。如图 8-4 可以看出两者的区别。

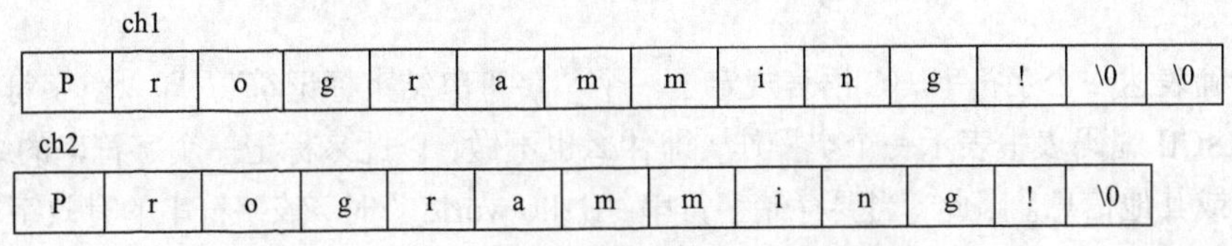

图 8-4 字符串初始化后数组存储示意图

二维字符数组的初始化也可以用字符串常量，例如：

```
char cColor[4][7]={"white","red","orange","pink"};
```

二维字符数组 cColor 中字符存储如图 8-5 所示， cColor 可用于存储 4 个长度最大为 7（包括'\0'在内）的字符串。

w	h	i	t	e	\0	
r	e	d	\0			
o	r	a	n	g	e	\0
p	i	n	k	\0		

图 8-5 二维字符数组存储示意图

3. 字符数组和字符串的差别

字符数组与字符串不是同一概念，只是在 C 语言中，用字符数组来处理字符串。

例 8.1 字符数组的输出。

```
#include<stdio.h>
int main()
{
    int i;
    char ch[12]={'H','e','l','l','o',' ','w','o','r','l','d','!'};
    for(i=0;i<12;i++)
        printf("%c",ch[i]);
    printf("\n");
    return 0;
}
```

运行程序，输出结果为：

```
Hello world!
```

（a）ch 中初始化为“Hello world! ”

名称	值
⊞ ch	0x0012ff70 "Hi world!"

（b）ch 中初始化为"Hi world!"

图 8-6 例 8.1 调试过程图

说明：

此例中看似用一个字符数组存放了一个字符串“Hello world!”。此时字符数组的长度等于字符串的长度，即字符串的有效字符个数。此时能不能安全使用该字符串呢？当通过单步跟踪调试程序时，在watch窗口中会看到如图8-6(a)所示的变量值，串尾出现了莫名其妙的字符，为什么呢？

为了准确表达一个字符串，C语言规定了一个“字符串结束标记符”，即以空字符'\0'来代表。因为'\0'在ASCII编码表中表示一个空操作，即什么也不做，以此来标记一个字符串的结束不会产生附加操作或其他信息。因此，当要存储字符串“Hello world!”时，该字符串的有效字符数为12，即字符串的长度为12，但是在实际存储时所占用的内存空间应该是13个字节。

如图8-2所示，同样的数组存放的是“Hi world!”，第10个字符元素中填充的是'\0'，即字符串结束标记符。如果将例8.1中的字符数组中存放的内容换为“Hi world!”。在进行单步跟踪就不会出现图8-6(a)的情况，而显示如图8-6(b)所示，没有乱码出现。

换句话说，在一个字符数组中，当遇到空字符'\0'时，就表示字符串结束，由它前面的字符组成字符串。

在实际使用中，通常关心的是实际字符串的长度，而不是存放字符串的数组的长度，在程序中还可以依靠检测空字符'\0'的位置来判定字符串是否结束。

编程提示：用字符型数组和字符串的方式初始化是有差别的。例如，char ch[]={"Hello world!"};与char ch[]={'H','e','l','l','o',' ','w','o','r','l','d','!'};不是等价的。前者在内存中占用13个字节，最后以'\0'结束，而后者只占用12字节。

思考题

如下程序：

```
1 #include<stdio.h>
2 int main()
3 {
4   int i;
5   char ch1[13]={'H','e','l','l','o',' ','w','o','r','l','d','!','\0'};
6   char ch2[12]={'P','r','o','g','r','a','m','m','i','n','g','!'};
7   for(i=0;i<14;i++)
8       printf("%c",ch1[i]);
9   for(i=0;i<12;i++)
10      printf("%c",ch2[i]);
11  return 0;
12 }
```

在行6处设置断点，观察该行运行前后数组ch2中存储内容的变化，并解释原因。

8.2 字符串的常用操作

字符串存储在字符数组中，数组的操作方法都适用于字符数组：可以用字符数组的下标或者指向字符串的字符指针访问和处理字符数组的各个元素。但是字符串有其自身的特殊性，下面分别予以叙述。

8.2.1 字符串的输入/输出

字符串的输入/输出主要有3种方式。

有如下字符数组的定义：

```
char str_a[10],str_b[10];
char i;
```

方法 1：用格式控制字符%c 逐字符输入/输出字符串中的字符，如例 8.1 采用的方法。

例如：

```
for (i=0;i<10;i++)
   scanf("%c",&str_a[i]);              /*要加取地址符表示读入字符数组的元素*/
for (i=0;i<10;i++)
   printf("%c",str_a[i]);              /*逐字符输出串中的每个字符，用格式控制字符%c*/
printf("%c" ,*str_a) ;                 /*str_a 表示首字符的地址，输出字符串中的首字符*/
```

如果不是刻意要使用字符数组，一般不建议使用这种方法，因为这样会比较麻烦且不直观，效率低。

方法 2：用格式控制字符%s 整体输入/输出字符串。

例如：

```
scanf("%s%s",str_a, str_b);
/*str_a, str_b 是数组名，代表字符串的首地址，前面不再加&符*/
printf("%s\t%s \n",str_a,str_b);       /*输出字符串*/
```

若输入：How are you?<回车>

则输出：How are

说明：

scanf 可以同时接收几个字符串，每个字符串对应一个格式控制符%s。

printf 可以同时输出几个字符串，但是输出字符串后不会自动换行，如果希望换行，需要输出转义字符\n。

用%s 的形式输入字符串时，字符串中不能出现空格符、回车和制表符（TAB），因为它们都是 scanf 默认的输入分隔符，如本例读入后相当于：char str_a[10]= "How"，str_b[10]="are"，所以才会输出 How are 而非 How are you?。

如需要输入带空格的串，就需要使用方法 3 来解决了。

方法 3：用系统提供的 gets 和 puts 函数完成字符串的输入/输出。

函数原型：

```
int puts(const char *ps);              /*在显示器上输出字符串 ps，串结束符被转换为换行符，成功输出字符串，并返回输出的字符数*/
char *gets(char *ps);                  /*从键盘输入一个字符串，按回车键结束*/
```

例如：

```
gets(str_a);                           /*str_a 表示字符串*/
puts(str_a);                           /*输出字符串*/
```

若输入：How are you?<回车>

则输出：How are you?

说明：

gets 和 puts 函数是 C 语言提供的标准函数，使用时要包含头文件 stdio.h。puts 函数遇到'\0'结束，并将'\0'转换为'\n'，也就是能自动进行换行的处理。而用 gets 函数读取字符串时，字符串连同换行符（即回车符）会依次读入指针变量 ps 指向的字符数组空间，并将换行符'\n'转为串结束符'\0'。

因为 gets 函数的返回值是串指针，所以可以有复合函数调用形式 puts(gets(s))。

参考 gets 和 puts 函数的原型和功能，自己编程实现字符串的输入/输出。

8.2.2 指向字符串的指针

字符串存放在字符数组中，而数组和指针关系紧密，特别在数组的各种处理中，指针更是提供了灵活多变的方法，如动态数组、数组在函数中的应用等。字符指针当然也可以用于字符串的处理。

首先来看看字符指针和字符数组以及字符串之间的关系。例如：

```
char *ps;
ps="Programming!"                                /*字符型指针变量，指向一个字符串*/
```

此时，字符串指针 ps 指向字符串常量“Programming!”——将串常量在内存中的首地址赋值给了指针变量 ps。这样，根据字符串的首地址即可找到整个字符串的内容，所以可以用字符串的首地址来引用一个字符串，这样的指针称为**串指针**。其存储如图 8-7 所示。

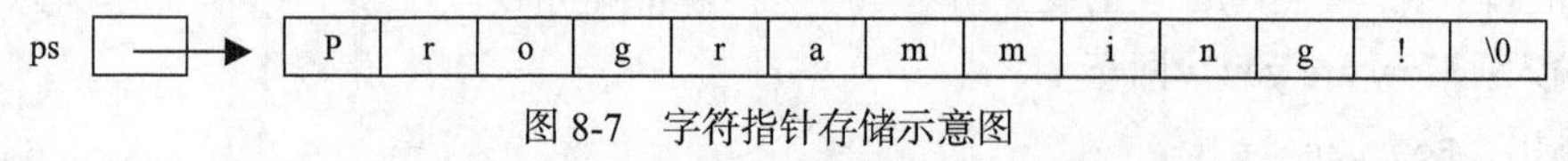

图 8-7　字符指针存储示意图

因为 ps 是指针变量，因此可以改变它的值，也就是改变它的指向，对上面的指针变量 ps 可以重新赋值如下：

```
ps="Hello world!"            /*字符型指针变量，指向另一个字符串*/
```

这样，ps 又指向“Hello world!”了。

字符数组名是指针常量，所以不能被赋值，下面的使用方式不正确。

```
char ch1[14]={"Hello world!"};
ch1="Programming!"         /*错误，因为 ch1 是字符数组名，是指针常量*/
```

字符指针可以指向字符串，除了用数组下标访问，还可以用指针实现对字符串的操作。

例 8.2　输入一行文字，统计其中字母、空格、数字以及其他的字符各有多少？

源程序代码如下：

```
#include <stdio.h>
int main()
{
    int  character=0,digit=0,space=0,other=0;    /*设置统计变量并初始化为 0*/
    char *p="Hello!",s[20];
    puts(p);
    p=s;                                          /*字符指针 p 指向字符数组 s*/
    printf("input string:\n");
    gets(p);                                      /*从键盘输入字符串放在 s 数组中*/
    while (*p!='\0')                              /*判断字符串是否结束*/
    {
        if ( ('A'<=*p && *p<='Z') || ('a'<=*p && *p<='z'))
                ++character;
```

```
            else if (*p==' ')
                        ++space;
        else if ((*p<='9')&&(*p>='0'))
                    ++digit;
            else
                        ++other;
            p++;                                        /*指针移动，指向字符串的下一个字符*/
    }
    printf("character:%d \nspace:%d\ndigit:%d\nother: %d\n",character,space,digit, other);
    return 0;
}
```

运行此程序，屏幕上显示为：

```
Hello!
input string:
用户从键盘输入为：我的学号是 B1010101<回车>
```

程序输出结果为：

```
character:1
space:1
digit:7
other: 10
```

说明：

（1）程序定义的字符指针 p，初始化指向字符串常量“Hello!”，而后通过赋值语句 p=s，改变指针变量的值指向字符数组 s，这样就可以用 p++，指针的移动访问到字符数组 s 的各个元素并加以操作。

（2）输入中有中文字符，因为一个中文字符占连续两个字节，相当于 2 个 char 类型的值，因此对 5 个中文字符统计出的其他字符数是 10 个。

（3）二维字符数组用于存放多个字符串，根据 7.3.2 指针和二维数组的关系我们知道，每一行就是一个字符串，可以用列指针对字符串进行整体的操作。

例 8.3　利用二维字符数组读入、输出多个字符串。

```
#include<stdio.h>
int main( )
{
   char  a[5][7];
   int i;
   for(i=0;i<5;i++)
      gets(a[i]);                                /*a[i]是指向字符串的指针*/
   for(i=0;i<5;i++)
      puts(a[i]);                                /*a[i]是指向字符串的指针*/
   return 0;
}
```

运行此程序，用户从键盘输入：

File <回车>Edit<回车>View<回车>Run<回车>Tools<回车>

屏幕输出为：

```
File
Edit
View
Run
Tools
```

说明：

如图 8-8 所示，二维数组 a 可以看成由 a[0]、a[1]、a[2]、a[3]、a[4]这 5 个指向一维字符数组的字符指针组成，因此可以用于字符串的读写。

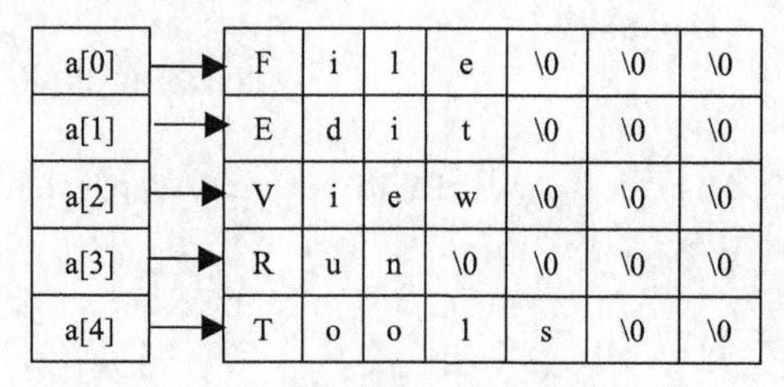

图 8-8　二维字符数组和指针的关系

这里还定义 char *pa[5]，即含有 5 个字符指针的数组，并赋值如下：

```
for(i=0;i<5;i++)
    pa[i]=a[i];
```

就可以用 pa 指向二维字符数组的各个元素。

*如果仅定义 char *pp;后就执行 gets(pp);是错误的，因为此时指针 pp 的指向是不确定的，也就是将读入的字符串存放在不确定的存储空间，这是必须避免的操作。*

8.2.3　字符串处理的常用函数

在编写程序时，经常会对字符和字符串进行操作，诸如字符的大小写转换，求字符串的长度，拷贝字符串等，都可以用字符函数和字符串函数来解决。C 语言标准库函数专门提供了一系列的处理函数。在编写过程中合理使用这些函数可以有效地提高编程效率，这些函数都包含在系统头文件 string.h 中。本节将对一些常用的字符串处理函数进行介绍。

1. 获取字符串长度

在使用字符串的时候，经常需动态获取字符串的长度，虽然可以通过循环来判断字符串中的结束符号'\0'来获得字符串的长度，但这样的方法相对麻烦。可以直接调用 strlen 函数来计算字符串的长度。该函数的原型如下：

```
unsigned int strlen(const char *str);
```

功能：计算字符串的有效字符个数的函数，串结束符不计算在内，函数返回值是串长度。

实现该函数源代码：

```
unsigned int strlen(const char *str)
{
    int i=0;
    while(str[i]) i++;      /*判断字符串结束标志，如果未结束，有效字符个数加 1*/
    return i;
}
```

说明：

字符串有效字符个数不包括最后的串结束标志'\0'，比实际的存储空间大小要小 1 字节。

2. 字符串复制

在字符串操作中，字符串复制是比较常见的操作，千万不要把字符串当成普通的变量用“=”把一个字符串赋值给另一字符串，一定要使用字符串赋值函数来完成此项任务。该函数的原型如下：

```
char* strcpy(char *destination,const char *source);
```

功能：字符串复制函数，将源字符串 **source** 复制到目标字符串 **destination** 中。返回值是目标字符串指针 **destination**。

实现该函数源代码如下：

```
char* strcpy(char *destination, const char *source)  /*注意两个指针形参的区别*/
{
        int i=0;
        while(source[i]!='\0')                  /*以被复制串的当前字符是否是串结尾标志为条件*/
        {
            destination[i]=source[i++];          /*复制对应下标的字符到目标串*/
        }
        destination[i]='\0';                     /*此句很重要，在目标串结尾加上串结尾标志*/
        return(destination);                     /*返回目标串首地址*/
}
```

说明：

注意两个形式参数的不同，形参 source 用 const 加以修饰，表示指向的是常量，即被复制的字符串在函数中是不能被修改的。

循环执行后，源串除了串结束标志'\0'外，其余字符都赋值给目标串相应元素，为了使目标串保持字符串的性质，需要添加语句 destination[i]='\0'; 为目标串加上结束标志。

两个字符串复制的过程如图 8-9 所示。

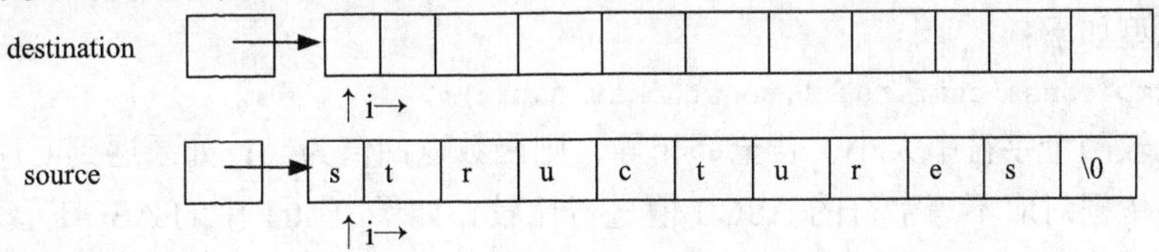

图 8-9 串复制 strcpy 示意图

在赋值前一定要确认 destination 指向的字符串存储空间满足 source 字符串的空间大小要求，避免数组越界情况的发生。

3. 字符串连接

字符串连接函数实际上就是完成两个字符串相加的效果，即一个字符串连接在另一字符串的末尾，构成一个新的字符串。该函数原型如下：

```
char* strcat(char * destination,const char * source);
```

功能：完成字符串连接，将源字符串 **source** 接到目标串 **destination** 的尾部，返回值是连接后的字符串 **destination** 指针。

使用该函数前应确认 destination 指向的空间要能容下衔接以后的整个字符串。

实现该函数源代码如下：

```
char* strcat(char *destination, const char *source)   /*注意两个指针形参的区别
{    int i=0;
     while(*(destination+i)!='\0')                  /*等效于 while(destination[i]!='\0')*/
           i++ ;                                    /*循环结束时，i 指向目标串结尾处*/
       while(*source!='\0')                         /*将第二个串的内容复制到第一个串 i 下标开始处*/
           *(destination+i++)=*source++;
       *(destination+i)='\0';                       /*在目标串最后加上结束标志*/
```

```
    return(destination);                /*返回目标串地址*/
}
```

说明：

(destination+i++)相当于：destination[i++]=(source++)；将 source 串中字符赋值给 destination 串中相应位置，然后各自指向下一个字符。具体过程如图 8-10 所示。

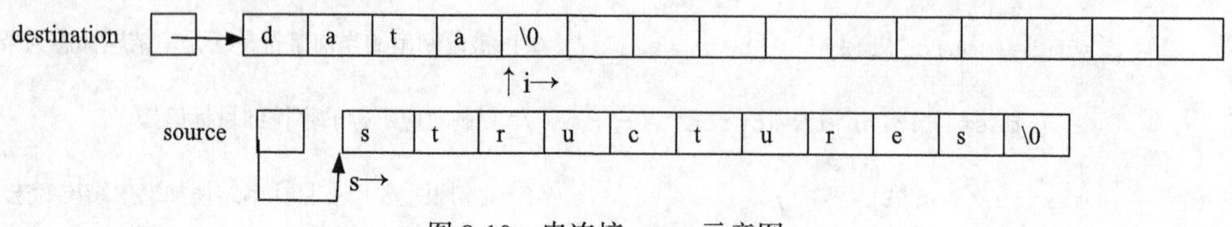

图 8-10　串连接 strcat 示意图

4. 字符串比较

字符串比较函数，比较字符串 str1 和 str2，返回一个整型数来确认 str1 小于（或等于或大于）str2。比较两个字符串的大小，实际上是逐个比较对应下标的字符大小，即比较两个字符对应的 ASCII 编码值大小，整个串的大小关系以串中第一对不相等的两个字符的大小决定整串的大小关系，其中，字符结尾标记'\0'（也就是 0）小于任何一个字符（1~255）。所以两个字符串相等，一定是串长相等且对应位置的字符一一对应相等。

该函数原型如下：

```
int strcmp(const char *str1,const char *str2);
```

功能：比较两个字符串大小，若全部相等，则函数返回值为 0；如果遇到对应的字符不等，则停止比较。依据对应不等字符的 ASCII 值进行比较，如果串 str1 中的 ASCII 值大于串 str 中的对应字符值，则返回 1；否则，返回-1。

实现该函数源代码如下：

```
int strcmp(const char *s1,const char *s2)   /*两个指针形参完全一样，不允许修改实参值*/
{   int i=0 ;
        while(s1[i]!='\0'&&s2[i]!='\0')     /*两个字符串都没有结束作为循环控制条件*/
        {
        if(s1[i]!=s2[i])                    /*比较对应下标的字符，如果不相等则结束循环*/
                break;
            i++;                            /*如果对应下标字符相等，则下标加 1，继续比较*/
        }
        if(s1[i]>s2[i])                     /*循环结束时，比较对应下标的字符*/
            return(1);                      /*如果第一个串对应字符大，则返回 1*/
        else if(s1[i]<s2[i])                /*如果第一个串对应字符小则返回-1*/
            return(-1);
        else
            return(0);                      /*相等返 0*/
}
```

注意

表达式 s1>s2 在语法上也是正确的，但是此时并不是用于比较两个字符串的大小，因为 s1 与 s2 在编译过程中解释为两个字符串的首地址，即 s1>s2 比较的是两个字符串起始地址的大小，没有实际意义。因此，比较字符串的大小一定要调用 strcmp 函数。

5. 字符串大小写转换

在编程中，通常会遇到大小写字母混合使用，当需要转换时，可以使用 strupr 函数和 strlwr

函数一次性完成，方便快捷。

① char* strupr(char *str);

功能：将字符串 str 中的小写字母改为大写字母，其余字符不变，返回修改后的字符串 str 指针。实现该函数源代码如下：

```
char* strupr(char *str)
{
   char *p = str;
   while (*p)
   {
     if(*p >= 'a' && *p <= 'z')
     *p -= 32;
     p++;
   }
   return str;
}
```

② char* strlwr(char *str);

功能：将字符串 str 中的大写字母改为小写字母，其余字符不变，返回修改后的字符串 str 指针。实现该函数源代码如下：

```
char* strlwr(char *str)
{
   char *p = str;
   while (*p)
   {
     if(*p >= 'A' && *p <= 'Z')
       *p + =32;
     p++;
   }
  return str;
}
```

6. **字符串处理函数应用举例**

下面通过示例进一步熟悉字符串处理函数的使用方法。

程序 8.4 字符串处理函数的应用举例。

```
#include<stdio.h>
#include<string.h>
int main( )
{
    char str[20]=" Programming";
    char cstr[20];
    char tmp[20];
    int i;

   printf("Input a string:\n");
   gets(cstr);
   if (strcmp(str,cstr)>0)                    /*字符串比较，小的字符串放在 cstr 中*/
   {
      strcpy(tmp,str);
      strcpy(str,cstr);
      strcpy(cstr,tmp);
   }
    strcat(cstr,"**");                       /*在 cstr 后加上字符** */
```

```
    i=strlen(cstr);
    if(i+strlen(str)<20)
    {
        strcat(cstr,str);          /*将 str 连接到 cstr 后*/
        puts(cstr);
    }
    else
        printf("Strcat can't be executed!\n");
    strupr(cstr);
    puts(cstr);
    return 0;
}
```

运行此程序，屏幕上显示为：

```
Input a string:
```

用户从键盘输入为：C<回车>

程序输出结果为：

```
C** Programming
C** PROGRAMMING
```

再次运行程序，屏幕上显示为：

```
Input a string:
```

用户从键盘输入为：Just do it<回车>

程序输出结果为：

```
Strcat can't be executed!
JUST DO IT**
```

说明：

字符串处理函数中，参数都是指向字符串的字符指针，指针操作时要时时注意指针的指向。另外，因为字符串都保存在字符数组中，要注意数组越界的问题。本程序在做字符连接操作时，对连接后的字符串长度做了相应的判断，这是必不可少的。

8.3 应用举例

本小节将介绍几个字符串处理的典型案例，例如：判断回文、查找单词在文本中出现的次数、密码问题、多个字符串排序等熟悉单个或多个字符串的各种操作。由于字符串可以通过字符数组或字符指针来控制，因此这类程序的代码写法多样，非常灵活，请读者注意体会。

8.3.1 回文的判断

所谓**回文**，就是去掉空格之后的字符串是中心对称的。

判断一个字符串是否是回文的算法思想如下：

（1）表示下标的变量 i 和 j 分别“指向”字符串的首尾元素。

（2）如果 i 小于 j，则重复步骤（3），否则执行步骤（4）。

（3）如果 i 指向的是空格符，则 i 值加 1，直到指向非空格符为止；如果 j 指向的是空格符，则 j 值减 1，直到指向非空格符为止。然后比较 i 和 j 指向的字符，如果不同，则返回 0，表明不对称；如果相同，则 i 值加 1，j 值减 1，然后返回步骤（2）。

（4）返回 1，表明字符串对称。

例 8.5　从键盘输入任意一个字符串，判断该字符串是否为回文。

根据以上算法思想，定义一个判断回文的函数，主函数中读入一个字符串，调用该函数，根据判断结果输出相应的提示信息。

程序源代码如下：

```
#include<stdio.h>
#include<string.h>
#define MAX 80
int Palindrome (const char *str);                    /*判断回文的函数原型*/
int main( )
{
    char str[MAX],ch;
    do                                               /*该循环用于控制是否需要多次判断串是否回文*/
    {
        printf("Input a string:\n");
        gets(str);
        if(Palindrome(str))                          /*调用函数判断是否为回文，输出不同的的结论*/
            printf("It is a palindrom.\n");
        else
             printf("It is not a palindrom.\n");
        printf("continue?(Y/N)\n");                  /*询问是否要继续判断回文*/
        ch=getchar( );                               /*输入一个字符，通常是'Y'或'N'*/
        getchar();                                   /*跳过刚刚输入的回车符*/
    }while (ch!='N'&&ch!='n');                       /*如果既不是N也不是n表示需要继续判断*/
     return 0;
}
/*   函数功能：判断字符串是否为回文
    函数入口参数：指向常量的字符指针，指向待判断的字符串
    函数返回值：整型，1表示是回文，0表示不是
*/
int Palindrome(const char *str)                      /*const用于保护实参*/
{
    int i=0,j=strlen(str)-1;                         /*对应于算法步骤（1）*/
    while(i<j)                                       /*对应于算法步骤（2）*/
    {
        while(str[i]==32)                            /*对应于算法步骤（3），32是空格字符的代码*/
            i++;
        while(str[j]==32)
            j--;
        if(str[j]==str[i])
        {    i++;   j--;
        }
        else  return(0);        /*对应字符不同，则返回0，表示不是回文*/
    }
    return(1);                  /*对应于算法步骤（4），循环停止，i>=j，所有的str[j]==str[i]*/
}
```

运行此程序，屏幕上显示的提示为：

```
Input a string:
```

用户从键盘输入为：asdsa<回车>

屏幕上显示的结果及提示为：

```
It is a palindrom.
continue?(Y/N)
```

用户从键盘输入为：y<回车>

屏幕上显示的提示为：

```
Input a string:
```

用户从键盘输入为：as dfd sa<回车>

屏幕上显示的结果及提示为：

```
It is a palindrom.
continue?(Y/N)
```

用户从键盘输入为：y<回车>

屏幕上显示的提示为：

```
Input a string:
```

用户从键盘输入为：abcde<回车>

屏幕上显示的结果及提示为：

```
It is not a palindrom.
continue?(Y/N)
```

用户从键盘输入为：

n<回车>

说明：

在程序中，利用下标 i，j 分别从字符串的首尾向中间移动，判断对应字符元素是否相等。其中，用 str[j]==32 判断字符元素是否为空格，还可以写成 str[j]==' '。

8.3.2 统计单词出现次数

在一段文字中，统计给定单词出现的次数是字符串中一种较为常见的操作，Word 软件中的“查找”功能与此类似，只不过“查找”功能是直接将光标定位到找到待查找的元素在正文中的位置。

例 8.6 找出给定单词在一段文字中出现的次数，假定原文中的任意分隔符均不会连续出现。

分析：

因为原文不会出现连续的分隔符，可以认为一旦出现分隔符就表示是前后两个单词的分界点，算法利用这点对原文进行分割，分离出一个个单词然后加以比较就可以了。

程序源代码如下：

```
#include<stdio.h>
#include<string.h>
/*  函数功能：查询一个句子中子串出现的次数
    函数入口参数：2 个指向常量的字符指针，分别指向句子和待查询的子串
    函数返回值：整型，表示子串出现的次数
*/
int search(const char *ps, const char *pf)
{
    int count=0,i=0;
    char dest[20];              /*存储句子中的一个单词*/
```

```
    while(*ps)                          /*判断字符串是否结束*/
    {
       i=0;
       while((*ps>='a'&&*ps<='z')||(*ps>='A'&&*ps<='Z'))
       {
          dest[i++]=*ps++;
       }                                /*这个循环用于分词，每个词存在数组 dest 中*/
       dest[i]='\0';                    /*单词结束后一定要加串结尾标记*/
       ps++;                            /*指向句子的下一个字符*/
       if(strcmp(dest,pf)==0)           /*比较是否是待统计的单词*/
          count++;
    }
    return count;
}

int main()
{
    char source[200];
    char key[15];
    puts("Input the source sentence:");
    gets(source);
    puts("Input the key word:");
    gets(key);
    printf("There are %d key words in this sentence.\n",search(source,key));
    return 0;
}
```

运行此程序，屏幕上显示为：

```
Input the source sentence:
```

用户从键盘输入为：

```
If you are a fan of cartoons,don't miss the Chinese film I am a Wolf.<回车>
```

屏幕上继续显示为：

```
Input the key word:
```

用户从键盘继续输入为：

a<回车>

程序输出结果为：

```
There are 2 key words in this sentence.
```

说明：

本例旨在熟悉字符串的输入和输出，并运用字符串比较函数来检查关键字，注意在查找过程中指针变量的变化。还要注意的是每读出一个单词，应该添加字符串结束符号。

8.3.3　密码问题

在实际开发中，经常会遇到要设置用户名及用户密码的问题。这是个基础而又实用的问题。

例 8.7　要求用户输入密码，以'#'作为结束标志。按一定规则进行解密后，若与预先设定的密码相同，则显示“pass”，否则发出警告。

分析：

密码的判断可以用函数完成。当然两个字符串的比较可以用 strcmp 函数，但是因为需要对密码进行解密的操作，为了能访问字符串的各个字符元素，可以用循环完成，比较时直接进行字符的比较。

主函数除了让用户输入密码，还应根据函数的返回值给出相应的输出。

程序源代码如下：

```
#include <stdio.h>
/*  函数功能：判断密码与预设密码是否一致
    函数入口参数：字符指针，指向用户输入的密码
    函数返回值：整型，表示密码正确与否，1 正确，0 错误
*/
int check(char *ps)
{
    char passwd[]="PLWRV";                      /*设定的密码*/
    int i=0;
    int flag=1;                                 /*设定标志位*/
    for ( ; *ps!='\0'&&flag ; ps++)             /*字符串结束标志的应用*/
{
        if (*ps>='a' && *ps<='z')
            *ps=*ps-32+2;                       /*解密规则*/
        if (*ps!=passwd[i])                     /*只要有一个字符不吻合，flag=0，终止循环*/
            flag=0;
        else
            i++;
    }
     return flag;
}
int main()
{
    char str[10];
    int i=0;
    printf("Input your password:\n");
    while( (str[i]=getchar() ) != '#')          /*逐字符读入，'#'作为结束标志*/
    {
        i++;
    }
    str[i]='\0';                                /*增加字符串结束标志*/
    if (check(str))
      printf("Pass!\n");
    else
        printf("Error!\n\a\a\a");               /*发出警报声*/
    return 0;
}
```

运行此程序，屏幕上显示为：

```
Input your password:
```

用户从键盘输入为：njupt #<回车>

程序输出结果为：

```
Pass!
```

再次运行程序，屏幕上显示为：

```
Input your password:
```

用户从键盘输入为：well#<回车>

程序输出结果为：

```
Error!
```

说明：

本例中，密码检验规则的实现在 check 函数中，如果规则有变，只需要修改函数，其他部分不用改动。check 函数中使用的字符串结束的判断方法，是常用的方法。

main 函数中，用循环实现对字符数组的逐个读入，当读入的字符为'#'，退出循环。当然也可以用 gets(str)实现字符串的整体输入。

思考题

例题中，程序运行时，输入的密码能显示出来，可以用“*”代替实际密码。编写程序，输入用户名和密码，当用户名正确时并判断密码是否正确，正确给出提示，如输入三次错误，程序退出（提示：用 getch 函数代替 getchar 函数输入单个字符，不在显示器回显输入内容）。

8.3.4 字符串的排序

打开一本英文词典，里面的单词按照英文字母顺序来排列，如果我们自己设计一个单词本，也希望以字母的顺序排列，以方便查询，这就涉及到多个字符串的排序问题。

多个字符串排序，前面介绍的冒泡排序、选择排序都可以用，只不过，参加排序的是字符串。而每一个字符串是用一维数组或一级指针来管理的，这样，就使得字符串的排序比一批整数的排序复杂，涉及到二维字符数组或一维字符指针数组来操作多个字符串。

本节给出了这两种存储结构下用选择法排序实现。

例 8.8 多个字符串的排序，将主函数中给定的多个字符串按由小到大的排序，输出排序后的结果。

分析：

本例实际要完成的是字符串排序。下面采用选择法实现排序，排序思想不再赘述。

方法一：用一维字符指针数组实现。

定义一维字符指针数组管理多个字符串，那么每一个串是用一个一级字符指针来指向首地址的。这时，待排序的字符串这样定义：

```
char *pstring[4]={"FORTRAN","PASCAL","BASIC","C"};
```

排序体现为指针所指向的位置进行交换。

源程序代码如下：

```
#include <stdio.h>
#include <string.h>
/*  函数功能：对多个字符串排序
    函数入口参数：字符指针数组，指向待排序的字符串
    函数返回值：无
*/
void sort(char *str[] , int n)
{
    char *temp;
    int  i, j , k;
    for (i=0;i<n-1;i++)
    {
        k=i;
        for (j=i+1;j<n;j++)
```

```
        if (strcmp(str[k],str[j])>0)       /*比较字符串大小*/
            k=j;                           /*得到指向本趟最小字符串的指针下标*/
        if (k!= i)                         /*改变指针指向，交换之后保证 str[i]指向本趟最小串*/
        {
            temp=str[i];                   /*交换指针的指向*/
            str[i]=str[k];
            str[k]=temp;
        }
    }
}
int main()
{  char *pstring[4]={"FORTRAN","PASCAL","BASIC","C"};
                                           /* 指针数组 string 包含 4 个字符串的首地址 */
   int  i , nNum=4;
   sort(pstring , nNum);
   for (i=0;i<nNum;i++)
      printf("%s\n" , pstring[i]);         /*string[i]表示指针数组中第 i 个字符串的首地址*/
      return 0;
}
```

运行程序，输出结果为：

```
BASIC
C
FORTRAN
PASCAL
```

说明：

本例中定义的是字符指针数组，数组的每个元素都是指针变量，在排序过程中，交换的是指针的指向，也就是指针变量的值，直接用赋值语句就可以完成。注意这里没有交换指针指向的空间即字符串的内容，排序前后，存储如图 8-11 所示。

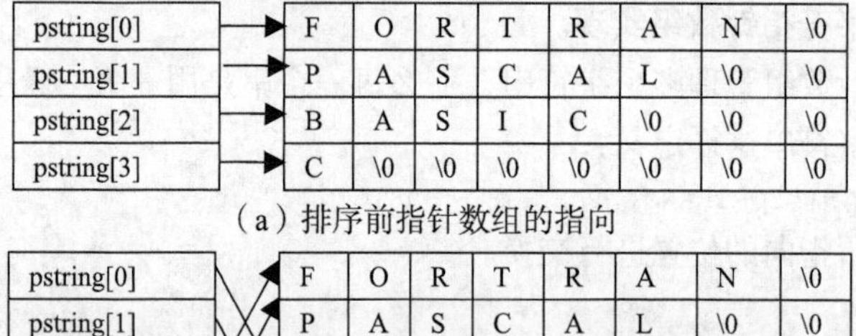

（a）排序前指针数组的指向

（b）排序后指针数组的指向

图 8-11　多个字符串排序存储示意图

方法二：用二维字符数组实现。

定义二维字符数组管理多个字符串，每一个串是用一个一维的字符数组来实现的。这时，待排序的字符串这样定义：

```
char string[][10]={"FORTRAN","PASCAL","BASIC","C"};
```

排序函数就要做相应的修改。

源程序代码如下：

```
#include <stdio.h>
```

```
#include <string.h>
/*  函数功能：对多个字符串排序
    函数入口参数：列长度为 10 的行指针，用来接受实参传递过来的二维字符数组
    函数返回值：无
*/
void sort(char (*str)[10] , int n)
{
    char temp[20];
    int  i, j , k;
    for (i=0;i<n-1;i++)
    {
        k=i;
        for (j=i+1;j<n;j++)
        if (strcmp(str[k],str[j])>0)          /*比较字符串大小*/
            k=j;                              /*得到本趟最小字符串的下标*/
        if (k!= i)                            /*交换字符串内容，保证本趟最小串到位*/
        {
            strcpy(temp,str[i]);
            strcpy(str[i],str[k]);
            strcpy(str[k],temp);
        }
    }
 }
int main()
{
    char string[][10]={"FORTRAN","PASCAL","BASIC","C"}; /* 二维字符数组存储 4 个字符串 */ /
    int  i , nNum=4;
    sort(string , nNum);
    for (i=0;i<nNum;i++)
        printf("%s\n" , string[i]);           /*string[i]表示二维字符数组中第 i 个字符串的首
地址*/
    return 0;
}
```

说明：

该方法中定义的是二维字符数组，数组名是指针常量，不可以改变其指向，但可以改变存储的内容。在排序过程中，用 strcpy 交换存储空间的内容，排序前后，存储如图 8-12 所示。对照以上两种方法，理解字符指针和字符数组的不同。

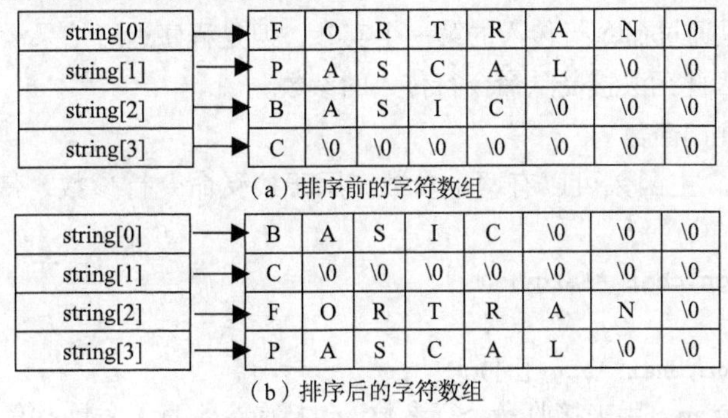

图 8-12　字符数组排序存储示意图

以上给出了两种存储方式下多个字符串的不同管理方式，在涉及到多个字符串处理的问题时，可以借鉴本例的两种存储结构。

8.4 带参数的 main 函数

前面我们定义的 main()函数都没有参数，但是实际上 main 函数是可以带参数的。C 程序启动时，首先执行的是 main()函数，由操作系统调用，为了将参数传递给 main 函数就需要在命令行环境下调用 main 函数。

首先，简单介绍一下命令行。

1. 命令行

假设有一个非常简单的 C 语言源程序：simple.c，代码如下：

```
#include <stdio.h>
int main( )
{
   printf("One world one dream!\n");
   return 0;
}
```

在 VC++中工程名也为 simple，经过编译、链接后生成 simple.exe 的可执行文件。有两种方式运行该文件：

（1）在编译环境中运行：这是通常采用的方法。即在 VC++环境下直接选择二级菜单项“运行”执行 simple.exe，得到输出。

（2）在命令行中运行：回到操作系统环境下，进入 simple.exe 所在的文件夹，然后在命令提示符下输入：

simple<回车>

同样可以执行 simple.exe 运行程序，这就是命令行，当然，这条命令中只有命令名，即 simple，而没有参数。

有些操作系统，如 UNIX、MS-DOS 允许用户在命令行中以带参的形式启动程序，程序按照一定的方式处理这些参数，这就是命令行参数。带有参数的命令行的形式如下：

命令名　实参 1　实参 2　…　实参 *n*

如对上述程序，在命令提示符下输入：

simple　world<回车>

那么，world 就是通过命令行传入的第一个实参，但是程序运行结果没有变化，因为该程序的主函数没有形参，因此无法接受从命令行传入的参数。

2. 带参数的 main( )函数

在 C 语言程序中，主函数可以有两个参数，用于接受命令行参数，带参数的 main 函数原型为：

```
int main(int argc,char **argv);
```

或者

```
int main(int argc,char *argv[ ]);
```

这里，第一个形参 argc 用来接收命令行参数（包括命令本身）个数；第二个形参 argv 用来接收以字符串常量形式存放的命令行参数（命令本身作为第一个实参传给 argv[0]）。

例如上面提到的调用：**simple　world<回车>**

这时，形参 argc 的值为 2，argv[0]的值为“simple”，argv[1]的值为“world”。

例 8.9　编写程序 complex.c，将所有的命令行参数（不包括命令本身）在屏幕的同一行输出。

```
#include <stdio.h>
int main(int argc,char **argv)
{
    int i;
    for (i=1;i<argc;i++)          /*下标 0 对应的是命令行字符串本身，根据题意不输出*/
        printf("%8s",argv[i]);
    printf("\n");
    return 0;
}
```

该程序经过编译、链接后生成了 complex.exe 文件，将它先复制到 E 盘根目录下，然后在 DOS 提示符后输入以下黑体字的命令行，则得到下面的输出。

```
E:\>complex One world one dream<回车>          /*这是输入的命令行*/
  One   world    one  dream                    /*这是输出结果*/
```

输入以上命令行后，main 函数的形参中的值如图 8-13 所示。

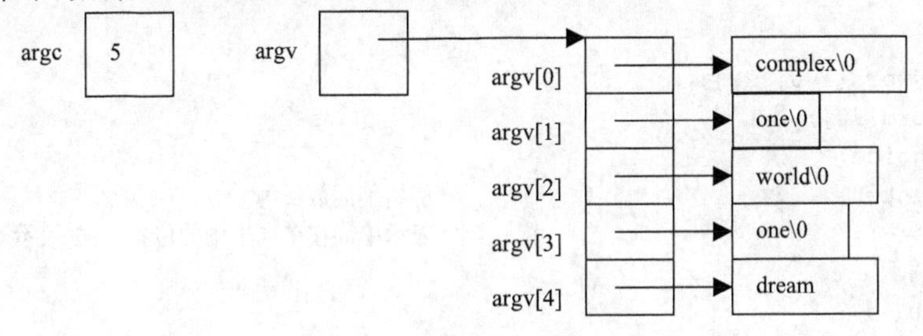

图 8-13　命令行参数示意图

特别提醒：使用命令行的程序不能在 VC++环境下直接执行，必须回到命令行状态，输入命令行才可以。

8.5　综合应用实例——单词本管理

实际应用中离不开字符串的操作，字符串的存储依赖于数组，第 6 章中数组的操作方法都可以用在字符数组中，而第 7 章用指针访问数组的方法也适用于字符数组。本章最后给出一个综合应用实例，进一步理解字符串的操作，掌握数组、指针在函数中的应用方法。

例 8.10　编写程序完成我的单词本的管理，包括在单词本中新增单词、删除单词、查找单词和显示所有单词的功能。

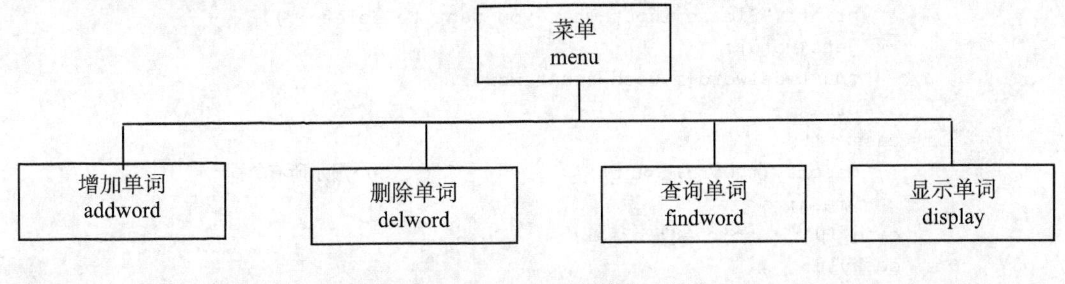

图 8-14　例 8.10 的功能模块示意图

分析：

本实例要求实现单词新增、删除、查找和显示 4 个功能，可以定义 4 个函数完成相应的功能。主函数中通过菜单设置调用不同的函数完成不同的功能，如图 8-14 所示。

多个单词存放在二维字符数组中，为了在函数之间共享单词，用指向数组的指针作为形参进行传址操作。

源程序代码如下：

```
#include<stdio.h>
#include <string.h>
#define SIZE 100                              /*最多可存储的单词数目*/
int addword(char p[][20],int n);
int findword(char p[][20],int n, char *f);
int delword(char p[][20],int n,char *f);
void display(char p[][20],int n);
void menu();
int main()
{
    char myword[100][20];
    char word[20];
    char choice;
    int count=0;                              /*初始单词数目为 0*/
    int pos=-1;                               /*表示单词在单词本中的位置，-1 表示不在单词本中*/
    do {
        menu();
        printf("Please input your choice: ");
        scanf("%c",&choice);
        getchar();                            /*去掉多余的回车字符*/
        switch(choice)
        {
            case '1':
                count=addword(myword,count);              /*输入单词，并返回当前单词数目*/
                break;
            case '2':
                printf("Please input what you are find:");
                gets(word);
                pos=findword(myword,count,word);          /*查找单词在单词本中的位置*/
                if (pos!=-1)
                    printf("It's the %d word\n",pos+1);
                else
                    printf("It's not in myword list!\n");
                break;
            case '3':
                printf("Please input what you want to delete:");
                gets(word);
                count=delword(myword,count,word);
                break;
            case '4':
                display(myword,count);                    /*显示所有单词*/
                break;
            case '0': choice=0; break;
            default:
                printf("Error input,please input your choice again!\n");
```

```
        }
    }while (choice);
    return 0;
}

/*  函数功能：菜单显示
    函数入口参数：无
    函数返回值：无
*/
void menu( )
{
      printf("                    -------- 1. 增加单词 --------\n");
      printf("                    -------- 2. 查询单词 --------\n");
      printf("                    -------- 3. 删除单词 --------\n");
      printf("                    -------- 4. 显示单词 --------\n");
      printf("                    -------- 0. 退    出 --------\n");
      return;
}
/*   函数功能：从键盘上输入单词并统计单词个数
     函数入口参数：两个形式参数分别是行指针变量和单词个数变量
     函数返回值：整型，读入的单词个数
*/
int addword(char p[][20],int n)
{
    int i,j;
    int pos=-1;
    char flag='y';                                  /*是否继续需要输入单词的标志*/
    char tmp[20];
    while (flag=='y'||flag=='Y')
   {
       if (n==SIZE)
      {
           printf("Word list is full\n");  /*单词表已满，不能再增加*/
           break;
      }
      else
      {
           printf("Input your word:");
           gets(tmp);
           pos=findword(p,n,tmp);              /*判断待增加的单词是否已经存在*/
           if (pos!=-1)
           {
                 printf("the word is  exit!\n");
                 break;
           }
           else
           {
                 if(n)                          /*如果单词本中已有单词,需要按字典顺序插入单词*/
                {
                      for (i=0;i<n&&strcmp(tmp,p[i])>0;i++);
                                                /*查找待插入的位置 i，循环停止时的 i 就是*/
                      for (j=n;j>i;j--)        /*用递减循环移位，使 i 下标元素可被覆盖*/
                           strcpy(p[j],p[j-1]);
```

```
                    strcpy(p[i],tmp);       /*数组的 i 下标元素值为插入新增单词*/
                    n++;
                }
                else                        /*插入第一个单词*/
                {
                    strcpy(p[0],tmp);
                    n=1;
                }
            }
            printf("Another word?(y/n):");
            scanf("%c",&flag);
            getchar();                      /*去掉多余的回车字符*/
        }
    }
    return n;
}
/*  函数功能：从多个单词里寻找某一个单词是否存在以及对应位置
    函数入口参数：3 个形式参数分别是行指针变量、单词个数变量、待查找单词的字符串
    函数返回值：整型，如果找到返回找到的单词的下标，如果找不到返回-1
*/
int findword(char p[][20],int n, char *f)
{
        int i;
        int pos=-1;
        for(i=0;i<n;i++)
        {
            if(!strcmp(p[i],f))             /*单词本中有待查字符*/
            {
                pos=i;
                break;
            }
        }
        return pos;
}
/*  函数功能：从多个单词的词库中删除某一个指定的单词
    函数入口参数：3 个形式参数分别是行指针变量、单词个数变量、待删除单词的字符串
    函数返回值：整型，返回删除之后的单词个数
*/
int delword(char p[][20],int n,char *f)
{
        int i;
        int pos=-1;
        pos=findword(p,n,f);                /*查找单词在单词本中的位置*/
        if (pos==-1)
            printf("It's not in myword list!\n");
        else
        {
            for(i=pos;i<n-1;i++)
            {
                strcpy(p[i],p[i+1]);
            }
            n=n-1;
        }
```

```
    return n;
}
void display(char p[][20],int n)
{
   int i;
   if (n)
   {
       for(i=0;i<n;i++)
       puts(p[i]);
   }
  else
      printf("There is no word in myword list!\n");
}
```

程序运行，得到菜单提示：

```
                    -------- 1. 增加单词 --------
                    -------- 2. 查询单词 --------
                    -------- 3. 删除单词 --------
                    -------- 4. 显示单词 --------
                    -------- 0. 退   出 --------
Please input your choice: 1 <回车>              / *首次运行增加单词*/
Input your word:good<回车>                      / *输入单词 good*/
Another word?(y/n):y<回车>                      /*选择继续输入*/
Input your word: bad<回车>                      / *输入单词 bad*/
Another word?(y/n):n<回车>
                    -------- 1. 增加单词 --------
                    -------- 2. 查询单词 --------
                    -------- 3. 删除单词 --------
                    -------- 4. 显示单词 --------
                    -------- 0. 退   出 --------
Please input your choice: 4 <回车>              /*选择显示所有单词的功能*/
Bad
good
                    -------- 1. 增加单词 --------
                    -------- 2. 查询单词 --------
                    -------- 3. 删除单词 --------
                    -------- 4. 显示单词 --------
                    -------- 0. 退   出 --------
Please input your choice: 2<回车>               /*选择查询功能*/
Please input what you are find:bad<回车>
It's the 1 word
                    -------- 1. 增加单词 --------
                    -------- 2. 查询单词 --------
                    -------- 3. 删除单词 --------
                    -------- 4. 显示单词 --------
                    -------- 0. 退   出 --------
Please input your choice: 1<回车>               /*选择增加单词功能，并按序插入*/
Input your word:great<回车>
```

```
Another word?(y/n):n<回车>
                              -------- 1. 增加单词 --------
                              -------- 2. 查询单词 --------
                              -------- 3. 删除单词 --------
                              -------- 4. 显示单词 --------
                              -------- 0. 退    出 --------
Please input your choice: 4 <回车>            /*再一次选择显示所有单词的功能*/
bad
good
great
                              -------- 1. 增加单词 --------
                              -------- 2. 查询单词 --------
                              -------- 3. 删除单词 --------
                              -------- 4. 显示单词 --------
                              -------- 0. 退    出 --------
Please input your choice:3 <回车>             /*选择删除单词的功能*/
Please input what you want to delete:good <回车>
                              -------- 1. 增加单词 --------
                              -------- 2. 查询单词 --------
                              -------- 3. 删除单词 --------
                              -------- 4. 显示单词 --------
                              -------- 0. 退    出 --------
Please input your choice: 4 <回车>            /*再一次选择显示所有单词的功能*/
bad
great
                              -------- 1. 增加单词 --------
                              -------- 2. 查询单词 --------
                              -------- 3. 删除单词 --------
                              -------- 4. 显示单词 --------
                              -------- 0. 退    出 --------
Please input your choice: 0<回车>             /*退出程序*/
```

说明：

该程序有多个功能模块，分别由相应的函数调用完成，main 函数主要作用就是进行各个函数的调用和组合。

这里面有一个需要保持一致的变量——单词本中单词的数量，因为只要进行增、删操作都要修改变量的值。

程序编写过程中要注意一些细节问题，例如：

（1）addword 函数首次添加一个单词作为数组的第一个元素，后面再增加单词时要注意检查拟增加的单词是否已存在，如果已存在则不加入，以避免重复。另外，增加单词后为保证原来的顺序性，首先要用循环确定插入的位置，注意字符串比较函数 strcmp 的运用。

（2）为保证程序的完备性，必须做相应的判断，如 addword 函数中对单词数量的判断，避免数组越界。又如，delword 函数中要判断需要删除的单词是否在单词本中，如果不在，则无法进行删除操作，要给出相应的提示。

（3）注意程序中多次用到 getchar()函数，这是为了减少多余字符的输入。因为程序运行过程中需要从键盘输入数据，如菜单的选项等，每次输入都会以回车符作为输入的结束，而字符输入函数如 gets()、scanf("%c")也会把回车当成正常的字符读入，这样可能无法得到需要的数据，因此每次输入后将这个不必要的回车符用 getchar();“吃掉”，免得对后续操作造成影响。

（4）本例中字符串的插入、查询、删除、遍历和第 6 章数组的操作方法是一样的，但要注意，字符串处理时必须用<string.h>中的字符处理函数，如 strcpy，strcmp 等函数。

为了保证程序的正确性，应该对程序各个分支所有可能性进行测试，但限于篇幅，本例仅给出程序运行的部分结果。

8.6　本章常见错误及解决方案

字符串在实际中有广泛的应用，可以用字符数组及字符指针进行操作，使用过程中经常会有些意想不到的错误。常见错误及解决方案如表 8-1 所示。

表 8-1　与字符串相关的常见编程错误及解决方案

错误原因	示例	出错现象	解决方案
数组越界	char a[]="abcd";	系统告警： warning: initializer-string for array of chars is too long	用缺省长度或正确计数
用单引号括起多个字符	char a[]='abcd';	系统报错： error: array initialization needs curly braces	字符串常量用双引号表示

用 scanf 读入带空格的字符串	char a[20];
	scanf("%s",a);
	puts(a);
		没有告警、没有错误，但输入 hello world 后，输出为 hello	scanf 读入时自动以空白符（空格、tab、回车）为分割符，输入 hello world 处理成两个字符串，应使用：gets(a)读入带空格的字符串

逐字符输入、输出字符数组时，没有判断字符串结束	char a[5]="123";
	int i;
	for(i=0;i<5;i++)
	    putchar(a[i]);
		没有告警、没有错误，输出乱码	在循环中以字符串结束标志'\0'来控制循环，修改如下：
			for(i=0;a[i]!='\0';i++)
			    putchar(a[i]);

数组不可以整体赋值	char a[]="abcd",b[5]; b=a;	系统报错： error: incompatible types when assigning to type 'char[6]' from type 'char *'	字符串处理用相应的处理函数，修改： strcpy(b,a);
数组不可以整体比较	char a[]="abcd",b[]="1234"; if(a>b)……	没有告警、没有错误，比较的是两个字符首字母的大小，而非字符串	字符串处理用相应的处理函数，修改：if(strcmp(a,b)>0)……

没有字符串结束标识	char a[]="abc",b[4];
	int i;
	for(i=0;a[i]!='\0';i++)
	{a[i]=b[i]}
	printf("%s",b);
		没有告警、没有错误，运行输出可能为乱码	循环后增加 b[i]='\0';

（续表）

错误原因	示例	出错现象	解决方案
用字符实参对应一个字符串形参	void char(a[]) {puts(a);} void main() {f('A');}	系统告警： warning: 'char *'differs in levels of indirection from 'const int'	将实参改成一个字符串常量或一维字符数组名
用字符串实参对应一个字符形参	void char(a) {putchar(a);} void main() {f("abc");}	系统告警： warning: 'char 'differs in levels of indirection from 'char[4] '	将实参改成一个字符常量或字符变量名

习　题

一、单选题

1. 下列程序段运行后，i 的正确结果为（　　）。

```
int i=0 ;
char *s="a\041#041\\b";
while( *s++ )   i++;
```

A. 5　　B. 8　　C. 11　　D. 12

2. 以下不能正确进行字符串初始化的语句是（　　）。

A. char str[]={"good!"};　　B. char *str="good!";

C. char str[5]="good!";　　D. char str[6]={ 'g', 'o', 'o', 'd', '!', '\0'};

3. 下面判断字符串 str1 是否大于字符串 str2，正确的表达式是（　　）。

A. if (str1>str2)　　B. if (strcmp (str1,str2))

C. if (strcmp (str1,str2)>0)　　D. if (strcmp (str2,str1)>0)

4. strlen("a\012b\xab\\bcd\n")的值为（　　）。

A. 9　　B. 10　　C. 11　　D. 13

5. 假设已定义 char a[10];　char *p; 下面的赋值语句中，正确的是（　　）。

A. p = a;　　B. a = "abcdef";

C. *p = "abcdef";　　D. p = *a;

6. 有说明:char ch[20] ,*str=ch ;　下列哪条语句不正确（　　）。

A. ch="teacher" ;　　B. str= "teacher" ;

C. strcpy(ch，"teacher") ;　　D. strcpy(str，"teacher") ;

7. 下面程序段的运行结果是（　　）。

```
#include<stdio.h>
int main()
{
    char s[]="123",t[]="abcd";
    if (*s>*t)
        printf("%s\n",s);
    else
        printf("%s\n",t);
    return 0;
}
```

A. 123　　　B. abcd　　　C. a　　　D. 程序有错

二、程序修改题

1. 下面给定的程序中，函数 Count 的功能是：分别统计从键盘读入的一个字符串中大写字母、小写字母以及数字字符的个数。

例如输入串：Liu's Mobile phone is:13813813818,OK!

则应输出结果：upper=4,lower=15,number=11

请改正程序中的错误，不得增行或减行，也不得更改程序的结构。

```
#include <stdio.h>
void Count(char *s,int a,int b,int c)                /*行 1*/
{
 while (*s)                                           /*行 2*/
 {
    if (*s>='A'&& *s<='Z')                            /*行 3*/
        a++;                                          /*行 4*/
    else if (*s>='a'&& *s<='z')                       /*行 5*/
           b++;                                       /*行 6*/
        else if (*s>='0'&& *s<='9')                   /*行 7*/
              c++;                                    /*行 8*/
             else  s++;                               /*行 9*/
 }
}
int main( )                                           /*行 10*/
{
 char s[100];                                         /*行 11*/
 int upper=0,lower=0,number=0;                        /*行 12*/
 scanf("%s",s);                                       /*行 13*/
 Count(s,&upper,&lower,&number);                      /*行 14*/
 printf("upper=%d,lower=%d,number=%d\n",upper,lower,number);   /*行 15*/
 return 0;                                            /*行 16*/
}
```

2. 下列程序要求输入两个字符串，比较大小，将较大串复制到第三个串中，然后对第三个串的每个字符间增加一个空格输出。修改要求：不增加或减少程序行，不增加变量的定义。先在有错的行下面划线，然后给出修改后的代码。

```
#include <stdio.h>
#include <string.h>
int main( )                                           /*行 1*/
{
 char str1[20],str2[20],str3[ ],c;                    /*行 2*/
 unsigned int i;                                      /*行 3*/
   printf("input the original two strings:\n");       /*行 4*/
 gets(str1) ;                                         /*行 5*/
 gets(str2 );                                         /*行 6*/
   if (str1>str2 )                                    /*行 7*/
      str3=str1;                                      /*行 8*/
 else  str3=str2;                                     /*行 9*/
```

```
    for (i=0;i<=strlen(str3); i++)                          /*行 10*/
  {
     c=*(str3+i);                                           /*行 11*/
     printf("%c",c);                                        /*行 12*/
        return 0;                                           /*行 13*/
  }
}
```

三、读程序写结果

1. 以下程序的输出结果是（　　）。

```
#include <stdio.h>
int main()
{
    char b[]="Hello,you! ";
    b[5]=0;
    printf("%s \n", b );
    return 0;
}
```

2. 以下程序的输出结果是（　　）。

```
#include<stdio.h>
int main()
{
    char s[]="12a021b230";
    int i;
    int v0,v1,v2,v3,vt;
    v0=v1=v2=v3=vt=0;
    for (i=0;s[i];i++)
    {
        switch(s[i]-'0')
        {
            case 0: v0++;
            case 1: v1++;
            case 2: v2++;
            case 3: v3++;break;
            default: vt++;
        }
    }
    printf("%3d%3d%3d%3d%3d\n",v0,v1,v2,v3,vt);
    return 0;
}
```

3. 以下程序输入“I Love”和“I DO NOT LOVE”的输出结果分别是（　　）。

```
#include<stdio.h>
#include<string.h>
int main()
{
    char str[20]="programming";
    char cstr[20];
    int i;
        gets(cstr);
```

```
    i=strlen(cstr);
    if(i+strlen(str)<20)
       strcat(cstr,str);
    else
          printf("strcat fail!\n");
    puts(cstr);
    strupr(cstr);
    puts(cstr);
    strlwr(cstr);
    puts(cstr);
    return 0;
}
```

4. 以下程序运行后，如果从键盘上输入以下字符串，程序的输出结果是（　　）。

C++<回车>

BASIC<回车>

QuickC<回车>

Ada<回车>

Pascal<回车>

```
#include <stdio.h>
#include <string.h>
int main( )
{
    int i;
    char str[10],temp[10];
    gets ( temp );
    for (i=0;i<4;i++)
    {
       gets(str);
       if(strcmp(temp,str)<0)
            strcpy (temp,str);
    }
    puts( temp);
    return 0;
}
```

5. 以下程序运行后输出（　　）。

```
#include <stdio.h>
int main()
{
    char str[2][6]={"sun","moon"};
    int i,j;
    int len[2];
    for(i=0;i<2;i++)
    {
       for(j=0;j<6;j++)
          if(str[i][j]=='\0')
          {
             len[i]=j;
             break;
          }
         printf("%d\n",len[i]);
```

```
    }
    return 0;
}
```

四、编程题

1. 编写程序，输入一个长整型数，将其转换为十六进制，以字符串形式输出。（提示：可以定义 char s[]="0123456789ABCDEF"以帮助输出十六进制字符）

2. 编写一个程序，从键盘中读入一串字符，用函数完成：将其中的小写字母转化为大写字母，要求采用指针。

3. 编程实现字符串的逆置。输出逆置前、后的字符串。

4. 输入一个字符串，过滤掉所有的非数字字符，得到由数字字符组成的字符串并输出。

5. 编程输入主串和子串，并输入插入位置，然后将子串插入到主串的指定位置。

第9章 编译预处理与多文件工程程序

学习目标：

- 掌握编译预处理的概念
- 掌握多文件工程程序的组织方式
- 掌握模块化程序设计的基本方法

重点提示：

- 文件包含、宏定义、条件编译等编译预处理命令的正确使用
- 外部变量与外部函数，静态全局变量与静态函数之间的区别

难点提示：

- 无参和带参宏定义的替换过程
- 多文件工程程序中模块的合理划分

9.1 编译预处理

前面1.2.3节介绍过，C语言的源程序编辑结束之后，在被编译之前，需进行预处理。所谓**编译预处理（Preprocessor）**就是编译器根据源程序中的编译预处理指令对源程序文本进行相应操作的过程。编译预处理的结果是得到一个删除了预处理指令仅包含C语言语句的新的源文件，该文件被正式编译成目标代码。编译预处理指令都以“#”开头，它不是C语言语句，结尾不带“;”号，例如：前面我们用到的#include 等就是编译预处理指令。C 语言的编译预处理指令主要包括三种：**文件包含（Including files）**、**宏定义（Macro Definition）**和**条件编译（Conditional Compilation）**。下面我们将具体介绍。

9.1.1 文件包含

我们知道，一个C语言源程序最前面的部分通常都是由文件包含指令组成的，而被包含的文件就称为**头文件（Header File）**。头文件是存储在磁盘上的外部文件，它主要的作用是保存程序的声明，包括：功能函数原型、数据类型的声明等。例如，我们最常用的标准输入、输出头文件stdio.h中给出了标准输入、输出函数（如scanf、printf等）的函数原型声明；头文件math.h中给出了标准数学函数（如sqrt、pow、fabs等）的函数原型声明。

文件包含指令的一般格式为：

```
#include <头文件名>
```

或

#include "头文件名"

文件包含指令的功能是：在编译预处理时，将所指定的头文件名所对应的头文件的内容包含到源程序中。因此，通过#include <stdio.h>指令，我们就可以在程序中使用函数 scanf、printf 等进行标准格式输入、输出；要调用标准数学函数，必须在程序开头添加#include <math.h>指令。

以上两种文件包含指令格式功能相同，但头文件查找方式上有所区别：

<头文件名>表示按标准方式查找头文件，即到编译系统指定的标准目录（一般为\include 目录）中查找该头文件，若没有找到就报错。这种格式多用于包含标准头文件。

"头文件名"表示首先到当前工作目录中查找头文件，若没找到，再到查找编译系统指定的标准目录中查找。这种格式多用于包含用户自定义的头文件。

需要指出的是，头文件 stdio.h、math.h、string.h 等是由编译系统给定的，称为标准头文件，在这些标准头文件中只给出了函数的原型声明，而函数真正的完整定义、实现代码是放在库文件.LIB 或动态链接库.DLL 文件中（出于对版权的保护，系统中提供函数的源码不对用户开放），当用户程序用到哪一个函数时，从.LIB 或.DLL 文件中找到相应定义与当前程序的目标文件进行链接而成为一个可执行文件。在 C 语言中，程序员也可以根据需要自己定义头文件，称为用户自定义头文件，头文件的文件扩展名一般为“.h”，用户自定义头文件中可以保存用户自定义的函数原型和数据对象声明等。对应的函数定义及实现代码用户将其定义在主文件名一致的“.c”文件中。这种编程方式在多文件工程程序中有广泛应用，具体例子在后面 9.2 节再详细介绍。

9.1.2 宏定义

宏定义将一个标识符定义为一个字符串。在编译预处理时，源程序中的该标识符均以指定的字符串来代替。因此，宏定义也称为宏替换。宏定义指令又分为**无参宏指令**和**带参宏指令**两种，下面具体介绍。

1. 无参宏指令

无参宏指令的一般格式为：

#define <标识符> <字符串>

在 C 程序中，无参宏定义通常用于数字、字符等符号的替换，可以提高程序的通用性和易读性，减少不一致和拼写错误。在本书 2.2.5 节中介绍的符号常量，就是无参宏定义的典型应用。下面我们再举一例。

例 9.1 无参宏指令应用示例。

```
#include<stdio.h>
#define PI 3.14159                        /*无参宏定义 1，符号常量*/
#define ISPOSITIVE >0                     /*无参宏定义 2*/
#define FORMAT     "Area=%f\n"            /*无参宏定义 3*/
#define ERRMSG  "Input error!\n"          /*无参宏定义 4*/
int main( )
{
    double r;
    scanf("%lf", &r);                     /*输入圆的半径*/
    if(r ISPOSITIVE)                      /*若 r>0 则输出圆的面积，否则报错*/
        printf(FORMAT, PI*r*r);
    else
```

```
    printf(ERRMSG);
    return 0;
}
```

运行此程序，

若用户从键盘输入为： 1<回车>

则输出结果为：

```
Area=3.141590
```

若用户从键盘输入为： -1<回车>

则输出结果为：

```
Input error!
```

说明：

（1）上例中，定义了 4 个无参宏，分别是标识符 PI、ISPOSITIVE、FORMAT 和 ERRMSG。通常宏定义中的标识符采用大写字母。在编译预处理时，编译器将源程序所有的宏定义标识符进行替换，即 PI 替换为“3.14159”，ISPOSITIVE 替换为“>0”，FORMAT 替换为“Area=%f\n”，ERRMSG 替换为“Input error!\n”。宏替换完成后，程序才正式进行编译、链接和运行。

（2）特别提醒，宏定义在处理时仅仅做符号替换，而不做任何类型或语法检查。所以上例中的 PI 只是一个符号，不是 double 型常量。实际上，在 C 语言建议使用 const 修饰符来定义只读变量（具体请参见 2.3.3 节）。

思考题

若在本例宏定义命令的后面都加上“;”号，程序是否还能正确编译？

2. 带参宏指令

带参宏指令的一般格式为：

#define <标识符> （<参数列表> ） <字符串>

在 C 程序中，带参宏定义通常用于简单的函数计算的替换。

例 9.2 带参宏指令应用示例。

```
#include<stdio.h>
#define SUB(a,b)  a-b               /*带参宏定义*/
int main()
{
    int a=3, b=2;
    int c;
    c=SUB(a,b);                     /*替换为：c=a-b; */
    printf("%d\n",c);
    c=SUB(3,1+2);                   /*替换为：c=3-1+2; */
    printf("%d\n",c);
    return 0;
}
```

运行此程序，输出结果为：

```
1
4
```

说明：

（1）与无参宏定义类似，带参宏定义中的参数传递也仅仅是一个符号替换过程，这与普通函数实参、形参之间的值传递机制有本质区别。上例中 c=SUB(3,1+2);将替换为 c=3-1+2;其计算结果为 4，而不是我们期望的 0。

（2）为了防止这样的错误，可以在宏定义时通过**给参数加“( )”**的方法来解决，即：#define SUB(a，b) (a)-(b)，则 c=SUB(3,1+2);替换为 c=(3)-(1+2);其结果为 0。

若上例增加语句 c=SUB(6，2*3);则运行后 c 的值为多少？

3. 取消宏定义指令

所有宏定义指令（无参和带参）所定义的宏标识符都可以被取消，用取消宏定义的指令完成该功能。

取消宏定义指令的一般格式为：

```
#undef  <标识符>
```

例如：#undef PI 表示取消标识符 PI 的宏定义。

9.1.3 条件编译

一般情况下，源程序中所有的行都参加编译。但是条件编译指令可以使得编译器按不同的条件去编译源程序不同的部分，产生不同的目标代码文件。也就是说，通过条件编译指令，某些源程序代码在满足一定条件下才被编译，否则将不被编译，可用于程序调试时。另外，在头文件中一般都通过使用条件编译避免重复包含的错误。

条件编译指令有两种常用格式。

1. 条件编译指令格式 1：

```
#ifdef  <标识符>
    <程序段 1>
[#else
    <程序段 2> ]
#endif
```

该条件编译指令的含义是：若**<标识符>**已被定义过，则编译**<程序段 1>**；否则，编译**<程序段 2>**。其中，方括号[ ]中的**#else** 部分的内容是可选的。

条件编译指令在多文件、跨平台的大型程序开发中有很重要的作用，感兴趣的读者可以自行查阅相关资料。这里，我们举一个简单而实用的例子：在程序调试过程中，我们往往希望程序输出一些中间结果，一旦程序调试完成，我们又希望将这些中间结果输出语句删除。利用条件编译指令可以很方便地实现这一要求。

例 9.3 条件编译指令应用示例。

```
#include<stdio.h>
#include<math.h>
#define DEBUG                                  /*宏定义指令*/
int main()
{
    double a, b, c;
    double s, area;
    scanf("%lf%lf%lf",&a, &b, &c);
#ifdef DEBUG                                   /*条件编译指令*/
    printf("DEBUG: a=%f, b=%f, c=%f\n",a,b,c);
#endif
    s=(a+b+c)/2;
#ifdef DEBUG                                   /*条件编译指令*/
     printf("DEBUG: s=%f\n",s);
```

```
#endif
    area=sqrt(s*(s-a)*(s-b)*(s-c));
    printf("Area=%f\n",area);
    return 0;
}
```

运行此程序，

若用户从键盘输入为： 3.0　4.0　5.0<回车>

则输出结果为：

```
DEBUG: a=3.000000, b=4.000000, c=5.000000
DEBUG: s=6.000000
Area=6.000000
```

说明：

（1）上例利用海伦公式计算三角形的面积，根据调试语句输出的中间结果，我们很容易看到程序的运行过程，发现程序中可能存在的错误。

（2）当调试完成后，只要删除 DEBUG 的宏定义指令，条件编译指令中的输出语句也就不再被编译了。最终的程序将只输出三角形面积的值。

2. 条件编译指令格式 2：

```
#ifndef  <标识符>
    <程序段 1>
[#else
    <程序段 2> ]
#endif
```

这与前面的 **#ifdef　<标识符>** 的判别正好相反，表示<标识符>是否未定义过。

该指令在多文件工程程序中可以用来防止头文件的重复包含，具体在 9.2 节介绍。

9.2　多文件工程程序

迄今为止，本书所介绍的程序实例都是单文件工程程序，即将程序代码全部放在一个源文件（扩展名为. c）中。**单文件工程程序**（**Project with a Single Source File**）适用于小型程序的开发。但是，随着程序功能越来越多，越来越复杂，将所有代码集中到一个源文件中显然不合适。因此，需要用多个文件共同完成程序。在**多文件工程程序**（**Project with Multiple Source Files**）中，程序代码按一定的分类原则被划分为若干个部分，也称为**模块**（**Module**），并分别存放在不同的源文件中。多文件工程程序体现了软件工程的基本思想，其主要优势如下。

（1）使程序结构更加清晰： 将不同的数据结构和功能函数模块放在不同的源文件中，便于程序代码的组织管理；同时，不同的模块可以单独拿出来供给其他程序再次使用，提高了软件的**可重用性**（**Reusability**）。

（2）便于程序的分工协作开发（**Cooperative Development**）：在软件工程中，大型程序的开发不是一个人能单独完成的，而是需要多人合作完成。多文件工程程序能很方便地将各个模块分配给多人进行分工协作开发，提高了软件的开发效率。

（3）便于程序的维护（**Maintenance**）：当程序修改或升级时，往往需要对其进行重新编译。单文件工程程序每次重新编译都是对整个程序进行的，费时费力；而多文件工程程序只需要对已修改的源文件进行编译即可，这样就节省了大量时间，提高了软件维护效率。

9.2.1 多文件工程程序的组织结构

多文件工程程序的**组织结构（Organization Structure）**比较灵活，采用不同的程序设计方法会产生不同的程序结构。但是，从模块化程序设计的基本规律出发，要使一个多文件工程程序具有良好的组织结构，我们必须遵循以下程序组织原则：

（1）将不同的功能和数据结构划分到不同的模块中。根据程序设计需求，将代码按功能及其数据结构进行分类，不同类型的程序代码放在不同的源文件（扩展名为.c）中。

（2）将函数的定义和使用相分离。函数是具有通用性，需要反复使用的程序，在使用之前做函数原型声明即可。将函数的定义从程序其他代码中分离出来，单独存放，有利于函数功能的重用。

（3）将函数的声明和实现相分离。也就是说，将函数的原型声明放在一个头文件中（扩展名为. h），将函数的具体实现放在另一个源文件中（扩展名为. c）。这样，当程序需要使用某函数时，只要将该函数的头文件用#include 命令包含进来就可以了，非常便捷。

下面我们举例说明。

例 9.4 设计一个多文件工程程序，其功能是计算圆和矩形的面积和周长。

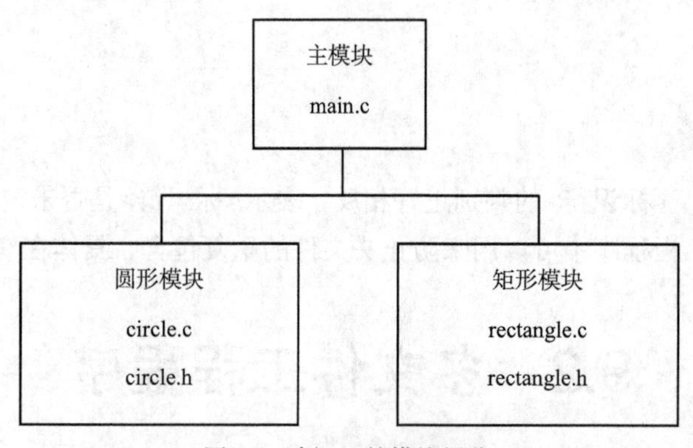

图 9-1 例 9.4 的模块划分

问题分析：根据多文件工程程序的组织原则，我们将程序“自顶向下”划分为 3 个模块，如图 9-1 所示。主模块（main.c）是程序的主要入口，负责参数输入、其他模块调用和结果输出等；圆形模块（circle.c）定义了计算圆形面积和周长的函数，相应的函数声明存放在头文件 circle.h 中；矩形模块（rectangle.c）定义了计算矩形面积和周长的函数，相应的函数声明存放在头文件 rectangle.h 中。所以本程序是一个由 5 个文件共同构成完整工程的程序，这样的工程组织结构清晰、易于理解，也便于今后对功能进行扩展和维护。

程序代码如下：

```
/* circle.h 文件的内容*/
#ifndef CIRCLE                              /*条件编译，防止重复包含头文件*/
#define CIRCLE
double circle_area(double r);               /*计算圆面积函数的原型*/
double circle_perimeter(double r);          /*计算圆周长函数的原型*/
#endif

/* circle.c 文件的内容*/
```

```
#include<stdio.h>
double const pi=3.14159;                                 /*定义只读变量pi*/
/*  函数功能：计算圆的面积
    函数入口参数：1 个形式参数表示圆的半径
    函数返回值：double 型，返回圆的面积
*/
double circle_area(double r)
{
    return  pi*r*r;
}
/*  函数功能：计算圆的周长
    函数入口参数：1 个形式参数表示圆的半径
    函数返回值：double 型，返回圆的周长
*/
double circle_perimeter(double r)
{
    return  2*pi*r;
}

/* rectangle.h 文件的内容*/
#ifndef RECTANGLE                                        /*条件编译，防止重复包含头文件*/
#define RECTANGLE
double rectangle_area(double w, double h);               /*计算矩形面积函数的原型*/
double rectangle_perimeter(double w, double h);          /*计算矩形周长函数的原型*/
#endif

/* rectangle.c 文件的内容*/
#include<stdio.h>
/*  函数功能：计算矩形的面积
    函数入口参数：2 个形式参数表示矩形的长和宽
    函数返回值：double 型，返回矩形的面积
*/
double rectangle_area(double w, double h)
{
    return  w*h;
}
/*  函数功能：计算矩形的周长
    函数入口参数：2 个形式参数表示矩形的长和宽
    函数返回值：double 型，返回矩形的周长
*/
double rectangle_perimeter(double w, double h)
{
    return  2*(w+h);
}
/* main.c 文件的内容*/
#include<stdio.h>
#include "circle.h"                                      /*包含圆模块的头文件*/
#include "rectangle.h"                                   /*包含矩形模块的头文件*/
int main()
```

```
{
    double r, w, h;
    printf("Input radius:\n");
    scanf("%lf", &r);                                              /*输入圆的半径*/
    printf("Circle area=%f\n", circle_area(r));                    /*输出圆的面积*/
    printf("Circle perimeter==%f\n", circle_perimeter(r));         /*输出圆的周长*/
    printf("Input width and height:\n");
    scanf("%lf%lf", &w, &h);                                       /*输入矩形的长和宽*/
    printf("Rectangle area=%f\n", rectangle_area(w,h));            /*输出矩形的面积*/
    printf("Rectangle perimeter==%f\n", rectangle_perimeter(w,h)); /*输出矩形的周长*/
    return 0;
}
```

运行此程序，屏幕上显示：

```
Input radius:
```

若用户从键盘输入为：1.0 <回车>

则输出结果及屏幕提示为：

```
Circle area=3.141590
Circle perimeter=6.283180
Input width and height:
```

若用户从键盘继续输入为：2.0 3.0 <回车>

则输出结果为：

```
Rectangle area=6.000000
Rectangle perimeter=10.000000
```

说明：

（1）上例中，main.c 中的头文件包含指令#include "circle.h"和#include "rectangle.h"使用了双引号，说明自定义的头文件和 main.c 通常都存放在相同的当前工作目录中。

（2）头文件 circle.h 和 rectangle.h 中都使用了条件编译指令#ifndef ... #define ...#endif，这保证了头文件中的内容在同一模块中只出现一次，从而防止了函数被重复声明的错误。

编译多文件工程程序时，必须将所有源文件（扩展名为.c）都添加到工程中，才能生成正确的可执行文件，因为.h 文件中只有函数的原型声明并没有具体的实现，具体实现是放在对应的.c 文件中的，所以必须将.c 文件一并放入工程。

本例中，在 main 函数中只是使用#include "circle.h"作了文件包含，当 main 函数中调用 circle_area 函数时，头文件中只有该函数的声明，如果不将 circle.c 文件放入工程中，将无法找到该函数的定义及实现部分，导致出错。

9.2.2 外部变量与外部函数

在多文件工程程序中，不同文件之间往往需要共享信息。那么，在一个文件中定义的变量或函数如何能被其他文件所使用呢？在 C 语言中，我们可以通过**外部变量（External Variable）**和**外部函数（External Function）**声明来实现这一目标，具体格式如下：

```
extern <变量名>;
extern <函数声明>;
```

其中，extern 为关键字；**<变量名>**所对应的变量必须是另一文件中定义的全局变量（定义在所有函数之外的变量）；<**函数声明**>是另一文件中定义函数的原型。外部函数声明前面的关键字 extern 可省略，但外部变量声明前的 extern 不可省略。无论是变量还是函数都只能定义一次，但可以在不同文件中多次使用 extern 进行外部声明。

例 9.5 外部变量与外部函数示例。

设有一个多文件工程程序，共有 3 个源文件，其中，源文件 A.c 中定义了全局变量 int x，源文件 B.c 定义了函数 fb()，源文件 C.c 中定义了函数 fc()。现在 A.c 希望调用函数 fb()和 fc()，则可以在 A.c 中添加这两个外部函数声明实现这一功能。另外，函数 fb()和 fc()都希望访问全局变量 x，同样的，在 B.c 和 C.c 中对 x 进行外部变量声明就可以了。

程序源代码如下：

```
/* A.c 文件的内容*/
#include<stdio.h>
extern void fb();                               /*外部函数声明*/
extern void fc();                               /*外部函数声明*/
int x=0;                                        /*全局变量定义*/
int main( )
{
    printf("x=%d\n",x);
    fb( );
    fc( );
    x++;
    printf("x=%d\n",x);
    return 0;
}

/* B.c 文件的内容*/
#include<stdio.h>
extern int x;                                   /*外部变量声明*/
void fb()
{
    x++;
    printf("fb() is called, x=%d\n",x);
}

/* C.c 文件的内容*/
#include<stdio.h>
extern int x;                                   /*外部变量声明*/
void fc()
{
    x++;
    printf("fc() is called, x=%d\n",x);
}
```

运行此程序，输出结果如下：

```
x=0
fb() is called, x=1
fc() is called, x=2
x=3
```

说明：从程序的运行结果可以看到，全局变量 x 在 3 个文件的 3 个函数中的变化是连续的。

事实上，x 在内存中只有一份拷贝，无论哪一个函数访问它，都是访问的同一个变量，x 在 A.c 文件中定义，要在 B.c 和 C.c 文件中访问，必须作外部变量声明。

思考题

若 B.c 文件中删除外部变量声明语句“extern int x;”程序是否还能正确编译？

9.2.3 静态全局变量与静态函数

在多文件工程程序中，有时需要限制所定义的变量或函数只能在本文件中使用，而其他文件却不能访问。使用**静态全局变量**（**Static Global Variable**）和**静态函数**（**Static Function**）声明就能实现这一功能，具体格式如下：

```
static <全局变量定义>;
static <函数定义>;
```

其中，static 为关键字。静态全局变量和静态函数必须在其定义时声明，static 不可省略，他们的使用范围仅限于本文件，具有文件作用域。

对于例 9.5，若在 A.c 中变量 x 的定义前加上关键字 static，改为 static int x=0; 则 x 就变成了静态全局变量，只能在 A.c 内被访问，文件 B.c 和 C.c 就无法访问了（无论是否进行外部变量声明 extern int x; ）。此时，程序编译就会出错。同样的，若在 B.c 和 C.c 中的函数 fb()和 fc()定义的前面加上 static，则 A.c 就无法调用它们了，程序编译也不能通过。

这个问题，请读者自己修改例 9.5 上机测试。

9.3 应用举例——多文件结构处理数组问题

本章最后，我们通过一个综合应用程序，进一步理解多文件工程程序的组织结构。

例 9.6 设计一个多文件工程程序，实现对一维数组的输入、输出、统计、查找等。

问题分析：该程序多文件组织结构如图 9-2 所示，整个工程由 7 个文件组成。其中，主模块（main.c）主要负责数组定义、用户接口、函数调用等功能；输入/输出模块（arrayio.c）主要负责数据的输入和输出；统计模块（statistic.c）主要负责统计数组的最大值和最小值；查询模块（search.c）主要负责数据的查找，相应的函数原型声明在对应的头文件中。

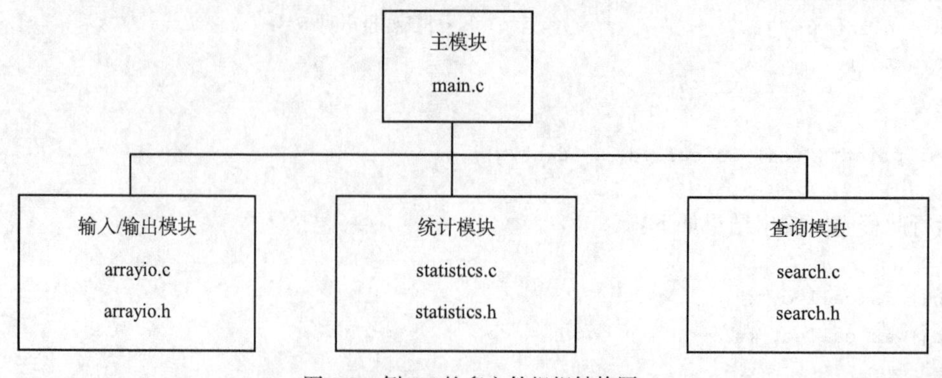

图 9-2 例 9.6 的多文件组织结构图

程序源代码如下：

```
/* arrayio.h 文件的内容 */
#ifndef ARRAYIO                                     /*条件编译防止重复包含头文件*/
#define ARRAYIO
void input(int a[]);                                /*数据输入函数的原型*/
void output(const int a[]);                         /*数据输出函数的原型*/
#endif

/* arrayio.c 文件的内容*/
#include<stdio.h>
extern int n;                                       /*外部变量声明*/
/*   函数功能：输入数组的元素
     函数入口参数：数组指针，用来接受实参数组的首地址
     函数返回值：无
*/
void input(int a[])
{
     int i;
     do {
        printf("Please input n (1<=n<=10)\n");
        scanf("%d", &n);
     } while(n<1 || n>10);
     printf("Please input %d elements\n",n);
     for(i=0;i<n;i++)
          scanf("%d", &a[i]);
}
/*   函数功能：输出所有元素
     函数入口参数：数组指针，用来接受实参数组的首地址，前面加 const 防止误修改
     函数返回值：无
*/
void output(const int a[])
{
     int i;
     if(n==0) {
          printf("There is no data in the arrary\n");
     }
     printf("The array is:\n");
     for(i=0;i<n;i++)
          printf("%d   ",a[i]);
     printf("\n");
}

/* statistic.h 文件的内容*/
#ifndef STATISTIC                                   /*条件编译防止重复包含头文件*/
#define STATISTIC
int find_max(const int a[]);                        /*求最大值函数的原型*/
int find_min(const int a[]);                        /*求最小值函数的原型*/
#endif
```

```
/* statistic.c 文件的内容 */
#include<stdio.h>
extern int n;                                        /*外部变量声明*/
/*  函数功能：从数组中寻找最大的元素
    函数入口参数：数组指针，用来接受实参数组的首地址，前面加 const 防止误修改
    函数返回值：int 型，找到的最大元素值
*/
int find_max(const int a[])
{
    int max,i;
    if(n==0) {
        printf("There is no data in the arrary\n");
        return -1;
    }
    max=a[0];
    for(i=1;i<n;i++)
        if(a[i]>max)
            max=a[i];
    return max;
}
/*  函数功能：从数组中寻找最小的元素
    函数入口参数：数组指针，用来接受实参数组的首地址，前面加 const 防止误修改
    函数返回值：int 型，找到的最小元素值
*/
int find_min(const int a[])
{
    int min,i;
    if(n==0) {
        printf("There is no data in the arrary\n");
        return -1;
    }
    min=a[0];
    for(i=1;i<n;i++)
        if(a[i]<min)
            min=a[i];
    return min;
}

/* search.h 文件的内容*/
#ifndef SEARCH                              /*条件编译防止重复包含头文件*/
#define SEARCH
int search(const int a[]);                  /*数据查询函数的原型*/
#endif

/* search.cpp 文件的内容 */
#include<stdio.h>
extern int n;                /*外部变量声明*/
/*  函数功能：从数组中寻找指定的元素是否存在及下标
    函数入口参数：数组指针，用来接受实参数组的首地址，前面加 const 防止误修改
    函数返回值：int 型，找到指定元素的下标值，如果找不到，返回 -1
*/
```

```
int search(const int a[])
{
    int x,i;
    if(n==0) {
        printf("There is no data in the arrary\n");
        return -1;
    }
    printf("Please input a data to search\n");
    scanf("%d", &x);
    for(i=0;i<n;i++)
        if(a[i]==x)
            break;
    if(i<n)
        return i;
    else
    {
        printf("Not find!\n");
        return -1;
    }
}
```

```
/* main.c 文件的内容*/
#include<stdio.h>
#include "arrayio.h"                         /*包含输入输出模块头文件*/
#include "statistic.h"                       /*包含统计模块头文件*/
#include "search.h"                          /*包含查询模块头文件*/
int n=0;                                     /*全局变量，数组当前的元素个数*/
static void menu();                          /*静态函数*/
int main()
{
    int a[10];
    int i;
    int max, min, index;
    do {
        menu();
        printf("Please input your choice: ");
        scanf("%d",&i);
        switch(i)
        {
            case 1: input(a);                /*输入数据*/
                break;
            case 2: output(a);               /*输出数据*/
                break;
            case 3: max=find_max(a);         /*求最大值*/
                printf("Max=%d\n",max);
                break;
            case 4: min=find_min(a);         /*求最小值*/
                printf("Min=%d\n",min);
                break;
            case 5: index=search(a);         /*查找数据*/
                printf("Index=%d\n",index);
                break;
```

```
            case 0: break;
            default:
                printf("Error input,please input your choice again!\n");
        }
    }while (i);
    return 0;
}
/*  函数功能: 显示菜单
    函数入口参数: 无
    函数返回值: 无
*/
void menu( )
{
    printf("-------- 1. 输入数据 --------\n");
    printf("-------- 2. 输出数据 --------\n");
    printf("-------- 3. 求最大值 --------\n");
    printf("-------- 4. 求最小值 --------\n");
    printf("-------- 5. 查找数据 --------\n");
    printf("-------- 0. 退    出 --------\n");
    return;
}
```

以下用加粗斜体表示的数据均为用户从键盘输入，其余为屏幕显示结果或提示。

运行此程序，则输出结果为:

```
-------- 1. 输入数据 --------
-------- 2. 输出数据 --------
-------- 3. 求最大值 --------
-------- 4. 求最小值 --------
-------- 5. 查找数据 --------
-------- 0. 退    出 --------
Please input your choice: 1 <回车>
Please input n (1<=n<=10)
5 <回车>
Please input 5 elements
12 31 9 26 43 <回车>
-------- 1. 输入数据 --------
-------- 2. 输出数据 --------
-------- 3. 求最大值 --------
-------- 4. 求最小值 --------
-------- 5. 查找数据 --------
-------- 0. 退    出 --------
Please input your choice: 2 <回车>
The array is:
12  31  9  26  43
-------- 1. 输入数据 --------
-------- 2. 输出数据 --------
```

```
-------- 3. 求最大值 --------
-------- 4. 求最小值 --------
-------- 5. 查找数据 --------
-------- 0. 退   出 --------
Please input your choice: 3 <回车>
max=43
-------- 1. 输入数据 --------
-------- 2. 输出数据 --------
-------- 3. 求最大值 --------
-------- 4. 求最小值 --------
-------- 5. 查找数据 --------
-------- 0. 退   出 --------
Please input your choice: 4 <回车>
min=9
-------- 1. 输入数据 --------
-------- 2. 输出数据 --------
-------- 3. 求最大值 --------
-------- 4. 求最小值 --------
-------- 5. 查找数据 --------
-------- 0. 退   出 --------
Please input your choice: 5 <回车>
Please input a data to search
9 <回车>
index=2
-------- 1. 输入数据 --------
-------- 2. 输出数据 --------
-------- 3. 求最大值 --------
-------- 4. 求最小值 --------
-------- 5. 查找数据 --------
-------- 0. 退   出 --------
Please input your choice: 5 <回车>
Please input a data to search
900 <回车>
Not find!
Index=-1
-------- 1. 输入数据 --------
-------- 2. 输出数据 --------
-------- 3. 求最大值 --------
-------- 4. 求最小值 --------
-------- 5. 查找数据 --------
-------- 0. 退   出 --------
Please input your choice: 0 <回车>
```

则整个程序结束运行。

说明：

（1）上例中，头文件 arrayio.h、search.h 和 statistic.h 中都用到了形如“#ifndef … #define … #endif”的条件编译命令，以防止重复包含头文件。

（2）在源文件 arrayio.c、search.c 和 statistic.c 中都进行了外部变量声明“extern int n;”，以使用源文件 main.c 中定义的表示数组当前元素个数的全局变量 n。

（3）在源文件 main.c 中通过包含头文件 arrayio.h、search.h 和 statistic.h，以实现对其他模块中定义的各种数组操作函数（如函数 input、output、search、find_max、find_min）的使用。

（4）在源文件 main.c 中还声明了一个静态函数“static void menu();”，说明 menu()函数只能在 main.c 中被访问，而不能其他文件模块调用。

（5）除了 input 函数，其余各函数中的数组形式参数 int a[ ]（实质上是 int *a）的前面都加了关键字 const 进行限制，使得形参 a 在被调用函数中只能用来访问数组的元素而不能修改数组的元素，这是为了保护对应实参数组的内容。但是 input 函数中的形式参数 int a[]之前就一定不能加 const，因为该函数的作用就是通过形参 a 来读入对应实参数组 a 的元素。

多文件工程程序体现了“自顶向下、逐步分解、分而治之”的**模块化程序设计**（**Modular Programming**）思想。对于一个复杂程序的开发，我们通常需要采用模块分解与功能抽象方法，自顶向下，有效地将一个较复杂的程序系统设计任务分解成许多易于控制和处理的子任务，从而便于开发和维护。建议读者在以后的编程实践中，自觉运用多文件工程来组织程序，掌握合理的程序模块划分方法，不断提高程序设计水平。

9.4 本章常见错误及解决方案

在编译预处理和多文件工程程序的使用过程中，初学者易犯一些错误。表 9-1 中列出了与本章内容相关的一些程序错误，分析了其原因，并给出了错误现象及解决方案。

表 9-1　　与编译预处理和多文件工程程序相关的常见编程错误及解决方案

错误原因	示例	出错现象	解决方案
定义无参宏时后面加分号	#define PI 3.14 ; double s，r=1.0 ; s=PI*r*r ;	系统报错：illegal indirection，'*' : operator has no effect 等语法错误	#define 是编译预处理命令，不是 C 语句，后面不要加分号
有参宏调用时，将参数替换过程误解成函数的参数传递	#define MUL(a，b) a*b printf("%d\n"，MUL(2，1+1));	系统无报错或告警，但是输出结果为 3，不是希望的 2*2=4	改为： #define MUL(a，b) (a)*(b)
在使用外部变量时，没有用 extern 声明	文件 A.c 中定义了外部变量 int x; 文件 B.c 中需要使用 x，但没有用 extern 声明	编译 B.c 时系统报错：'x' : undeclared identifier	改为： 在 B.c 前面增加语句： extern int x;
在使用外部变量时，重复定义该变量	文件 A.c 中定义了外部变量 int x=1; 文件 B.c 中需要使用 x，又重复定义 int x=2;	系统报错：one or more multiply defined symbols found	同一个外部变量只能定义一次，但可以用 extern 声明多次
对于 static 外部变量或函数，也希望用 extern 声明来访问	文件 A.c 中定义了静态外部变量 static int x=1; 文件 B.c 中用 extern int x=;声明来访问 x	系统报错：1 unresolved externals	static 外部变量或函数只能在本文件中被使用，其他文件无法访问

习　　题

一、单选题

1. C 语言编译系统对宏定义的处理（　　）。

   A. 和其他 C 语句同时进行　　B. 在对 C 程序语句正式编译之前处理

   C. 在程序执行时进行　　D. 在程序链接时处理

2. 以下对宏替换的叙述，不正确的是（　　）。

   A. 宏替换只是字符的替换

   B. 宏替换不占用运行时间

   C. 宏标识符无类型，其参数也无类型

   D. 宏替换时先求出实参表达式的值，然后代入形参运算求值

3. 以下不正确的叙述是（　　）。

   A. 一个#include 命令只能指定一个被包含头文件

   B. 头文件包含是可以嵌套的

   C. #include 命令可以指定多个被包含头文件

   D. 在#include 命令中，文件名可以用双引号或尖括号括起来

4. 下列关于外部变量的说法，正确的是（　　）。

   A. 外部变量是在函数外定义的变量，其作用域是整个程序

   B. 全局外部变量可以用于多个模块，但需用 extern 重新在各模块中再定义一次

   C. 全局外部变量可以用于多个模块，extern 只是声明而不是重新定义

   D. 静态外部变量只能作用于本模块，因此它没有什么实用价值

5. 下列关于多文件工程程序的组织原则中，不正确的是（　　）。

   A. 将函数的定义和使用相分离

   B. 将函数的声明和实现相分离

   C. 将不同的功能和数据结构划分到不同的模块中

   D. 多文件工程程序中模块的数量越多越好

6. 以下叙述中正确的是（　　）。

   A. 预处理命令行必须位于 C 源程序的起始位置

   B. 在 C 语言中，预处理命令行都是以“#”开头

   C. 每个 C 源程序文件必须包含预处理命令行：#include <stdio.h>

   D. C 语言的预处理不能实现宏定义和条件编译功能

7. 关于编译预处理，下列说法正确的是（　　）。

   A. 含有函数原型的头文件和函数的定义都可以出现在多个模块中

   B. 用户自定义头文件时使用条件编译指令可以避免重复包含

   C. 在#include<头文件名>格式中，编译预处理程序直接到当前目录查找头文件

   D. 在#include"头文件名"格式中，编译预处理程序最后到当前目录查找头文件

8. 宏定义#define G 9.8 中的宏名 G 表示（　　）。

   A. 一个单精度实数　　B. 一个双精度实数

C. 一个字符串　　　　　　　　　　　D. 不确定类型的数

9. 对于以下宏定义：

```
#define M  1+2
#define N  2*M+1
```

执行语句“x=N;”之后，x 的值是（　　）。

A. 3　　　　B. 5　　　　C. 7　　　　D. 9

10. 对于以下宏定义：

```
#define M(x)  x*x
#define N(x, y)  M(x)+M(y)
```

执行语句 z=N(2，2+3);后，z 的值是（　　）。

A. 29　　　　B. 30　　　　C. 15　　　　D. 语法错误

二、读程序写结果

1. 写出下面程序的运行结果。

```
#include<stdio.h>
#define X 5
#define Y X+1
#define Z Y*X/2
int main( )
{
    int a;
    a=Y;
    printf("%d, ", Z);
    printf("%d \n", --a);
    return 0;
}
```

2. 写出下面程序的运行结果。

```
#include<stdio.h>
int main( )
{
    int b=7;
    #define b 2
    #define f(x) b*x
    int y=3;
    printf("%d, ", f(y+1));
    #undef  b
    printf("%d, ", f(y+1));
    #define b 3
    printf("%d, ", f(y+1));
    return 0;
}
```

三、编程题

1. 定义一个带参数的宏 DAYS_FEB (year)，以计算给定年份 year 的二月共有几天。

2. 对于用户输入的一个正整数，设计程序实现以下功能：

（1）判断该数是否为正整数。若该数不是正整数，则显示错误并退出程序。

（2）判断该数是否为质数。若该数不是质数，则输出其所有质因子。

（3）判断该数是否是“完全数”，即该数所有的真因子（即除了自身以外的约数）的和，恰好等于它本身。

请用多文件工程实现上述程序。（请注意模块的合理划分）

第 10 章 结构、联合、枚举

学习目标：

- 掌握结构体类型的定义方法、结构体变量的定义和访问方式
- 了解联合类型的定义方法、联合变量的定义和访问方式
- 了解枚举类型的定义方法、枚举变量的定义和访问方式
- 理解单链表的基本操作，如建立、遍历、插入、删除等

重点提示：

- 结构体变量的定义及其所占用的存储空间大小
- 结构体变量成员的访问

难点提示：

- 单链表的建立及插入、删除操作

10.1 结构

编程时我们常常会发现，在描述或者表征某个对象时，使用单一类型或者单一数据并不能清楚地描述出这个对象，需要同时使用多种数据，才能全面、准确地刻画对象特征。例如，在软件中描述一个学生对象时，仅仅使用姓名（字符串类型）是远远不够的，还应包含学号（整型或字符串）、性别（字符型或整型）、成绩（实型、整型或字符型）等多方面的信息，又如“1004 Jean F 99”就表示一个学号为 1004，姓名为 Jean，性别为 F（女），考试成绩为 99 分的学生。对于这类数据，C 语言提供了结构体机制来进行描述。

10.1.1 结构的定义

结构体类型是一种构造类型。用户可以根据实际需要，把多种数据“整合”在一起，构造出一种新的数据类型。

1. 结构体类型的定义

结构体类型定义的格式如下：

```
struct 结构类型名
{
    类型1     成员1;
    类型2     成员2;
```

```
    ……
    类型 n    成员 n;
};
```

其中，“struct”是定义结构体的关键字，“结构类型名”是用户给新类型命名的名称。在结构体类型定义中，大括号里包含的若干个变量，称为结构体类型的成员。每一个成员分别是用户用以描述对象的一个属性，各成员的类型任意，可以相同，也可以不同。

结构体类型的定义必须以分号结束，该分号不能省略。该定义结束后，“**struct 结构类型名**”就作为了一种新类型名。

2. 结构体类型定义举例

下面通过两个例子说明结构体类型的定义。

例 10.1 日期类型的定义。

一个日期由年、月、日组成，因此可定义一个日期类型，代码如下：

```
struct Date
{
    int year;      /*年*/
    int month;    /*月*/
    int day;      /*日*/
};
```

本例中，struct Date 即是一个新创建的结构体类型，它包含了 3 个同类型的成员：year、month、day，分别表示年、月、日。

如果成员的类型相同，也可以共用一个类型标识符，因此上面的类型也可以定义为：

```
struct Date
{
    int year,month,day;
};
```

需要说明的是，这种定义方式虽然语法上正确，但是不符合一般编程规范的要求，（为了看起来清楚，一行只定义一个结构成员），因此读者只要知道有这种定义方式即可，编程时不建议使用。

例 10.2 学生类型的定义。

假设学号、姓名、性别、一个成绩等信息可以较完整的表示一个学生的信息，则我们可以定义学生类型如下：

```
struct Student
{
    int ID;              /*学号*/
    char Name[20];        /*姓名*/
    char Sex;            /*性别*/
    double Score;         /*成绩*/
};
```

struct Student 包含多个成员，类型各不相同。ID 为整型，表示学号；Name 为字符串，表示姓名；Sex 为字符型，表示性别；Score 为实型，表示成绩。

如果 struce Student 类型中需要表达一个学生有 5 个成绩而不只是一个成绩，类型定义该如何修改？

3. 结构体类型的嵌套

事实上，结构体类型中的成员可以是任何类型，如果在 struct Student 类型中增加一个成员 birthday 表示学生的生日，则该结构体类型的定义可以修改如下：

```
struct Student
{
    int ID;                         /*学号*/
    char Name[20];                  /*姓名*/
    struct Date birthday;           /*新增加的生日，属于一个已定义的结构体类型*/
    char Sex;                       /*性别*/
    double Score;                   /*成绩*/
};
```

此时，在一个结构体类型的定义中用到了另一个已定义过的结构体类型，这种现象称之为**结构体的嵌套**。关于结构体嵌套的定义及具体用法，例 10.3 中将会使用，请读者注意体会这种用法。

4. 用 typedef 为结构体类型起别名

在 C 语言中，提供了用 typedef 为一个已有类型起一个别名的用法，但并不是产生新类型。

定义类型别名的方式有两种。

（1）先定义结构体类型，再为这种类型用下面的语句定义出一个别名：

typedef 原类型名 新类型名;

有了这种用法，在表达一个结构体类型名的时候，就可以只用一个自定义标识符来标识类型名了。

例 10.1 中的 struct Date 和例 10.2 中的 struct Student 可以通过 typedef 分别得到一个类型别名 Date 和 Student，定义方式如下：

```
typedef struct Date Date;           /*Date 成为了 struct Date 的类型别名*/
typedef struct Student Student;     /* Student 成为了 struct Student 的类型别名*/
```

（2）在定义结构体类型的同时给出其别名。

例 10.1 中的 struct Date 如果在定义的同时给定别名，可采用如下的方式：

```
typedef struct Date                 /*在类型定义的前面加关键字 typedef*/
{
    int year;
    int month;
    int day;
} Date;                             /*这里的 Date 是 struct Date 的类型别名*/
```

用 typedef 进行类型别名的命名在结构体类型中较为常用，因为，这样处理过之后，就可以只用一个标识符代表新的类型名，而不再需要用 struct 和类型标识符二者的组合，看上去更为简洁清晰。

10.1.2　结构体变量

当定义一个结构体类型后，从本质上来说，这个新类型的使用与 int、char 等基本类型一样，可用于定义变量，也可以与指针、数组等结合，定义出更复杂的结构体数组、结构体指针等。本节先介绍最基本的结构体变量。

1. 结构体变量的定义

定义一个结构体变量的语法与定义一个简单变量一样，格式如下：

结构体类型名　变量名;

例如，在例 10.1 的基础上定义一个日期类型的变量 day1：

```
Date day1;          /*这里的 Date 是 struct Date 的类型别名*/
```

Date 作为一个类型，不占有内存空间。day1 作为一个变量则需要占用内存。

图 10-1 展示了结构体变量 day1 的内存占据情况。

通常来说，**一个结构体变量占据的内存空间至少是该结构体所有成员占据内存的总和**，且由于“内存对齐”等原因，有可能会占用更大的空间。关于“内存对齐”的概念，本书不作介绍，读者可查找相关资料。

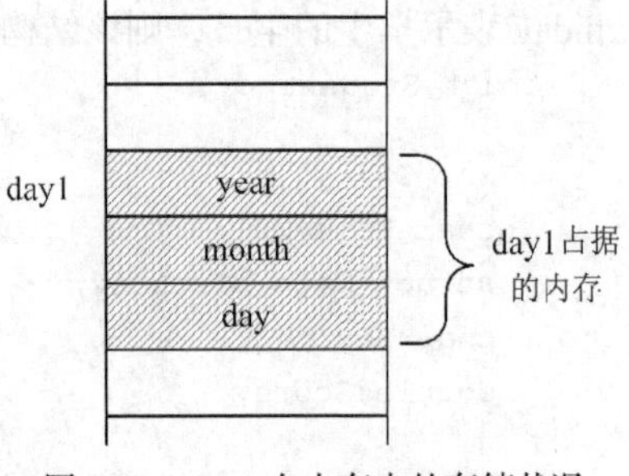

图 10-1　day1 在内存中的存储状况

2. 结构体变量获取值

给结构体变量获得值的途径主要有 3 种。

（1）**定义的时候直接初始化**，例如：

```
Date day1 = { 2014, 11, 30};     /* day1 的 year、month、day 分别获得值 2015、11、 30*/
Date day2 = { 2015, 1};          /* 相当于 Date day2 = { 2015, 1, 0}; */
```

（2）**用同类型的已有值的结构体变量来初始化或赋值**，例如：

```
Date day3 = day1;                /* 用 day1 给 day3 初始化，day1 前面已作过初始化*/
Date day4;                       /* 定义 day4 变量*/
day4 = day2;                     /* 用 day2 给 day4 赋值，day2 前面已作过初始化*/
```

（3）**为结构体变量的每个成员依次赋值**。这里涉及结构体成员的访问问题。C 语言规定，访问结构体变量中的成员时，必须使用**运算符“.”**，即：

结构变量名.成员名

例如，给变量 day4 的各个成员赋值，用以下 3 条赋值语句完成：

```
day4.year = 2014;
day4.month = 12;
day4.day = 1;
```

当存在结构体嵌套现象时，可能需要多次使用**运算符“.”**。

出现在**运算符“.”**前面的一定要能解释为一个结构体变量或是一个类型为结构体的成员名。

下面的例 10.3 展示了结构体类型的定义及变量的访问。

例 10.3　结构体变量定义及其使用。

程序代码如下：

```
/* li10_03.c: 结构体变量定义及其使用 */
#include <stdio.h>
#include <string.h>
struct Date                      /* 先定义结构体类型 struct Date */
{
    int year;                    /* 年 */
    int month;                   /* 月 */
    int day;                     /* 日 */
};
typedef struct Date Date;        /* 再为结构体类型 struct Date 起个别名 Date */

struct Student                   /* 先定义结构体类型 struct Student */
```

```
{
    int ID;                         /* 学号 */
    char name[20];                  /* 姓名 */
    Date birthday;                  /* 生日 */
    char sex;                       /* 性别：'M'表示男；'F'表示女 */
    double score;                   /* 成绩 */
};
typedef struct Student Student;    /* 再为结构体类型 struct Student 起个别名 Student */

int main( )
{
    Student s1 = { 1001, "Zhu", { 1991, 3, 12 }, 'F', 78 };    /* 定义时直接初始化 */
    Student s2, s3, s4;

    /*从键盘读入，对每个成员依次赋值，注意生日的年月日数据读入，要用两次点运算符 */
    scanf( "%d%s%d%d%d%c%lf", &s2.ID, s2.name, &s2.birthday.year, &s2.birthday.month,
                                &s2.birthday.day, &s2.sex, &s2.score );
    s3 = s1;                        /* 用同类型变量来赋值 */
    /* 以下对每个成员依次赋值 */
    s4.ID = 1004;
    strcpy( s4.name, "Liu" );
    s4.birthday.year = 1992;
    s4.birthday.month = 7;
    s4.birthday.day = 5;
    s4.sex = 'F';
    s4.score = 80;
    /* 以下输出结构体变量各个成员的值，注意生日中年、月、日数据要用两次点运算符 */
    printf( "%d %s %d.%d.%d %c %lf\n", s1.ID, s1.name, s1.birthday.year, s1.birthday.month,
                                  s1.birthday.day, s1.sex, s1.score );
    printf( "%d %s %d.%d.%d %c %lf\n", s2.ID, s2.name, s2.birthday.year, s2.birthday.month,
                                  s2.birthday.day, s2.sex, s2.score );
    printf( "%d %s %d.%d.%d %c %lf\n", s3.ID, s3.name, s3.birthday.year, s3.birthday.month,
                                 s3.birthday.day, s3.sex, s3.score );
    printf( "%d %s %d.%d.%d %c %lf\n", s4.ID, s4.name, s4.birthday.year, s4.birthday.month,
                                 s4.birthday.day, s4.sex, s4.score );
    return 0;
}
```

运行此程序，若输入为：1002 Tang 1993 11 26M 87 <回车>

输出结果为：

```
1002 Tang 1993 11 26M 87
1001 Zhu 1991.3.12 F 78.000000
1002 Tang 1993.11.26 M 87.000000
1001 Zhu 1991.3.12 F 78.000000
1004 Liu 1992.7.5 F 80.000000
```

说明：

(1)用 scanf 读入结构体变量，或者用 printf 输出结构体变量时，都只能按成员进行依次操作，不能对结构体进行整体的读/写操作，因此下列语句都是错误的。

```
scanf( "%d%s%d%d%d%c%lf", &s1 );                    /* 错误：不能整体输入 */
s4 = { 1004, "Liu", { 1992, 7, 5 }, 'F', 80 };      /* 错误：除初始化外，不能整体赋值 */
```

```
printf( "%d %s %d.%d.%d %c %lf\n", s1);        /* 错误：不能整体输出 */
```

（2）结构体 Student 中的成员 birthday 也是结构体类型，因此对 birthday 中的年、月、日进行访问时使用了两层“.”运算符，如 s1.birthday.year、s1.birthday.month 等。

（3）从键盘读入数据时，s2.ID、s2.birthday.year、s2.sex、s2.score 等前面均需加上“&”运算符，表示取这些成员的地址，s2.name 是字符数组，本身就代表数组首地址，因此无需再加“&”运算符。

10.1.3 结构体指针

结构体指针就是指基类型为结构体的指针，其定义方式如下：

结构体类型名 * 指针变量名;

通过结构体指针访问结构体成员的方式为：

结构指针 -> 结构成员

当然，从语法上来说，**“(*结构指针). 结构成员”**的形式也是可以的，但不推荐使用。

例 10.4 结构体指针定义及其使用。

程序代码如下：

```
/* li10_04.c: 结构体指针定义及其使用 */
#include <stdio.h>
#include <string.h>
struct Date                             /* 先定义结构体类型 struct Date */
{
    int year;                           /* 年 */
    int month;                          /* 月 */
    int day;                            /* 日 */
};
typedef struct Date Date;               /* 再为结构体类型 struct Date 起个别名 Date */
struct Student                          /* 先定义结构体类型 struct Student */
{
    int ID;                             /* 学号 */
    char name[20];                      /* 姓名 */
    Date birthday;                      /* 生日 */
    char sex;                           /* 性别: 'M'表示男; 'F'表示女 */
    double score;                       /* 成绩 */
};
typedef struct Student Student;         /* 再为结构体类型 struct Student 起个别名 Student */

int main( )
{
    Student s1, *p;                     /* 定义 Student 类型的变量和指针 */
    p = &s1;                            /* 定义结构体变量的地址赋值给结构体指针 */
    s1.ID = 2001;                       /* 通过结构体变量用点运算符直接为成员赋值 */

    /* 通过指针访问结构体变量的各个成员 */
    strcpy( p->name, "Liang" );         /* 注意年、月、日的访问，后一个用点运算符 */
    p->birthday.year = 1978;
    p->birthday.month = 4;
```

```
    p->birthday.day = 20;
    p->sex = 'M';
    p->score = 100;
    printf("%d %s %d.%d.%d %c %.2f\n", p->ID, p->name, p->birthday.year, p->birthday.month,
                                       p->birthday.day, (*p).sex, (*p).score );
    return 0;
}
```

运行程序，输出结果为：

```
2001 Liang 1978.4.20 M 100.00
```

说明：本例中其他的结构体成员的访问都比较容易理解，但需要注意的是，生日中 year、month、day 成员的访问，运算符“->”前面只能是结构体指针，运算符“.”前面只能是结构体变量，因此，访问 year 成员时，可以用 p->birthday.year、s1.birthday.year 或(*p).birthday.year，而不可以用 p->birthday->year 或 s1->birthday.year 的形式。

本例涉及结构体的嵌套问题，在选择使用“->”或“.”运算符的时候，必须搞清楚，哪些是结构体变量、哪些是结构体指针。本例中，p 是结构体指针，s1 是结构体变量，birthday 成员是结构体变量而非指针，因此，只能用 birthday.year 这种方式访问年信息。

10.1.4　结构体数组

结构体数组就是元素类型为结构体的数组。

最常用的一维结构体数组的定义方式如下：

结构体类型名　数组名[常量表达式]；

每一个结构体数组的元素就是一个普通的结构体类型变量，因此，通过结构体数组来访问某个结构体数组元素的成员时，可以有以下 3 种方法：

（1）结构数组名[下标]. 结构成员。

（2）(结构数组名+下标) -> 结构成员。

（3）(*(结构数组名+下标)). 结构成员。

后两种方式由于可读性较差，所以很少使用，尤其是最后一种。

结合第 6、7 章关于数组和指针的知识，“**数组名+下标**”实际上是下标为 *i* 的元素的地址，因此第 2 种表达形式用的是“->”运算符。而（***（结构数组名+下标）**）与**结构数组名[下标]**均为数组中指定下标的结构体变量，因此，它们后面都用“.”运算符。

例 10.5　结构体数组定义及其使用。

程序代码如下：

```
/* li10_05.c: 结构体数组定义及其使用 */
#include <stdio.h>
#include <string.h>
struct Date                          /* 先定义结构体类型 struct Date */
{
    int year;                        /* 年 */
    int month;                       /* 月 */
    int day;                         /* 日 */
};
typedef struct Date Date;            /* 再为结构体类型 struct Date 起个别名 Date */
```

```
struct Student                          /* 先定义结构体类型 struct Student */
{
    int ID;                             /* 学号 */
    char name[20];                      /* 姓名 */
    Date birthday;                      /* 生日 */
    char sex;                           /* 性别：'M'表示男；'F'表示女 */
    double score;                       /* 成绩 */
};
typedef struct Student Student;    /* 再为结构体类型 struct Student 起个别名 Student */

int main( )
{
    /* 定义结构体数组并初始化 */
    Student st[3] = {  { 1001, "Zhang", {1992, 5, 21}, 'F', 83 },{ 1002, "Wang", {1993,
6, 18}, 'M', 66 } };
    int i;
    /*用第 1 种方式访问结构体成员，st[2]各个成员的初值原来均默认为 0 ，现对其成员一一赋值*/
    st[2].ID = 1003;
    strcpy( st[2].name, "Li" );
    st[2].birthday.year = 1993;
    st[2].birthday.month = 7;
    st[2].birthday.day = 22;
    st[2].sex = 'M';
    st[2].score = 65;
    /* 用第 2 种方式访问结构体成员 */
    for ( i=0 ; i<3 ; i++ )
    {
        printf( "%d %s %d.%d.%d %c %f\n",(st+i)->ID,(st+i)->name,(st+i)->birthday.year,
            (st+i)->birthday.month, (st+i)->birthday.day, (st+i)->sex, (st+i)->score );
    }
    return 0;
}
```

输出结果如下：

```
1001 Zhang 1992.5.21 F 83.000000
1002 Wang 1993.6.18 M 66.000000
1003 Li 1993.7.22 M 65.000000
```

说明：

本例中定义了一个含有 3 个元素的数组 st，但只初始化了前 2 个元素的值。因此，第 3 个元素的值被全部置为 0。用第 1 种访问结构体数组成员的方式，对元素的成员一一赋值使其有意义。输出时采用的第 2 种访问方式，注意理解结构体变量与结构体指针的区别。

思考题

如果在该题中定义一个结构体指针 p，即

Student * p;

那么如何通过 p 来给 st[2]赋值，如何通过 p 来输出整个数组的内容？

10.1.5 结构体应用

本节以一个班级成绩排名为例，说明结构体在处理批量数据记录时的应用。

例 10.6 从键盘读入不超过 10 个学生的信息，每个学生的信息包括学号、姓名、成绩，要求按成绩由高到低输出这些学生的完整信息。

问题分析：根据题目描述，每个学生需要用 3 个成员来描述，因此需要定义结构体类型。由于有不止一个学生的信息，对于批量的数据，应当用数组来处理，因此，本程序中需要用结构体数组来表示所有学生的信息。

根据题意，需要提供输入、输出、按分数进行排序这 3 大主要功能，因此定义 3 个函数来对应，函数的形式参数是结构体指针，而实参是 main 函数中定义的结构体数组名。

排序的方法可以套用在第 6、7 章所介绍过的冒泡法或选择法，只是在排序过程中需要比较的时候，要具体到学生记录的成绩成员之间进行比较。

源程序代码如下：

```
/* li10_06.c: 学生记录排名 */
#include <stdio.h>
struct Student
{
    int ID;                                /* 学号 */
    char name[20];                         /* 姓名 */
    double score;                          /* 成绩 */
};
typedef struct Student Student;

int Input( Student [ ] );                  /* 从键盘读入数组元素，并返回数组长度 */
void Sort( Student [ ], int len );         /* 对数组前 len 个元素进行排序 */
void Output(const Student [ ], int len );    /* 输出数组的前 len 个元素 */

int main( )
{
    Student st[10];
    int num;
    num = Input( st );                     /*调用函数读入结构体数组的 num 个元素*/
    Output( st, num );                     /*调用函数输出排序前的结构体数组的 num 个元素*/
    Sort( st, num );                       /*调用函数对数组中元素根据分数进行排序*/
    Output( st, num );                     /*调用函数输出排序后的结构体数组的 num 个元素*/
    return 0;
}
/*函数功能：读入一维结构体数组的各个成员的值并返回元素个数
  函数参数：1 个形式参数表示待输入的结构体数组
  函数返回值：int 型，返回已读入的元素个数
*/
int Input( Student s[ ] )
{
    int i, n;
    do
    {
        printf("Enter the sum of students: \n");
        scanf("%d", &n);
    } while ( n<=0 || n>10 );
    for ( i=0 ; i<n ; i++ )
    {
        printf("Enter %d-th student : ", i+1);
```

```
        scanf("%d%s%lf", &s[i].ID, s[i].name, &s[i].score);
    }
    return n;
}
/*函数功能：对一维结构体数组根据分数成员的值由大到小排序
 函数参数：2 个形式参数表示结构体指针以及待排序的元素个数
 函数返回值：无返回值
*/
void Sort( Student st[ ], int len )                    /* 选择法排序 */
{
    int i, k, index;
    Student temp;
    for ( k=0 ; k < len-1 ; k++ )
    {
        index = k;
        for( i=k+1 ; i<len ; i++ )
            if ( st[i].score > st[index].score ) /*注意，此处比较的是两个数组元素的分数成员*/
                index = i;
        if ( index != k )
        {
            temp = st[index];
            st[index] = st[k];
            st[k] = temp;
        }
    }
}
/*函数功能：完成一维结构体数组的输出
 函数参数：两个形式参数分别表示待输出的数组、数组的实际元素个数
 函数返回值：无返回值
*/
void Output(const Student s[ ], int len )
{
    int i;
    printf("学号    姓名      成绩\n");
    for ( i=0 ; i<len ; i++ )
    {
        printf("%4d  %-8s  %.0f\n", s[i].ID, s[i].name, s[i].score);
    }
}
```

运行程序，屏幕显示为：

```
Enter the sum of students:
```

用户从键盘输入为：5<回车>

```
Enter 1-th student : 1001 Tom 85<回车>
Enter 2-th student : 1002 Jack 93<回车>
Enter 3-th student : 1003 Jean 67<回车>
Enter 4-th student : 1004 Dell 89<回车>
Enter 5-th student : 1005 Kate 78<回车>
```

程序输出结果如下：

```
学号    姓名    成绩
1001    Tom     85
1002    Jack    93
1003    Jean    67
1004    Dell    89
1005    Kate    78
学号    姓名    成绩
1002    Jack    93
1004    Dell    89
1001    Tom     85
1005    Kate    78
1003    Jean    67
```

说明：

（1）除 main 函数外，本例中还定义了输入函数 Input、排序函数 Sort、输出函数 Output，在 main 中调用相应的函数来完成所需的功能，代码较为清晰。

（2）3 个自定义函数都有一个结构体数组作为形参，由第 7 章可知，该形参本质上是一个结构体指针，因此“Student s[ ]”也可写为“Student　*s”。函数调用时，由主调函数向其传递数组名（实际上是实参数组的首地址），这样在自定义函数中就可以对整个结构体数组进行操作。

（3）注意 const 在形式参数表中的使用，为了保护对应的实参数组不被修改，输出函数 Output 中的指针形式参数前加了 const 限定，而输入函数 Input 和排序函数 Sort 本来的任务就是要改变结构体数组中元素的内容，因此不能加 const 进行限定。

（4）如果每个学生不止 1 个成绩，假如有 5 个成绩，则需要将 score 成员定义为含 5 个元素的一维数组来存储 5 个分数。关于这样的结构体类型及变量的使用，请读者参考第 12 章的综合示例。

*10.2　链表

处理大批量的同类型数据时，我们常借助于数组来进行存储等相应的操作，如添加、删除、查找、排序等。数组使用起来确实很直观、方便，但它最大的问题是，数组必须占用一块连续的内存空间。如“int a[220];”，在 Visual C++环境下必然要占用 880 字节（220*4Byte）的连续空间。如果内存中没有这么大的连续空闲区域，则代码无法运行。如图 10-2 所示，内存中有 3 块空闲的区间，分别是 600 字节、800 字节和 400 字节，虽然总和超过了 880 字节，但是单块均不超过 880 字节，所以此时程序无法运行。

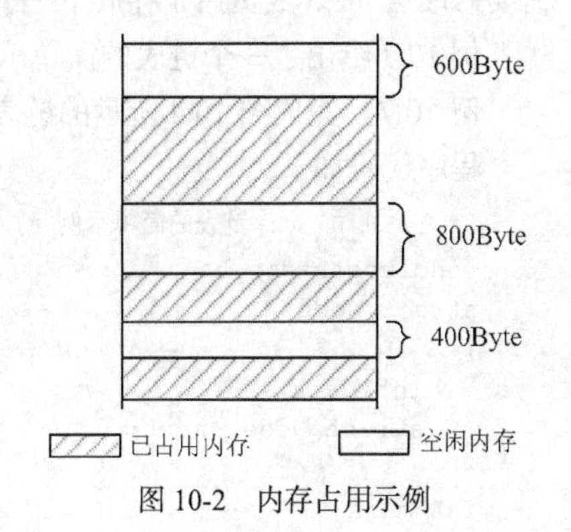

图 10-2　内存占用示例

针对这个问题，设计人员提出了一种解决方案——**链表（Linked Table）**，它不仅可以存储大批量的同类型数据，而且不要求所有的数据连续存放。本节接下来的内容就将对链表进行简单介绍。

10.2.1　链表的概念

编写代码对一批数据进行处理时，如果这批数据使用数组存放，那么当程序处理完一个数据时，只需将下标加 1 就可以处理下一个数据，当下标达到数组长度-1 时，程序就会知道所有数据都处理完了。现在如果使用链表来存储这批数据，这些数据就有可能散布在内存的各处。那么程序在处理时，如何找到下一个数据？又如何能确认所有数据都已处理完？要回答这两个问题，需要从链表的组织方式来寻找答案。

链表的基本构成单位是结点。一个结点又由两部分组成：**数据部分和指针部分**，分别称为**数据域和指针域**。如图 10-3 所示，数据域存放了待处理的某个数据，指针域则用于存放待处理的下一个数据的地址。

一个链表就是由这样一系列的结点“链接”而成。图 10-4 给出了一个链表的例子，这个链表包含 1 个指针 head 和 3 个结点。head 里面存放了链表第一个结点的地址，也称为首地址，其实质是告诉程序这批数据的第 1 个数据在哪里。head 指针因此被称为**头指针**，这是链表中最重要的指针，是整个链表的入口，据此才能找到第 1 个结点，从而才能依次找到后面那些结点。3 个结点中分别存放了 3、4、6 这 3 个数据。第 1 个结点中存放了数据 3，并在指针部分存放了第 2 个结点的地址。同理，第 2 个结点除了存放数据 4 外，也在指针部分存放了下一个结点的地址。第 3 个结点存放了数据 6，因为它是最后一个结点，因此指针部分为空（NULL），表明它是最后一个数据。

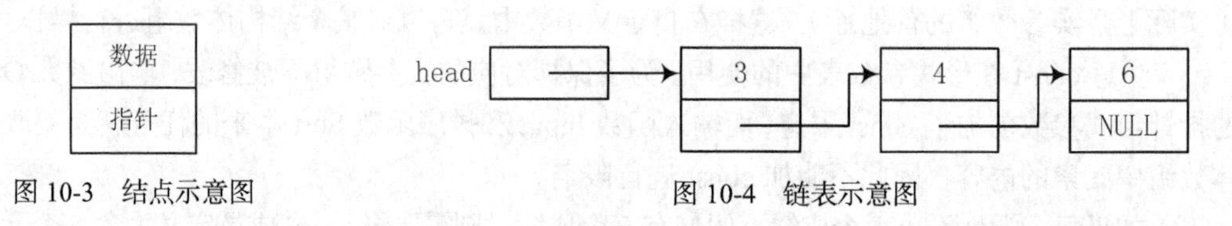

图 10-3　结点示意图　　　　图 10-4　链表示意图

下面讨论代码实现。首先来看结点。从图 10-3 可以看出，一个结点至少包含两方面的内容，即数据信息和指针信息，且数据类型不同。因此我们可以将其定义为一个结构体，代码如下。

```
struct Node                     /* 结点的结构体类型定义 */
{
    int data;                   /* 结点的数据部分 */
    struct Node *next;          /* 结点的指针部分，这里的* 一定不能丢失 */
};
```

在上述定义中，data 成员用于存放数据，这里假定存放的是 int 型数据（当然也可以根据实际需要修改），next 成员用于存放下一个结点的起始地址，所以其类型是 struct Node *。

例 10.7 给出了一个链表的简单示例，它对应于图 10-4 所示的链表。

例 10.7　完成图 10.4 所示的链表的定义，并且输出链表中各结点的数据域的值。

程序代码如下：

```
/* li10_07.c: 链表的简单示例 */
#include<stdio.h>
struct Node
{
    int data;
    struct Node *next;
};
int main( )
{
    struct Node n1, n2, n3, *head, *p;
    head = &n1;             /*直接将一个结构体变量 n1 的地址赋值给了头指针*/
```

```
    n1.data = 3;
    n1.next = &n2;              /*直接将变量 n2 的地址赋值给了 n1 的指针域，使 n2 在 n1 后面*/
    n2.data = 4;
    n2.next = &n3;
    n3.data = 6;
    n3.next = 0;                /*直接将变量 n3 的地址赋值给了 n2 的指针域，使 n3 在 n2 后面*/
    p = head;                   /*工作指针 p 从头指针位置开始*/
    while ( p != '\0' )         /*此循环完成链表的遍历，即一个结点一个结点地访问*/
    {
        printf("%d  ", p->data);      /*输出结点的数据域的值*/

        p = p->next;            /*工作指针指向下一个结点处*/
    }
    printf("\n");
    return 0;
}
```

运行程序，输出结果为：

```
3 4 6
```

说明：

（1）本例主要展示了两个功能：建立链表和打印链表。

（2）本例是链表建立的一个简单演示，只包含 3 个结点。在实际中，有可能要处理大批量数据，并且数据的数量也可能在运行时动态变化，因此不可能采取本例中的方式，即事先为每个数据定义一个结构体变量作为结点，再将它们链接起来。而是需要存储数据时向系统**动态申请内存**。每增加 1 个数据，程序就申请 1 个结点大小的内存空间，将数据存放进去，并将其添至链表中。下一节中将有详细说明。

（3）依次访问链表的各个结点称之为**链表的遍历**。链表的构成方法决定了不可能随机访问任意一个结点，因此，无论是在链表中查找某一个元素值或是输出一个或多个元素值，都需要对链表进行**遍历，其基本方法是：**定义一个工作指针，假设指针名为 p，首先令其初值等于 head，然后用 p 指针控制循环，当其非空时访问 p 所指向结点的数据域信息，然后使 p 指针顺着链后移一位，如此下去，直到 p 指针为空的时候停止。本例中的 while 循环展示了这一方法，这在后面每一个示例中都需要用到，不再赘述。

（4）存储链表首地址的 head 指针极为重要，它是整个链表的入口，我们对链表进行的绝大部分操作，都是从 head 指针入手的，并且在操作的过程中，也要时刻注意 head 指针的维护。

10.2.2　链表的基本操作

链表的基本操作，包括建立（批量存入数据）、打印（输出所有数据）、删除（在批量数据中删除指定数据）、插入（在批量数据中添加一个数据）等。本节将介绍这些基本操作的实现。

1. 链表的建立

链表的建立指从一个空链表开始，一个一个的添加新结点，直至所有的数据都加入该链表。

上一小节讲过，链表真正使用时，结点是动态产生的。当出现一个需要处理的数据时，首先动态申请一个结点空间，然后对结点的数据域进行赋值，再对结点的指针域进行处理，使该结点链入到整个单链表中。

按照新结点加入位置的不同，链表的建立大致有以下几种方法。

（**1**）**前插法**：新结点每次都插入到链表的最开头，作为新链表的第一个结点；

（**2**）**尾插法**：新结点每次都插入到链表的最后面，作为新链表的最后一个结点；

（**3**）**序插法**：新结点插入后保证结点域数据的有序性，该方法需经搜索先确定插入位置；

（**4**）**定位法**：指定新结点插入到链表中的位置。

本节主要介绍尾插法，其基本思想如下。

（1）定义两个指针分别指向链表的第一个和最后一个结点，假设这两个指针名字为 head 和 tail。

（2）首先初始化链表，即“head = tail = NULL;”，让两个工作指针均不指向任何地方。

（3）通过工作指针 p 申请一个动态结点空间，然后将数据赋值给动态结点的数据域，指针域及时赋值为空。

（4）生成一个新结点 p 之后， head 指针要根据原来链的情况进行不同的处理：如果原来是空链，则 heal 等于 p；如果原来非空，则 head 不需要做任何处理；然后将 p 所指向的结点链到 tail 所指向的结点后面，体现“尾插”思想；最后将 p 赋值给 tail，保证 tail 始终指向当前链表的最后一个结点处。

（5）重复进行（3）、（4）两个步骤，直至结束。

下面的示例给出了用尾插法建立链表，再对该链表进行遍历输出所有的元素，最后利用遍历思想释放所有结点动态空间的完整过程。

例 10.8 单链表的建立、打印与释放。

程序代码如下：

```
#include <stdio.h>
#include <malloc.h>
struct Node                                /*定义链表结点的类型*/
{
  int data;                                /*数据域*/
  struct Node *next;                       /*指针域*/
};
typedef struct Node Node;                  /*定义类型的别名为Node，方便使用*/

Node * Create( );                          /* 创建一个新的链表 */
void Print ( Node * head );                /* 打印链表 */
void Release( Node * head );               /* 释放链表所占的内存空间 */

int main( )
{
    Node * head;                           /* 定义头指针 head */
    head = Create( );                      /* 创建一个新的链表，返回的头指针赋值给 head */
    Print(head);                           /* 链表的遍历输出每个元素的值 */
    Release( head );                       /* 释放链表每个结点的存储空间*/
    return 0;
}
/*  函数功能：创建一个单链表
    函数入口参数：无
    函数返回值：链表的头指针
```

```
*/
Node * Create( )
{
    Node *head, *tail, *p;                  /* head、tail 分别指向链表的头结点和尾结点 */
    int num;
    head = tail = NULL;                     /* 链表初始化：空链表 */
    printf( "请输入一批数据，以-9999 结尾：\n");
    scanf( "%d", &num );
    while( num != -9999 )                   /* 用户数据输入未结束 */
    {
        p = (Node *) malloc ( sizeof(Node) );    /* 申请一块节点的内存用于存放数据 */
        p->data = num;                      /* 将数据存于新结点的 data 成员中 */
        p->next = NULL;                     /* 新结点的指针域及时赋为空值 */
        if( NULL == head )                  /* 如果原来链表为空 */
        { head = p;                         /* 则将 p 赋值给 head,p 是刚申请的第一个结点 */
        }
        else                                /* 如果原来链表非空 */
        {
            tail->next = p;                 /* 则将新结点链入尾部成为新的最后一个结点 */
        }
        tail = p;                           /* 更新 tail 指针，让其指向新的尾结点处 */
        scanf( "%d", &num );                /* 继续读入数据 */
    }
        return head;                        /* 返回链表的头指针 */
}
/*  函数功能：遍历单链表输出每个结点中的元素值
    函数入口参数：链表的头指针
    函数返回值：无
*/
void Print ( Node * head )
{
    Node * p;                               /* 定义工作指针 p */
    p=head;                                 /* p 从头指针开始 */
    if( NULL== head )                       /* 如果链表为空，输出提示信息 */
    {
        printf( "链表为空!\n" );
    }
    else
    {
        printf( "链表如下\n" );
        while( p != NULL )                  /*用 p 来控制循环，p 为空指针时停止*/
        {
            printf( "%d  ", p->data );      /*输出 p 当前指向结点的元素值*/
            p=p->next;                      /* p 指向链表的下一个结点处*/
        }
```

```
    }
    printf( "\n" );
}
/*  函数功能：释放单链表中所有的动态结点
    函数入口参数：链表的头指针
    函数返回值：无
*/
void Release( Node * head )                    /* 仍然是使用遍历的方法扫描每一个结点*/
{
    Node * p1, * p2;                           /* p1 用来控制循环，p2 指向当前删除的结点处*/
    p1 = head;
    while ( p1 != NULL )
    {
        p2 = p1;                               /*p2 指向当前删除的结点处*/
        p1 = p1->next;                         /* p1 指向链表下一个结点位置处*/
        free(p2);                              /* 通过 p2 释放动态空间*/
    }
    printf( "链表释放内存成功!\n" );
}
```

运行此程序，屏幕上显示为：

请输入一批数据，以-9999 结尾:

用户从键盘输入为：2 4 8 11 19 -9999<回车>

程序输出结果为：

```
2  4  8  11  19
```

链表释放内存成功!

说明：

（1）本例除 main 函数外，还包括 Create、Print、Release 这 3 个函数，功能分别是创建链表、打印链表和释放链表。

（2）图 10-5(a)到图 10-5(c)展示了尾插法的完整过程。

- 初始化链表，执行“head = tail = NULL;”，如图 10-5(a)所示。
- 往链表中添加第 1 个结点时，执行“head = p; tail = p;”，如图 10-5(b)所示。
- 往链表中添加后续结点时，将当前尾结点的 next 指针指向该结点，即“tail->next = p;”，然后再将新结点的地址存入 tail 指针，“tail = p;”，如图 10-5(c)所示。

（3）链表打印（Print 函数）的基本思想与例 10.7 相同，主要增加了链表是否为空的判断。

（4）链表释放（Release 函数）的作用：当程序运行结束时，释放建立链表时所申请的内存空间。它的基本思想是，从第 1 个结点开始，首先保存该结点下一个结点的地址，再将该结点的内存空间释放。重复上述过程，直至链表结尾，仍然是通过遍历思想进行的。

思考题

修改 Create 函数，要求建立链表时，总是把新结点添加在链表的最前面，即用“前插法”建立链表。

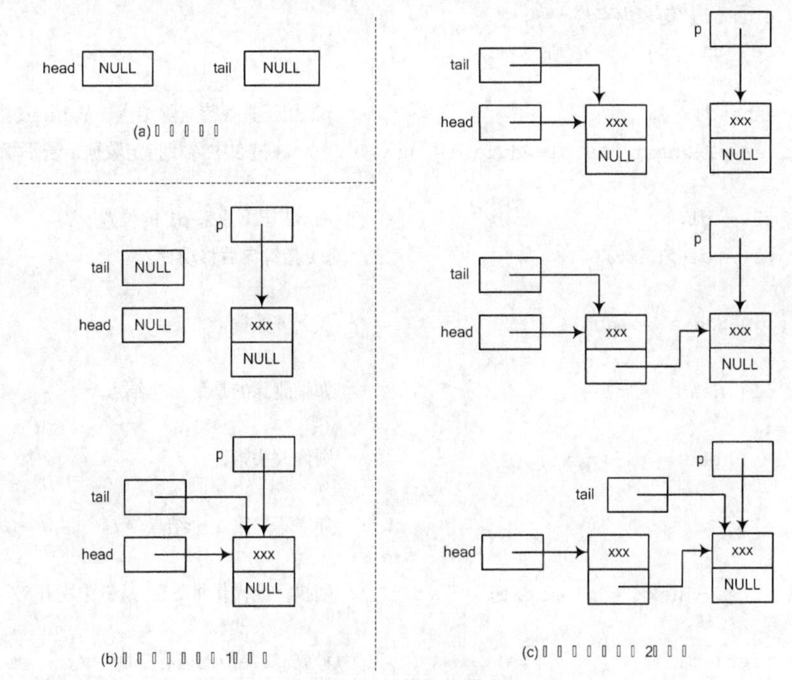

图 10-5　尾插法建立链表的过程

2. 从链表中删除数据

从链表中删除一个数据时，除了头指针 head 之外，还需有两个工作指针，假设为 p2 和 p1，分别指向待删除结点的前一个位置以及待删除结点的位置。删除的完整过程有以下几个步骤。

（1）定位：如果链表不是空链表，则采用遍历思想，在链表中查找待删除数据所在的结点位置。有两种可能性：如果该数据存在，则将存有该数据的结点位置保存到某一个指针中；如果该数据不存在，则提示用户，并返回。

（2）脱链：将待删除结点从链中“解”下来，如果该结点是链表中的第 1 个结点，则让 head 指针指向其下一个结点即可，即“head = p1->next;”；如果不是第 1 个结点，则让 p2 指向待删除结点的下一个结点即可，即“p2->next = p1->next;”，这样就将 p1 所指向的结点从链表中脱离开来。

（3）释放：无论哪种情况，如果待删除的数据是存在的，最后一定要将 p1 所指向的结点空间释放掉，完成删除工作。

下面通过例 10.9 来演示一下删除结点的完整过程。

例 10.9　在例 10.8 的基础上，增加一个函数 Delete，实现数据的删除。

程序代码如下：

```
/*  函数功能：从单链表中删除指定的元素，返回新链的头指针
    函数入口参数：2 个形式参数依次为链表的头指针、待删除的元素值
    函数返回值：链表的头指针
*/
Node * Delete( Node * head, int num )          /* num 为待删除数据 */
{
    Node * p1, *p2;
    if( NULL == head )                         /* 空链表判断 */
    {
```

```
        printf("链表为空!\n");
        return head;
    }
    p1 = head;                          /* p1 用于查找待删除结点，从 head 指针开始*/
    while( p1->next  && p1->data != num )   /*在链表中寻找指定数据，若不相等则循环 */
    {
        p2 = p1;                        /* 用 p2 记下原来 p1 的位置 */
        p1 = p1->next;                  /* p1 指针向后移动 */
    }
    if( p1->data == num )               /* 找到该数据 */
    {
        if( head == p1 )                /* 如果删除的是第 1 个结点 */
        {
            head = p1->next;            /* 则修改头指针 */
        }
        else                            /* 如果不是第 1 个结点 */
        {
            p2->next = p1->next;        /* 则执行此操作将 p1，从链中脱开*/
        }
        free( p1 );                     /* 释放 p1 结点的内存空间 */
        printf( "删除成功!\n" );
    }
    else                                /*循环终止时 p1->data != num 没找到 */
    {
        printf( "链表中无此数据!\n" );
    }
    return head;
}
```

将例 10.8 的主函数修改成如下代码：

```
int main( )
{
    Node * head;                        /* 定义头指针 head */
    int num;
    head = Create( );                   /* 创建一个新的链表，返回的头指针赋值给 head */
    Print(head);                        /* 遍历链表，输出每个元素的值 */
    printf( "请输入要删除的数 :\n" );
    scanf( "%d", &num );
    head = Delete( head, num );
    printf("删除%d之后的单链表:\n",num);
    Print(head);
    Release( head );                    /*释放链表每个结点的存储空间*/
    return 0;
}
```

运行此程序，屏幕上显示如下：

请输入一批数据，以-9999 结尾：

用户从键盘输入为：1 2 3 -9999<回车>

屏幕上接着显示如下：

```
链表如下
1  2  3
```

请输入要删除的数:

用户从键盘输入为：5 <回车>

程序输出结果如下：

```
链表中无此数据!
删除 5 之后的单链表:
链表如下
1  2  3
链表释放内存成功!
```

再次运行此程序，屏幕上显示如下：

```
请输入一批数据，以-9999 结尾:
```

用户从键盘输入为：1 2 3 -9999<回车>

屏幕上接着显示如下：

```
链表如下
1  2  3
请输入要删除的数:
```

用户从键盘输入为：3 <回车>

程序输出结果如下：

```
删除成功!
删除 3 之后的单链表:
链表如下
1  2
链表释放内存成功!
```

说明：

（1）以上程序实际运行时还测试了删除 1 和 2 的情况，以此检验删除最前面的结点以及中间位置的结点都是正确的，再加上上面两种测试用例，表明该删除算法是完备和健壮的。

（2）注意脱链的不同方法：若删除第 1 个结点时一定要修改 head 指针，如图 10-6（a）所示，执行 head=p1->next; ；如果删除的不是第 1 个结点，如图 10-6（b）所示，则 p2 指针就保存了该结点前一个结点的地址，让 p2 指向待删除结点的下一个结点即可，即“p2->next = p1->next;”。

（3）无论删除的是哪一个结点，最后一定要释放指针所指向的结点空间。

3. 向链表中插入数据

向链表中插入一个数据，有多种要求。有时，可能指定位置进行插入；更多情况下，是要求在原来元素值已有序的基础上插入一个元素以保持原来的顺序性。

按序插入的方法一般有如下步骤。

（1）定位：需要通过遍历的方法逐个扫描结点，将待插入的值与链表中结点的值进行比较，从而确定新结点应该在什么位置进行插入。用指针变量记下这两个位置以方便插入。如果原来是空链表，则不必扫描比较。

（2）生成：用一个指针生成一个新结点，将待插入的数据放入结点的数据域中。

（3）插入：将新结点插入在定位获得的两个指针位置之间，如果插入的结点是新的第 1 个结点，则一定要修改头指针 head。插入时需要修改两个指针的值，一个是新结点的 next 域，另一个是 head 指针（如果插入的结点成为了新的第 1 个结点）或新结点在链表中前趋结点的 next 域。

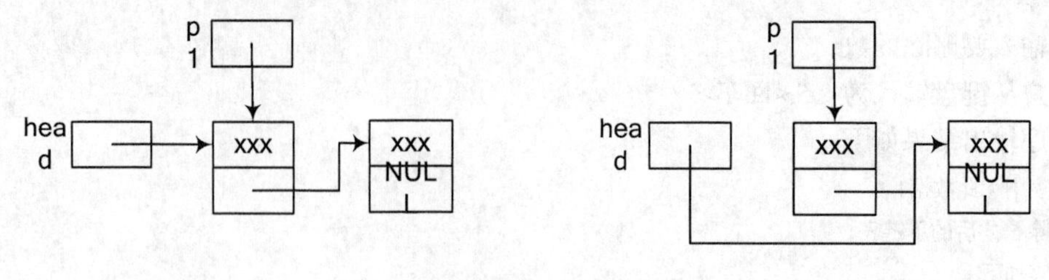

（a）待删除结点为链表的第一个结点

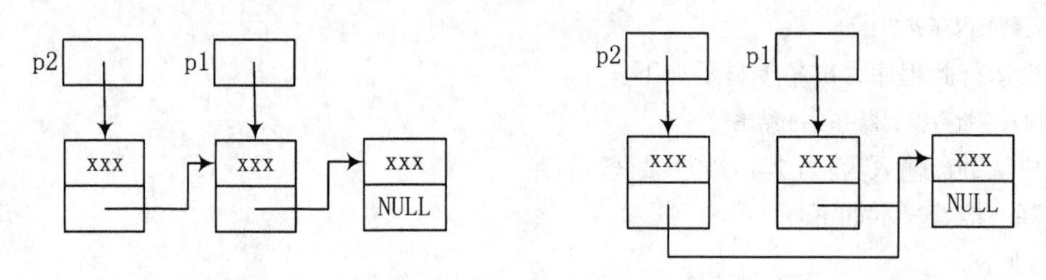

（b）待删除结点不是链表的第一个结点

图 10-6　结点删除过程

以上的步骤 1 和步骤 2 的次序可以任意。

下面的示例演示了有序插入的完整过程。

例 10.10　假定链表中的数据是从小到大存放的，现要求在例 10.8 的基础上，增加一个函数 Insert，实现向链表中插入数据的功能，并保持从小到大的次序不变。

程序代码如下：

```
Node * Insert( Node * head, int num )          /* 向链表中插入数据 num */
{
   Node *p, *p1, *p2;

   p = ( Node * ) malloc ( sizeof(Node) ); /* 为待插入的数据申请一块内存 */
   p->data = num;
   p->next = NULL;

   p1 = head ;
   while (p1 && p->data > p1->data )         /* 确定插入位置 */
   {
      p2 = p1;
      p1 = p1->next;
   }
   if (p1 == head)                            /* 插入位置在第 1 个结点之前或原链为空 */
   {
      head = p;
   }
   else                                       /* 插入位置在链表中间或末尾 */
   {
      p2->next = p;
   }
   p->next = p1;
```

```
    printf( "数据插入成功!\n" );
    return head;
}
```

将例 10.8 的主函数修改成如下代码：

```
int main( )
{
    Node * head;                        /* 定义头指针 head */
    int num;
    head = Create( );                   /* 创建一个新的链表，返回的头指针赋值给 head */
    Print(head);                        /* 遍历链表，输出每个元素的值 */
    printf("请输入要插入的数:\n");
    scanf( "%d", &num );
    head = Insert( head, num );         /*调用函数插入一个值*/
    printf("插入%d之后的链表:\n",num);
    Print( head );
    Release( head );                    /*释放链表每个结点的存储空间*/
    return 0;
}
```

运行此程序，屏幕上显示如下：

```
请输入一批数据，以-9999结尾:
```

用户从键盘输入为：2 4 6　-9999<回车>

屏幕上接着显示如下：

```
链表如下
2  4  6
请输入要插入的数:
```

用户从键盘输入为：8<回车>

屏幕上显示输出结果如下：

```
数据插入成功!
插入 8 之后的链表:
链表如下
2  4  6  8
链表释放内存成功!
```

说明：

（1）上例运行只给出了一个示例，读者可以自己再运行一下，观察在链表的中间或者最前面插入一个结点时的输出情况。

（2）插入时，分两种情况处理：如果原链表为空，或者待插入数据小于第 1 个结点的值，新结点应为链表的第 1 个结点，如图 10-7(a)所示，执行“head = p;”；否则，插入位置应在 p2 所指结点与 p1 所指结点之间，如图 10-7(b)所示，执行“p2->next = p;”，这里也包含了 p1 为空、p2 指向链表最后一个结点的特殊情况，如图 10-7(c)所示。

不管是哪种情况，最后统一执行“p->next = p1;”来修改新结点的指针域。

链表中的结点是有一个元素需要加入时就生成一个结点，不存在空间浪费的问题，也不存在数组中的下标越界的问题，链表结点的个数多少取决于可以使用的内存空间的多少。链表的建立、遍历、插入、删除、查找（在插入和删除中已有体现）等操作是链表中最基本的操作，无论哪种操作，链表中的头指针都是最重要的信息，是访问整个链表的起点。

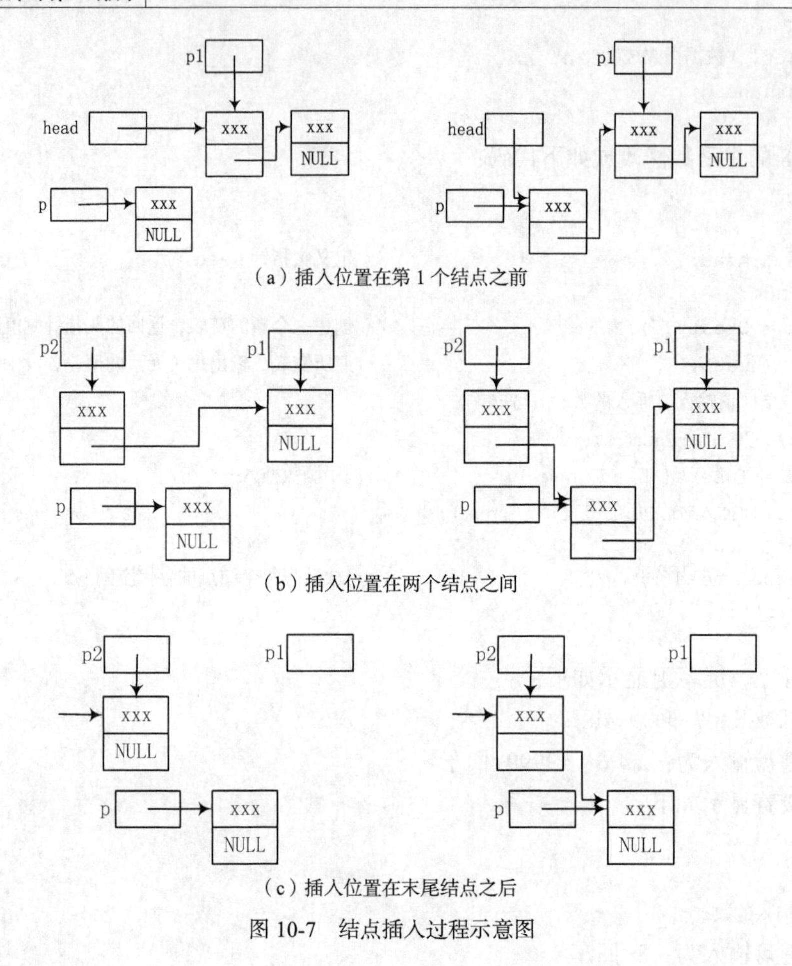

（a）插入位置在第1个结点之前

（b）插入位置在两个结点之间

（c）插入位置在末尾结点之后

图 10-7　结点插入过程示意图

*10.3　联合

编程时可能会碰到这样一种情况，需要将多种数据组合在一起，成为一个整体，但是使用时，每次都只会使用其中一种数据，也即同一时刻只有一种数据起作用。在这种情况下，我们可以将这个数据综合体定义成一个**联合（Union）**，也称为**共用体**。

1. 联合类型的定义

联合类型定义的方式与结构体类型类似，只是关键字不一样，形式如下：

```
union 联合名
{
    类型1    成员1;
    类型2    成员2;
    …
    类型n    成员n;
};
```

其中，“union”是定义联合的关键字，“联合名”是用户给新类型命名的名称。“union 联合名”合在一起才是该联合类型的完整类型名。与结构类型名一样，**可以用 typedef 为联合类型进**

行重新命名。

各成员的类型可以相同，也可以不同。与结构体类似，定义联合类型时，作为一条联合类型的定义语句，结尾分号不能省略。

2. 联合类型定义举例

例 10.11　成绩类型的定义。

定义一种类型，用于存放课程成绩。各种课程的成绩可能是整型、实型或者等级制，但对一门具体的课程而言，其分数类型应该是确定的，只有一种。因此，我们可以把成绩定义为联合类型。

程序代码如下：

```
union Score                    /*定义一个联合类型*/
{
    int i;
    double d;
    char c;
};                             /*必须以分号结束*/
typedef  union Score Score;   /*用 typedef 进行重新命名，下面就以 Score 为类型名*/
```

3. 联合类型变量的定义

定义一个联合变量的方法与定义其他所有类型是一样的，语法如下：

联合类型名　变量名;

例如：

```
Score sc;
```

其中，“Score”为类型名（例 10.11 中的类型别名），sc 为新定义的变量。

定义后，sc 即占用内存空间。sc 在内存中的存储示意如图 10-8 所示。需要注意的是，在内存存储方面，联合变量与结构体变量本质不同。结构体变量每一个成员都有各自独立的空间，且它占用的内存至少是所有成员占用内存总和。联合变量所有成员则共享同一段内存空间，其占用的内存是所需内存最大的那个成员的空间。联合变量这种占用内存的方式，决定了它每次只能有一个成员起作用，也就是最后赋值的那个成员。联合类型的这些特征可以概括为：**空间共享，后者有效**。

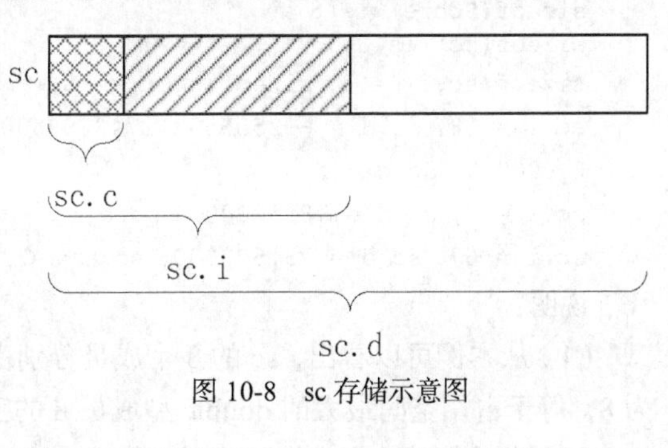

图 10-8　sc 存储示意图

在访问联合变量中的成员时，也使用 **“.”运算符**，即：

联合变量名.成员名

由于各成员的空间共享，联合变量的使用有一些特殊，它不能整体赋值和输出，在初始化时也只能初始化第 1 个成员。例如：

```
sc.i = 88;                          /* 合法 */
sc.d = 78.5;                        /* 合法 */
sc = { 88,78.5,'A' };               /* 不合法 */
Score sc = {88} ;                   /* 合法 */
Score sc = { 88,78.5,'A' };         /* 不合法 */
```

例 10.12　联合类型使用示例。

程序代码如下：

```
/* li10_12.c: 联合类型使用示例 */
#include<stdio.h>
union Score
{
    int i;
    double d;
    char c;
};
typedef union Score Score;
int main( )
{
    Score sc;
    printf( "sizeof(Score) is %d\n", sizeof(Score) );
    printf( "sizeof(sc) is %d\n", sizeof(sc) );
    printf( "sizeof(sc.i) = %d, sizeof(sc.d) = %d, sizeof(sc.c) = %d\n", sizeof(sc.i),
sizeof(sc.d), sizeof(sc.c) );
    sc.i = 88;
    printf( "sc.i = %d, sc.d = %f, sc.c = %c\n", sc.i, sc.d, sc.c );
    sc.d = 78.5;
    printf( "sc.i = %d, sc.d = %f, sc.c = %c\n", sc.i, sc.d, sc.c );
    sc.c = 'C';
    printf( "sc.i = %d, sc.d = %f, sc.c = %c\n", sc.i, sc.d, sc.c );
    return 0;
}
```

输出结果如下：

```
sizeof(Score) is 8
sizeof(sc) is 8
sizeof(sc.i) = 4, sizeof(sc.d) = 8, sizeof(sc.c) = 1
sc.i = 88, sc.d = -92559592117432998000000000000000000000000000000000000000000
0.000000, sc.c = X
sc.i = 0, sc.d = 78.500000, sc.c =
sc.i = 67, sc.d = 78.500000, sc.c = C
```

说明：

（1）从本例可以看出，sc 的 3 个成员分别占 4 字节、8 字节和 1 字节，但是 sc 总共的字节数为 8，等于占用空间最大的 double 型成员 d 的字节数。

（2）当对其中一个成员赋值后，他可以访问其他成员，只是将内存中的 0、1 序列按当前访问成员的数据类型来解释，有时会出现意想不到的输出结果。

与结构体类型类似，联合类型也可以定义其指针、数组，因为实际编程中该类型用得并不多，故在此不作详细介绍，具体的定义与使用方法与结构体类似。

*10.4　枚举

枚举（enumeration）类型也是一种用户自定义类型。“枚举”是一一列举之意，即它允许用户自定义一种数据类型，该类型具有有限的取值范围，可以逐一列举出来。该类型的使用在有些问题上增强了可读性。

枚举类型定义的语法如下：

enum 枚举类型名 {枚举常量 1，枚举常量 2，…，枚举常量 n};

其中，"enum" 是定义枚举的关键字，"枚举类型名" 是用户给新类型命名的名称，"**enum** 枚举类型名" 作为完整的类型标识，也可以用 typedef 来定义类型别名以简化类型标识。

枚举常量 1、枚举常量 2…枚举常量 *n* 是 *n* 个**常量**，称为**枚举元素**或**枚举常量**，它们表示该类型可取值的范围。

例 10.13　星期类型的定义。

```
enum Weekday { sun, mon, tue, wed, thu, fri, sat };
```

本例中，Weekday 即是一个新创建的枚举类型，该类型的取值范围只有 7 个，即 sun、mon、tue、wed、thu、fri、sat。

在 C 语言中，系统会为每个枚举元素对应一个默认整数值，通常从"0"开始，并顺次加 1。例如，上例中，sun、mon、tue、wed、thu、fri、sat 分别对应 0、1、2、3、4、5、6。

如果要改变这种默认值，可以在定义时进行指定，例如：

```
enum Weekday { sun=7, mon=1, tue, wed, thu, fri, sat };
```

这样，这 7 个枚举元素对应的整数就变为 7、1、2、3、4、5、6。

定义一个枚举变量的语法如下：

枚举类型名　变量名;

例如：

```
enum Weekday day;
```

或者

```
typedef enum Weekday Weekday;
Weekday day;
```

在使用枚举变量时，通常它无法直接输入，赋值时可以赋以枚举类型数据和整型数据，输出时可以以整型方式输出，无法直接输出枚举常量。只能通过输出与枚举常量写法一样的字符串间接输出枚举值。

枚举类型也可以定义数组、指针。下面的例子展示了枚举数组的使用。

例 10.14　枚举类型使用示例。

程序代码如下：

```
/* li10_14.c: 枚举类型使用示例 */
#include <stdio.h>
enum Weekday { sun=7, mon=1, tue, wed, thu, fri, sat };
typedef enum Weekday Weekday;
int main( )
{
   Weekday day[4] = { mon };
   int i;
   day[1] = 2;
   day[2] = 10;
   for( i=0 ; i<4 ; i++ )
   {
      printf ( "day[%d]: %d ", i, day[i] );
      switch( day[i] )
```

```
    {
    case  sun:
        printf("Sunday\n");
        break;
    case  mon:
        printf("Monday\n");
        break;
    case  tue:
        printf("Tuesday\n");
        break;
    case  wed:
        printf("Wednesday\n");
        break;
    case  thu:
        printf("Thursday\n");
        break;
    case  fri:
        printf("Friday\n");
        break;
    case  sat:
        printf("Saturday\n");
        break;
    default:
        printf("Wrong!\n");
    }
  }
  return 0;
}
```

运行程序，输出结果如下：

```
day[0]: 1 Monday
day[1]: 2 Tuesday
day[2]: 10 Wrong!
day[3]: 0 Wrong!
```

说明：

（1）本例中定义了一个枚举类型数组 day，并只对第 0 个元素进行初始化，后面 3 个元素都被初始化为 0。

（2）**对枚举变量赋值时，可以赋以枚举类型数据和整型数据**。另外，从本例也可以看出，虽然枚举类型取值范围对应的整数只有 1-7，但赋值超出该范围时（“day[2] = 10;”），系统并不会进行检查。

（3）枚举类型变量可以以%d 形式输出，其他方式需要编写代码进行转换。

10.5 本章常见错误及解决方案

表 10-1 中列出了与本章内容相关的一些程序错误，分析了其原因，并给出了错误现象及解决方案。

表 10-1 本章常见编程错误及解决方案

错误原因	示例	出错现象	解决方案

结构体定义时缺最后的分号	struct Date
	{
	int year;
	int month;
	int day;
	}
		系统会报错，并通常将错误定位在该代码的下一行，提示信息则不一定相同	改为
			struct Date
			{
			int year;
			int month;
			int day;
			};

定义变量时类型名不完整	struct Date { int year; int month; int day; } ; Date d ;	系统会报错，'Date' : undeclared identifier	方案 1：在变量定义之前加一句定义类型别名： typedef struct Date Date; 方案 2：用完整的类型标识定义变量： struct Date d ;

结构体整体赋值	struct Date d1;
	d1 = { 1989，4，22 };
		系统报错：syntax error : '{'	改为
			d1.year = 1989;
			d1.month = 4;
			d1.day = 22;

联合定义时缺最后的分号	union Score
	{
	int i;
	double d;
	char c;
	}
		系统会报错，并通常将错误定位在该代码的下一行，提示信息则不一定相同	改为
			union Score
			{
			int i;
			double d;
			char c;
			};

习 题

一、单选题

1. 对于一个结构体变量，系统分配的存储空间至少是（　　）。

　A. 第一个成员所需的存储空间

　B. 最后一个成员所需的存储空间

　C. 占用空间最大的成员所需的存储空间

　D. 所有成员存储空间的总和

2. 已有以下定义，则不正确的表达式是（　　）。

```
struct AA
{
    int m;
    char *n;
} x = {100, "hello"}, *y = &x;
```

　A. y->n　　B. *y.n　　C. *y->n　　D. *x.n

3. 已有以下定义，则赋值正确的是（　　）。

```
struct AA
{
```

```
    int  m , n ;
}   aa;
```

A. AA.m = 10;　　B. struct　AA　bb = { 10，20 };

C. struct bb;　bb.m = 10 ;　　D. AA.aa.m = 10;

4. 对于一个联合类型的变量，系统分配的存储空间是（　　）。

A. 第一个成员所需的存储空间　　B. 最后一个成员所需的存储空间

C. 占用空间最大的成员所需的存储空间　　D. 所有成员存储空间的总和

5. 以下枚举类型定义正确的是（　　）。

A. enum Seasons={Spring,Summer,Autumn,Winter};

B. enum Seasons {Spring,Summer,Autumn,Winter};

C. enum Seasons {"Spring","Summer","Autumn","Winter"};

D. enum Odd={1,3,5,7,9};

二、填空题

1. 有结构体定义如下：

```
struct person
{
    int ID;
    char name [ 20 ];
    struct { int year, month, day; }  birthday;
}  Tom;
```

将 Tom 中的 day 赋值为 26 的语句为________。

2. 已有定义“struct { int m，n; } arr[2] = { { 11，22 }，{ 33，44 } }，*ptr = arr;”，则表达式 ++ptr->m 的值为________，（++ptr）->m 的值为________。

三、编程题

1. 从键盘输入一个班级的学生信息，包括学号、姓名和成绩，人数不超过 10 人，要求输出成绩最高者的全部信息。

2. 在例 10.8 的基础上，增加一个函数 Search，实现数据的查找。Search 函数的原型如下，其中 head 为链表的头指针，num 为待查找的数。如果找到，则返回存储该数据的结点地址，否则返回 NULL。

```
Node * Search( Node * head, int num );
```

3. 在例 10.8 的基础上，增加一个函数 Reverse，实现链表的逆置。Reverse 函数的原型如下，其中 head 为链表的头指针。该函数的返回值为新的头指针。

```
Node * Reverse( Node * head );
```

第 11 章 文 件

学习目标：

- 了解文件指针的含义及作用
- 掌握文件的读写操作过程
- 了解常见的文件读写函数与位置指针重定位函数

重点提示：

- 文件的读写操作

难点提示：

- 文件指针的重新定位

11.1 文件与文件指针

在日常使用计算机的过程中，我们会碰到各种各样的文件，如音频文件、视频文件、图像文件、可执行文件、源代码文件、压缩文件等，它们的后缀名称各异，用途、特征、打开方式也各不相同。尽管如此，从计算机的角度来看，它们**本质**都是一致的，**都可看作是一系列数据按照某种次序组织起来的数据流**，或者更简单的说，它们**都是一些数据的集合，**这就是**文件。**

本章将简要介绍磁盘文件的相关操作，主要是文件的读和写。如果将数据从磁盘文件读取至内存，这是一个数据输入的过程，我们称之为**读文件**；反之，如果将数据从内存存放至磁盘文件上，这是一个数据输出的过程，我们称之为**写文件**。由此可见，**数据的输"入"和输"出"都是站在内存的角度而言的，并非从文件的角度出发。**

根据数据的组成形式，C 语言将文件分为两种：文本文件和二进制文件。文本文件又称 ASCII 文件，它是一个**字符序列**，在文件中以 ASCII 字符的形式存放数据。二进制文件是一个**字节序列**，它是将数据以在内存中的形式（即二进制形式）存入文件。例如，一个 short 型的整数 127，以文本方式存储时，它存储的是'1'、'2'、'7'三个字符的 ASCII 码，即 49、50、55。以二进制方式存储时，127 在内存中占 2 字节：00000000 和 01111111，即 0 和 127，因此它存入文件的也是这 2 字节的内容。

对一个文件进行操作时，计算机会将该文件的相关信息，如文件状态、文件在内存中的缓冲区大小等，保存在一个结构体类型的变量中。

该结构体类型是系统预先定义的，名为 FILE，FILE 类型定义如下：

```
struct FILE
```

```
{
    short    level;              /* 缓冲区使用程度 */
    unsigned      flags;         /* 文件状态标志 */
    char          fd;            /* 文件描述符 */
    unsigned char hold;          /* 若无文件缓冲区，则不读取数据 */
    short    bsize;              /* 缓冲区大小 */
    unsigned char *buffer;       /* 缓冲区位置 */
    unsigned char *curp;         /* 指向缓冲区当前数据的指针 */
    unsigned      istemp;        /* 临时文件指示器 */
    short    token;              /* 用于有效性检验 */
};
```

因此，如果编程对一个文件进行操作，用户首先需要定义 1 个 FILE 类型的指针，也称为**文件指针，形如**：

```
FILE * fp;
```

并将 fp 指向文件对应的结构体变量，就可以获取该文件的相关信息，进而进行读写操作。

文件指针是文件操作的基础和关键。

11.2 文件的打开和关闭

在 C 语言中，文件读写的完整过程是：

（1）定义文件指针。

（2）打开文件。

（3）对文件进行读写操作。

（4）关闭文件。

上一节中已经介绍了步骤 1，本节将介绍步骤 2 和步骤 4。

11.2.1 文件打开操作

打开文件就是将文件指针和待处理文件相关联。

在 C 语言中，文件打开函数的原型如下：

```
FILE * fopen(char *filename,char *mode);
```

其中，filemame 为需要打开的文件名称，可以包含文件路径，mode 为文件使用方式（打开方式），具体可见表 11-1。该函数的返回值为 FILE 类型的地址，如果文件打开失败，则返回值为 NULL。

例如，要打开 D 盘 data 目录下的 file1.txt 文本文件以便进行读数据操作，可以使用如下语句：

```
fp = fopen( "D:\\data\\file1.txt", "r");
```

在使用 fopen 函数时需要注意以下几点。

（1）由于文件不存在、磁盘空间满、磁盘写保护等各种原因，文件打开可能会失败。因此，打开文件时最好进行一定的判别，例如：

```
fp = fopen( "D:\\data\\file1.txt", "r");
if (!fp)
{
```

```
    printf("can not open file\n");
    exit(1);
}
```

（2）第 1 个参数 filename 不含路径时，表示打开当前目录下的文件。如果含有路径，则需要注意，路径中的斜杠应使用转义字符'\\'。

（3）mode 可取的参数范围如表 11-1 所示。

表 11-1 文件打开方式

文件打开方式	含 义
r	以输入方式打开 1 个文本文件
w	以输出方式打开 1 个文本文件
a	以输出追加方式打开 1 个文本文件
r+	以读/写方式打开 1 个文本文件
w+	以读/写方式建立 1 个新的文本文件
a+	以读/写追加方式打开 1 个文本文件
rb	以输入方式打开 1 个二进制文件
wb	以输出方式打开 1 个二进制文件
ab	以输出追加方式打开 1 个二进制文件
rb+	以读/写方式打开 1 个二进制文件
wb+	以读/写方式建立 1 个新的二进制文件
ab+	以读/写追加方式打开 1 个二进制文件

说明

①“r”、“r+”、“rb”、“rb+”方式打开文件时，文件内部的位置指针指向文件的开始位置，即从文件起始处开始读取数据。（注意，位置指针不是上文所说的文件指针 fp，它是指示当前数据读/写位置的指针，每读/写一次，位置指针均会向后移动）

②“w”、“w+”、“wb”、“wb+”方式打开文件时，若文件不存在，则建立一新文件，若文件存在，也同样建立一个新文件来覆盖旧文件。文件打开后，位置指针也指在文件开始位置。

③“a”、“a+”、“ab”、“ab+”方式打开文件时，位置指针在文件的末尾。

11.2.2 文件关闭操作

当文件操作完毕后，就应当将其关闭，否则有可能造成部分数据的丢失。文件关闭的函数是：

```
int fclose(FILE *fp);
```

其中 fp 是指向待关闭文件的指针。如果文件关闭成功，函数返回值为 0，否则返回一个 EOF（EOF 是一个定义在 stdio.h 中的符号常量，值为-1）。

例如，要关闭 f1 指针指向的文件，可以使用如下语句。

```
fclose( f1 ) ;
```

11.3 文件读写

文件正常打开后，就可对其进行读写操作。这需要借助文件读写函数来实现。针对不同情形，

C 语言提供了多组读写函数，包括字符读写、字符串读写、格式化读写和块数据读写等。下面分别进行介绍。

11.3.1 字符读写

字符读写函数包括 fputc 和 fgetc 两个函数，它们主要用于文本文件的读写。

fputc 函数的原型如下：

```
int fputc( int c, FILE *fp );
```

其中，c 是要写入的字符，它虽被定义为整型，但只使用最低位的 1 字节，fp 是文件指针。fputc 的功能是，将字符 c 输出至 fp 所指向的文件。如果成功，位置指针自动后移 1 字节的位置，并且返回 c；否则返回 EOF。

fgetc 函数的原型如下：

```
int fgetc( FILE *fp );
```

其中 fp 为文件指针。fgetc 的功能是，从 fp 所指向的文件中读取一个字符，如果成功则返回读取的字符，位置指针自动后移 1 字节的位置；否则返回 EOF。

例 11.1 从键盘读入一段以'$'结尾的文本，将其输出至文本文件 C:\dream.txt 中。

程序代码如下：

```
/* li11_01.c: fputc 函数示例 */
#include<stdio.h>
#include<stdlib.h>
int main( )
{
    FILE *fp;
    char ch;
    fp = fopen( "C:\\dream.txt", "w" );              /* 以“写”的方式打开文本文件 */
    if ( fp == 0 )                                   /* 文件打开失败 */
    {
        printf( "file error\n" );
        exit(1);
    }
    printf( "Enter a text ( end with '$' ):\n");
    ch = getchar( );
    while( ch != '$' )                               /* 写文件操作 */
    {
        fputc(ch, fp);
        ch = getchar( );
    }
    fclose(fp);                                      /* 关闭文件 */
    return 0;
}
```

运行此程序，从键盘输入如下内容：

```
Li is a smart and pretty girl with a good temper.<回车>
Her dream is to study abroad. <回车>
Wish her dream come true.$ <回车>
```

该代码如正确运行，屏幕无输出结果。此时可找到 C 盘下的 dream.txt，打开即可看到刚才输入的文字。

例 11.2　读出文本文件 C:\dream.txt 的内容，并输出至屏幕。

程序代码如下：

```
/* li11_02.c: fgetc 函数示例 */
#include<stdio.h>
#include<stdlib.h>
int main( )
{
    FILE *fp;
    char ch;
    fp = fopen( "C:\\dream.txt", "r" );                /* 以"读"的方式打开文本文件 */
    if ( fp == 0 )                                      /* 文件打开失败 */
    {
        printf( "file error\n" );
        exit(1);
    }
    while( ( ch = fgetc(fp) ) != EOF )                  /* 读文件操作 */
    {
        putchar(ch);
    }
    putchar( '\n' );
    fclose(fp);                                         /* 关闭文件 */
    return 0;
}
```

输出结果为：

```
Li is a smart and pretty girl with a good temper.
Her dream is to study abroad.
Wish her dream come true.
```

说明：

（1）在读文件操作中，本例使用了"while((ch = fgetc(fp)) != EOF)"循环。当发生读文件错误，或者已读到文件结尾时，fgetc 函数返回一个 EOF，循环就结束。

（2）读文件时，需要注意判断何时读到文件结尾。除上述根据 fgetc 的返回值来判断外，C 语言还提供了一个 feof 函数，其原型为：

```
int feof(FILE *fp);
```

该函数的作用是，当位置指针指向文件 fp 的末尾时，返回一个非 0 值，否则返回 0。

因此，上述 while 循环可用下列语句代替。

```
ch = fgetc( fp ) ;                          /* 需要在判断前先读取一个字符 */
while ( !feof( fp ) )
{
    putchar(ch) ;
    ch = fgetc(fp) ;
}
```

11.3.2　字符串读写

字符串读写函数包括 fputs 和 fgets 两个函数，它们主要用于文本文件的读写。

fputs 函数的原型如下：

```
int fputs(const char *s, FILE *fp);
```

其中，s 是要写入的字符串，fp 是文件指针。fputs 的功能：将字符串 s 输出至 fp 所指向的文件（不含'\0'）。如果成功，位置指针自动后移，函数返回一个非负整数；否则返回 EOF。

fgets 函数的原型如下：

```
char *fgets(char *s, int n, FILE *fp);
```

其中，*s* 指向待赋值字符串的首地址，*n* 是控制读取个数的参数，fp 为文件指针。fgets 的功能：从位置指针开始读取一行或 *n*-1 个字符，并存入 *s*，存储时自动在字符串结尾加上'\0'。如果函数执行成功，位置指针自动后移，并返回 *s* 的值，否则返回 NULL。

例 11.3 使用 fgets 函数读取文本文件 C:\dream.txt 的内容，并输出至屏幕。

程序代码如下：

```
/* li11_03.c: fputs 函数示例 */
#include<stdio.h>
#include<stdlib.h>
int main( )
{
    FILE *fp;
    char str[200];
    fp = fopen( "C:\\dream.txt", "r" );              /* 以“读”的方式打开文本文件 */
    if ( fp == 0 )                                    /* 文件打开失败 */
    {
        printf( "file error\n" );
        exit(1);
    }
    while( (fgets(str, 200, fp)) != NULL )           /* 读文件操作 */
    {
        printf("%s",str);
    }
    putchar( '\n' );
    fclose(fp);                                       /* 关闭文件 */
    return 0;
}
```

输出结果同上题。

11.3.3 格式化读写

格式化读写函数包括 fprintf 和 fscanf 两个函数，它们主要用于文本文件的读写。

fprintf 函数的原型如下：

```
int fprintf( FILE *fp, const char* format, 输出参数 1, 输出参数 2… );
```

其中，fp 是文件指针，format 为格式控制字符串，输出参数表列为待输出的数据。fprintf 的功能是根据指定的格式（format 参数）发送数据（输出参数）到文件 fp。

fscanf 函数的原型如下：

```
int fscanf( FILE *fp, const char* format, 地址 1, 地址 2… );
```

其中，fp 是文件指针，format 为格式控制字符串，地址表列为输入数据的存放地址。fscanf 的功能是根据指定的格式（format 参数）从文件 fp 中读取数据至内存（地址）。

例 11.4 已知 C:\computer.txt 中存放了学生的计算机考试成绩，具体如下：

```
1001 zhanghua    87
1002 wutao       65
1003 lisi        92
```

其中，第 1 列表示学生的学号，第 2 列表示学生的姓名，第 3 列表示学生的成绩。

要求使用 fscanf 函数读取该文件的内容，并输出至屏幕。

程序代码如下：

```
/* li11_04.c: fscanf 函数示例 */
#include<stdio.h>
#include<stdlib.h>
struct Student
{
    int ID;                                                 /* 学号 */
    char name[20];                                          /* 姓名 */
    double score;                                           /* 成绩 */
};
int main( )
{
    FILE *fp;
    struct Student st;
    fp = fopen( "C:\\computer.txt", "r" );                  /* 打开文本文件 */
    if ( fp == 0 )                                          /* 文件打开失败 */
    {
        printf( "file error\n" );
        exit(1);
    }
    fscanf( fp, "%d%s%lf", &st.ID, st.name, &st.score );    /* 先读一条记录 */
    while( !feof(fp) )
    {
        fprintf( stdout, "%d %-8s\t%.2f\n", st.ID, st.name, st.score );
/*      printf( "%d %-8s\t%.2f\n", st.ID, st.name, st.score );      */
        fscanf( fp, "%d%s%lf", &st.ID, st.name, &st.score );
    }
    fclose(fp);
    return 0;
}
```

输出结果如下：

```
1001 zhanghua     87.00
1002 wutao        65.00
1003 lisi         92.00
```

说明：

语句“fprintf(stdout, "%d %-8s\t%.2f\n", st.ID, st.name, st.score);”与语句“printf ("%d %-8s \t%.2f\n", st.ID, st.name, st.score);”是等效的。事实上，**stdout 就是默认的对应显示器的文件指针，stdin 就是默认的对应键盘的文件指针。**

11.3.4 块数据读写

块数据读写函数包括 fwrite 和 fread 两个函数，它们主要用于二进制文件的读写。

fwrite 函数的原型如下：

```
int fwrite( const void *buffer, int size, int n, FILE *fp );
```

其中，buffer 表示要输出数据的首地址，size 为数据块的字节数，*n* 为数据块的个数，fp 是文件指针。fwrite 的功能：从内存中的 buffer 地址开始，将连续 *n**size 字节的内容写入 fp 文件中。

该函数的返回值是实际写入的数据块个数。

fread 函数的原型如下：

```
int fread( void *buffer, int size, int n, FILE *fp );
```

其中，buffer 表示要输入数据的首地址，size 为数据块的字节数，*n* 为数据块的个数，fp 是文件指针。fread 的功能：从文件 fp 中，连续读取 *n**size 字节的内容，并存入 buffer 指向的内存空间。该函数的返回值是实际读入的数据块个数。

例 11.5 有一批学生的数据，包括学号、姓名、考试成绩等信息，要求使用 fwrite 函数将其存入文件 C:\computer.dat 文件中。

程序代码如下：

```
/* li11_05.c: fwrite 函数示例 */
#include<stdio.h>
#include<stdlib.h>
struct Student
{
   int ID;                                               /* 学号 */
   char name[20];                                        /* 姓名 */
   double score;                                         /* 成绩 */
};
int main( )
{
   FILE *fp;
   struct Student st[3] = {{ 1001, "Tom", 74 }, { 1002, "Jack", 83 }, { 1003, "Lisa", 
66} };
   fp = fopen( "C:\\computer.dat", "wb" );                /* 打开二进制文件，写方式 */
   if ( fp == 0 )                                        /* 文件打开失败 */
   {
      printf( "file error\n" );
      exit(1);
   }
   fwrite( st, sizeof(st), 1, fp);
/*  fwrite( st, sizeof(struct Student), 3, fp); */
   fclose(fp);
   return 0;
}
```

说明：

（1）语句“fwrite(st，sizeof(st)，1，fp);”与“fwrite(st，sizeof(struct Student)，3，fp);”是等效的。

（2）该程序显示器无输出，程序的输出结果存储在文件 C:\computer.dat 中。由于该文件是一个二进制文件，直接打开时显示的是乱码，所以还需要写一个程序来读这个二进制文件。

例 11.6 使用 fread 函数读取文件 C:\computer.dat 文件的内容并输出至屏幕。

程序代码如下：

```
/* li11_06.c: fread 函数示例 */
#include<stdio.h>
#include<stdlib.h>
struct Student
{
```

```
    int ID;                                               /* 学号 */
    char name[20];                                        /* 姓名 */
    double score;                                         /* 成绩 */
};
int main( )
{
    FILE *fp;
    struct Student st;
    fp = fopen( "C:\\computer.dat", "rb" );               /* 打开二进制文件，读方式 */
    if ( fp == 0 )                                        /* 文件打开失败 */
    {
        printf( "file error\n" );
        exit(1);
    }
    fread( &st, sizeof(st), 1, fp );                      /* 读取一个数据块 */
    while( !feof(fp) )
    {
        printf( "%d %-8s \t%.2f\n", st.ID, st.name, st.score );
        fread( &st, sizeof(st), 1, fp );
    }
    fclose(fp);
    return 0;
}
```

输出结果如下：

```
1001 Tom     74.00
1002 Jack    83.00
1003 Lisa    66.00
```

说明：

（1）选择文件读写函数时应与文件的类型相匹配。二进制文件使用二进制读写函数来操作。文本文件也应使用文本读写函数来操作。

（2）对比本例和前两例可知，结构体类型的数据可以使用文本文件存储，也可以使用二进制文件存储。

思考题

在本例中，如果去除 while 循环前面的 fread 语句，并将 while 中的语句做如下调整，是否可行？

```
while( !feof(fp) )
{
    fread( &st, sizeof(st), 1, fp );
    printf( "%d %-8s \t%.2f\n", st.ID, st.name, st.score );
}
```

11.4　位置指针的定位

前面介绍了几组文件函数，读写操作完成后，位置指针都会往文件末尾顺序移动相应的距离。从本质上说，这些操作均属于文件的顺序读写。本节将介绍几个函数，可以对位置指针进行更改。借助于这几个函数，就可以实现文件的随机读写。

相关的函数包括：rewind、fseek、ftell 等。

（1）**rewind 函数。**该函数的原型如下：

```
int rewind ( FILE *fp );
```

其中 fp 为文件指针。该函数的作用是，使文件 fp 的位置指针重新指向文件头。

（2）**fseek 函数。**该函数的原型如下：

```
int fseek ( FILE *fp, long offset, int from );
```

其中，fp 为文件指针，offset 为移动的字节数，from 为移动的起始位置。该函数的作用是，将文件指针从 from 开始移动 offset 字节。from 的取值范围如下：

- 0 或者 SEEK_SET：起始位置为文件头。
- 1 或者 SEEK_CUR：起始位置为当前位置。
- 2 或者 SEEK_END：起始位置为文件尾。

当 offset 为正数时，表示向文件末尾移动；反之，则表示向文件起始位置移动。需要注意的是，offset 必须为长整型。

（3）**ftell 函数。**该函数的原型如下：

```
long ftell(FILE *fp);
```

其中 fp 为文件指针。该函数的作用是，返回位置指针相对于文件头的位置，如果出错，则返回-1L。

例 11.7 修改文本文件 C:\dream.txt 中的内容，将所有的小写字母改为大写字母。

程序代码如下：

```
/* li11_07.c: fseek 函数示例 */
#include<stdio.h>
#include<stdlib.h>
int main( )
{
    FILE *fp;
    char ch;
    fp = fopen( "C:\\dream.txt", "r+" );          /* 打开文本文件，读写方式 */
    if ( fp == 0 )                                 /* 文件打开失败 */
    {
        printf( "file error\n" );
        exit(1);
    }
    while( ( ch = fgetc(fp) ) != EOF)
    {
        if ( ch >= 'a' && ch <= 'z')
        {
            ch -= 32;
            fseek ( fp, -1L, 1 );                  /* 回退 1 字节 */
            fputc ( ch, fp );
            fflush( fp );                          /* 清空缓冲区，将其中的内容输出 */
        }
    }
    fclose(fp);
    return 0;
}
```

该题屏幕上无输出结果。找到 C:\dream.txt 文件后，可发现文件内容发生了更改，所有的小写字母均变成了大写字母。

11.5 应用举例——文件的复制

本节以文件的复制为例，介绍文件操作的应用。

例 11.8 文件复制。

程序代码如下：

```
/* li11_08.c: 文件复制 */
#include<stdio.h>
#include<stdlib.h>
int main( )
{
    FILE *fin, *fout;
    char s1[ ] = "C:\\dream.txt", s2[ ] = "D:\\dream.txt";
    char ch;

    fin = fopen( s1, "r" );
    if ( fin == 0 )                                   /* 源文件打开失败 */
    {
        printf( "file error\n" );
        exit(1);
    }
    fout = fopen( s2, "w" );
    if ( fout == 0 )                                  /* 目标文件打开失败 */
    {
        printf( "file error\n" );
        exit(1);
    }
    while( ( ch = fgetc(fin) ) != EOF )               /* 从源文件读取数据 */
    {
        fputc( ch, fout );                            /* 往目标文件写 */
    }
    fclose( fin );
    fclose( fout );
    return 0;
}
```

说明：

（1）本例屏幕上无输出结果。程序运行完后，可到 D 盘根目录下找到 dream.txt 文件，其内容与 C:\dream.txt 文件内容相同。

（2）程序复制的基本思路就是，定义两个文件指针，一个指向源文件，读取数据，另一个指向目标文件，写入数据。

（3）该程序还可以改为字符串读写的方式。

思考题

将本例文件的复制改为用字符串读写函数来实现。

11.6 本章常见错误及解决方案

表 11-2 中列出了与本章内容相关的一些程序错误，分析了其原因，并给出了错误现象及解决方案。

表 11-2　　本章常见编程错误及解决方案

错误原因	示例	出错现象	解决方案
打开文件时，文件路径名中的斜杠未使用'\\'	fp = fopen ("D:\123. txt", "r");	无报错，但经常提示文件打开错误	改为 fp = fopen ("D:\\123.txt", "r");
用文本读写函数对二进制文件进行读写	fscanf(fp, "%d", &a); 且 fp 指向二进制文件	无报错，通常读不到需要的数据	使用二进制的方式打开二进制文件，并使用 fread、fwrite 等函数进行读写操作

文件操作结束后，未使用 fclose 关闭文件	int main( )
	{
	FILE *fp;
	fp = fopen (......);
	......
	return 0;
	}
		无报错，但文件中的数据可能会丢失	改为
			int main( )
			{
			FILE *fp;
			fp = fopen (......);
			......
			fclose(fp) ;
			return 0;
			}

习　　题

一、单选题

1. 关于文件，下列说法中正确的是（　　）。
   A. C 语言中，根据数据的存放形式，文件可分为文本文件和二进制文件
   B. C 语言只能读写二进制文件
   C. C 语言中的文件由记录序列组成
   D. C 语言只能读写文本文件
2. 如果要对 E 盘 myfile 目录下的文本文件 abc.txt 进行读写操作，文件打开方式应为（　　）。
   A. fopen("e:\\myfile\\abc.txt", "wb");　　B. fopen("e:\\myfile\\abc.txt", "r+");
   C. fopen("e:\myfile\abc.txt", "r");　　D. fopen("e:\\myfile\\abc.txt", "rb");
3. 对“fread(arr, 36, 3, fp)”解释正确的是（　　）。
   A. 从 fp 中读出整数 36，并存放至 arr 中
   B. 从 fp 中读出整数 36 和 3，并存放至 arr 中
   C. 从 fp 中读出 36 字节的内容，并存放至 arr 中
   D. 从 fp 中读出 3 个 36 字节的内容，并存放至 arr 中

4. 设已有一个结构体类型 ST，并定义一个结构体数组如下：

```
struct ST stu[30];
```

如果要将这个数组的内容全部写入文件 fp，以下方法中不正确的是（　　）。

A. fwrite(stu，sizeof(struct ST)，30，fp);

B. fwrite(stu，30*sizeof(struct ST)，1，fp);

C. fwrite(stu，sizeof(stu)，30，fp);

D. for (i=0 ; i<30 ; i++)
        fwrite(stu +i，sizeof(struct ST)，1，fp);

5. 以下选项中，不能将文件位置指针移到文件开头的是（　　）。

A. rewind(fp);　　B. fseek(fp，0，0);

C. fseek(fp，SEEK_SET，1);　　D. fseek(fp，SEEK_CUR，0);

二、编程题

1. 编写一个程序，将 D:\\abc.txt 文件中的内容复制入 D:\\def.txt 文件中，复制时，将所有的小写字母转换为大写字母，其他字符保持不变。

2. 编写一个程序，从键盘读入一个文本文件的路径及名称，统计该文件中字母、数字及其他字符的数量分别是多少。

3. 某班有 10 个学生，编写一个程序，从键盘输入这 10 个学生的学号、姓名、计算机成绩和英语成绩，计算总分，并将所有信息及总分存入 D 盘的 score.txt 文件中。

第 12 章 学生成绩管理系统的设计与实现

学习目标：

- 学会用结构化程序设计思想设计一个综合性的程序
- 会根据问题的求解需要定义合理的数据结构，设计相应的算法
- 掌握多文件工程的实现方法，会正确划分和定义各个模块

重点提示：

- 各模块的合理划分，对应函数的设计与实现
- 各个模块间数据进行交互的方式
- 数据的读取与存储

难点提示：

- 菜单的合理设计，人机交互方面的考虑
- 各个函数的入口参数设置，返回值设定，函数之间如何相互调用完成相应功能

12.1 系统概述

到目前为止，C 语言中的基本知识已经介绍完毕。第 2 章、第 3 章讲解了基本知识，为后续编程中用到常量、变量、表达式打下基础；第 4 章、第 5 章、第 9 章介绍的流程控制、函数、多文件工程等知识使我们拥有了“自顶向下、逐步细化、模块化”程序设计的基本工具；第 6 章～第 8 章、第 10 章介绍了数组、指针、字符串、结构体和链表等各种数据类型的知识，使我们具备了处理较复杂数据的能力；第 11 章文件的知识解决了数据的永久性存储问题。

现在，我们通过设计并实现一个学生成绩管理系统，将本书中所有学过的知识作一个综合应用，以便于更好地理解和运用所学知识，将它们落实在具体的程序设计中。

一个综合的学生成绩管理系统，要求能够管理若干个学生几门课程成绩，需要实现以下功能：读入学生信息，以数据文件的形式存储学生信息；可以按学号增加、修改、删除学生的信息；按学号、姓名、名次等方式查询学生信息；可以依学号顺序浏览学生信息；可以统计每门课的最高分、最低分以及平均分；计算每个学生的总分并进行排名。

根据题目要求的功能，用结构化程序设计的思想，将系统分成 5 大功能模块：显示基本信息、基本信息管理、学生成绩管理、考试成绩统计、根据条件查询。各功能模块下又有不同的子模块，如图 12-1 所示。

为实现该系统，需要解决以下问题：

（1）数据的表示，用什么样的数据类型能正确、合理、全面地表示学生的信息，每个学生必须要有哪些信息。

（2）数据的存储，用什么样的结构存储学生的信息，有利于可扩充性并方便操作。

（3）数据的永久保存问题，数据以怎样的形式保存在磁盘上，避免数据的重复录入。

（4）如何能做到便于操作，即人机接口的界面友好，方便使用者的操作。

（5）如何抽象各个功能，做到代码复用程度高，函数的接口尽可能简单明了。

系统的设计与实现，就从数据类型的定义开始吧。

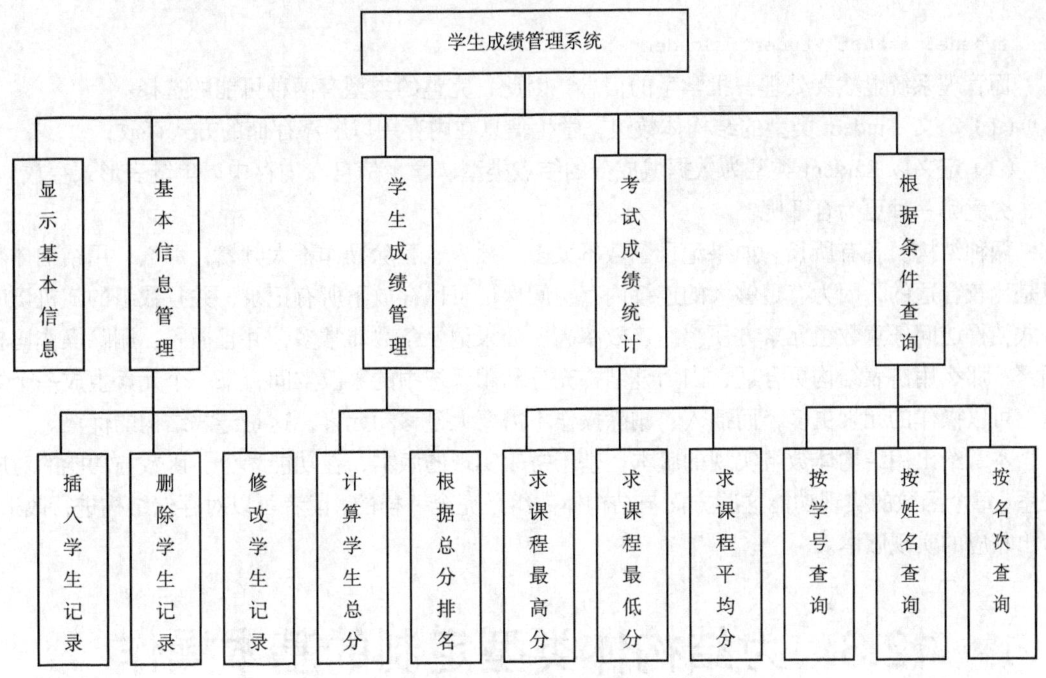

图 12-1 学生成绩档案管理系统的功能模块图

12.2 数据类型的定义

根据题目要求，一个学生的信息包含表 12-1 所示的几个方面。

表 12-1 学生信息的各个成员及类型

需要表示的信息	成员名	类型	成员值的获得方式
学号	num	long 长整型	输入提供
姓名	name	char [ ] 字符串	输入提供
性别	sex	char[ ] 字符串	输入提供
3 门课的成绩	score	int [ ] 一维整型数组	输入提供
总分	total	int 整型	根据 3 门课成绩计算
名次	rank	int 整型	根据总分计算

显然，将不同类型的成员作为同一个变量的不同成分，必须用结构类型来定义。表示每个学生信息对应的结构类型定义如下：

```
struct Student
{
    long num;                  /*学号*/
    char name[20];             /*姓名*/
    char sex[10];              /*性别*/
    int score[3];              /*3 门课成绩*/
    int total;                 /*总分*/
    int rank;                  /*名次*/
};
typedef struct Student  Student ;
```

而管理系统显然要处理一批学生的信息，因此，完整的类型有两种可能的选择：

（1）定义 Student 类型的结构体数组，学生信息在内存中以顺序存储的方式存放；

（2）定义以 Student 类型为数据域成分的结点类型，学生信息在内存中以单链表形式存放。

究竟哪一种更为合适呢?

两种结构，各有所长。如果记录条数不太多，插入、删除操作不太频繁，那么，用结构体数组是比较合适的，因为有足够大的连续内存空间保证可以存放下所有记录，并且数组的随机访问方式使得访问任意数组元素方便快捷、效率高。如果记录条数非常多，并且插入、删除操作比较频繁，那么用链表结构更合适，因为该结构充分利用系统中的零散空间，来一个元素生成一个结点，可以操作的元素更多，而插入、删除操作不需要大量移动元素，这是链式结构的优势。

本章给出用结构体数组实现的版本。基于链表实现的版本，在功能划分、函数与功能的对应关系、每个函数的实现功能这些方面与结构体数组是完全一样的，读者可以对存储结构进行改造，给出相应的实现版本。

12.3 为结构体类型定制的基本操作

之前我们分析了该系统中用来表示学生信息结构体类型的具体定义，为了完成系统既定的功能，需要对结构体数组或结构体变量进行相应的操作，以函数的形式体现出来，这些函数将会在各个模块中得到调用。

根据图 12-1 系统功能模块图可知，在结构体数组或变量之上，需要提供下列基本操作：读入一个或一批记录、输出一个或一批记录、查找、删除、修改、排序、求总分和名次、求课程的各种分数等，在这些函数中还会用到按一定的条件判断两个结构体变量是否相等，以及二者之间的大小关系，这些在查找和排序中肯定需要用到。

因此，将基于 Student 类型基本操作的定义和实现分别放在 student.h 和 student.c 两个文件中。这两个文件的内容如下：

```
/* ①student.h 文件的完整内容 */
#ifndef _STUDENT                    /*条件编译，防止重复包含的错误*/
#define _STUDENT
#include <string.h>
#define NUM 20                      /*定义学生人数常量，此处可以根据实际需要修改常量值*/
struct Student                      /*学生记录的数据域*/
```

```
{
    long num;
    char name[20];
    char sex[10];
    int score[3];
    int total;
    int rank;
};
typedef struct Student Student;
#define sizeStu sizeof(Student)          /*一个学生记录所需要的内存空间大小*/
int readStu(Student stu[],int n);        /*读入学生记录值,学号为 0 或读满规定条数记录时停止*/
void printStu(Student  *stu , int n);    /*输出所有学生记录的值*/

int equal(Student s1,Student s2,int condition);
                                /*根据 condition 条件判断两个 Student 类型数据相等否*/
int larger(Student s1,Student s2,int condition);
                                /*根据 condition 比较 Student 类型数据大小*/
void reverse(Student stu[],int n);       /*学生记录数组元素逆置*/

void calcuTotal(Student stu[],int n);    /*计算所有学生的总分*/
void calcuRank(Student stu[],int n);     /*根据总分计算学生的名次，允许有并列名次*/
void calcuMark(double m[3][3],Student stu[],int n);
                                         /*求三门课的最高、最低、平均分，m 数组第一维*/
                                         /*表示哪门课，第二维表示最高、最低、平均分*/


void sortStu(Student stu[],int n,int condition);
                                         /*选择法从小到大排序，按 condition 所规定的条件*/

int searchStu(Student stu[],int n,Student s,int condition,int f[]) ;
                                         /*根据条件查找数组中与 s 相等的各元素*/
                       /*下标置于 f 数组中，设 f 数组是因为查找结果可能不止一条记录*/
int insertStu(Student stu[],int n,Student s);          /*向数组中插入一个元素按学号排序*/
int deleteStu(Student stu[],int n,Student s);          /*从数组中删除一个指定学号的元素*/
#endif

/*②student.c 文件的完整内容*/
#include "student.h"
#include <stdio.h>

int readStu(Student  *stu , int n)       /*读入学生记录值,学号为 0 或读满规定条数记录时停止*/
{
    int i,j;
    for (i=0;i<n;i++)
    {
        printf("Input one student\'s information\n");
        printf("num:  ");
        scanf("%ld", &stu[i].num);
        if (stu[i].num==0) break;
        printf("name: ");
        scanf("%s",stu[i].name);
        printf("sex:  ");
```

```
        scanf("%s",stu[i].sex);
         stu[i].total=0;                       /*总分需要计算求得，初值置为 0*/
        printf("Input three courses of the student:\n");
        for (j=0;j<3;j++)
        {
            scanf("%d",&stu[i].score[j]);
        }
        stu[i].rank=0;                         /*名次需要根据总分来计算，初值置为 0*/
    }
    return i;                                  /*返回实际读入的记录条数*/
}

void printStu ( Student  *stu , int n)  /*输出所有学生记录的值*/
{
    int i,j;
    for (i=0;i<n;i++)
    {
        printf("%8ld  ", stu[i].num);
        printf("%8s", stu[i].name);
        printf("%8s", stu[i].sex);
        for (j=0;j<3;j++)
            printf("%6d",stu[i].score[j]);
        printf("%7d",stu[i].total);
        printf("%5d\n",stu[i].rank);
    }
}

int equal(Student s1,Student s2,int condition)        /*如何判断两个 Student 记录相等*/
{
    if (condition==1)                          /*如果参数 condition 的值为 1，则比较学号*/
    return s1.num==s2.num;
    else if (condition==2)                     /*如果参数 condition 的值为 2，则比较姓名*/
    {
        if (strcmp(s1.name,s2.name)==0)        return 1;
        else return 0;
     }
    else if (condition==3)                     /*如果参数 condition 的值为 3，则比较名次*/
         return s1.rank==s2.rank;
    else if (condition==4)                     /*如果参数 condition 的值为 4，则比较总分*/
        return s1.total==s2.total;
    else return 1;                             /*其余情况返回 1*/
}

int larger(Student s1,Student s2,int condition)
                                               /*根据 condition 条件比较两个 Student 记录的大小*/
{
    if (condition==1)                          /*如果参数 condition 的值为 1，则比较学号*/
        return s1.num>s2.num;
    if (condition==2)                          /*如果参数 condition 的值为 2，则比较总分*/
        return s1.total>s2.total;
    else return 1;                             /*其余情况返回 1*/
```

```
}

void reverse(Student stu[],int n)        /*数组元素逆置*/
{
    int i;
    Student temp;
    for (i=0;i<n/2;i++)                  /*循环次数为元素数量的一半*/
    {
        temp=stu[i];
        stu[i]=stu[n-1-i];
        stu[n-1-i]=temp;
    }
}

void calcuTotal(Student stu[],int n)     /*计算所有学生的总分*/
{
    int i,j;
    for (i=0;i<n;i++)                    /*外层循环控制所有学生记录*/
    {
        stu[i].total =0;
        for (j=0;j<3;j++)                /*内层循环控制三门功课*/
            stu[i].total +=stu[i].score[j];
    }
}

void calcuRank(Student stu[],int n)      /*根据总分计算所有学生的排名，成绩相同者名次相同*/
{
    int i ;
    sortStu(stu,n,2);                    /*先调用 sortStu 算法，按总分由小到大排序*/
    reverse(stu,n);                      /*再逆置，则按总分由大到小排序*/
    stu[0].rank=1;                       /*第 1 条记录的名次一定是 1*/
    for (i=1;i<n;i++)                    /*从第 2 条记录一直到最后一条进行循环*/
    {
        if (equal(stu[i],stu[i-1],4))    /*如果当前记录与其相邻的前一条记录总分相等*/
            stu[i].rank=stu[i-1].rank;   /*则当前记录名次等于其相邻的前一条记录名次*/
        else
            stu[i].rank=i+1;             /*如不相等时，则当前记录名次等于其下标号+1*/
    }
}

void calcuMark(double m[3][3],Student stu[],int n)   /*求三门课的最高、最低、平均分*/
/*其中形式参数二维数组 m 的第一维代表三门课，第二维代表最高、最低、平均分*/
{
    int i,j;
    for (i=0;i<3;i++)                    /*求三门课的最高分*/
    {
        m[i][0]=stu[0].score[i];
        for (j=1;j<n;j++)
            if (m[i][0]<stu[j].score[i])
                m[i][0]=stu[j].score[i];
    }
```

```
    for (i=0;i<3;i++)                          /*求三门课的最低分*/
    {
        m[i][1]=stu[0].score[i];
        for (j=1;j<n;j++)
            if (m[i][1]>stu[j].score[i])
                m[i][1]=stu[j].score[i];
    }
    for (i=0;i<3;i++)                          /*求三门课的平均分*/
    {
        m[i][2]=stu[0].score[i];
        for (j=1;j<n;j++)
            m[i][2]+=stu[j].score[i];
        m[i][2]/=n;
    }
}

void sortStu(Student stu[],int n,int condition)
                                   /*选择法排序，按 condition 条件由小到大排序*/
{
    int i,j,minpos;                            /*minpos 用来存储本趟最小元素所在的下标*/
    Student t;
    for (i=0;i<n-1;i++)                        /*控制循环的 n-1 趟*/
    {
        minpos=i;
        for (j=i+1;j<n;j++)                    /*寻找本趟最小元素所在的下标*/
            if (larger(stu[minpos],stu[j],condition))
                    minpos=j;
        if (i!=minpos)                         /*保证本趟最小元素到达下标为 i 的位置*/
        {
            t=stu[i];
            stu[i]=stu[minpos];
            stu[minpos]=t;
        }
    }
}

int searchStu(Student stu[],int n,Student s,int condition,int f[ ])
                                   /*在 stu 数组中依 condition 条件查找*/
  /*与 s 相同的元素，由于不止一条记录符合条件，因此将这些元素的下标置于 f 数组中*/
{
    int i,j=0,find=0;
    for (i=0;i<n;i++)                          /*待查找的元素*/
        if (equal(stu[i],s,condition))
        {
            f[j++]=i;                          /*找到了相等的元素，将其下标放到 f 数组中*/
            find++;                            /*统计找到的元素个数*/
        }
    return find;                               /*返回 find，其值为 0，则表示没找到*/
}

int insertStu(Student stu[],int n,Student s)     /*向 stu 数组中依学号递增插入一个元素 s*/
{
```

```
    int i;
    sortStu(stu,n,1);                              /*先按学号排序*/
    for (i=0;i<n;i++)
    {
        if (equal(stu[i],s,1))                     /*学号相同不允许插入，保证学号的唯一性*/
        {
            printf("this record exist,can not insert again!\n");
            return n;
        }
    }
    for (i=n-1;i>=0;i--)                           /*按学号从小到大排序*/
    {
        if (!larger(stu[i],s,1))                   /*如果 s 大于当前元素 stu[i]，则退出循环*/
        break;
        stu[i+1]=stu[i];                           /*否则元素 stu[i]后移一个位置*/
    }
    stu[i+1]=s;                                    /*在下标 i+1 处插入元素 s*/
    n++;                                           /*元素个数增加 1*/
    return n;                                      *返回现有元素个数*/
}

int deleteStu(Student stu[],int n,Student s)      /*从数组中删除指定学号的一个元素*/
{
    int i,j;
    for (i=0;i<n;i++)                              /*寻找待删除的元素*/
        if (equal(stu[i],s,1))   break;            /*如果找到相等元素则退出循环*/
    if (i==n)                                      /*如果找不到待删除的元素*/
    {
        printf("This record does not exist!\n");  /*给出提示信息后返回*/
        return n;
    }
    for (j=i; j<n-1; j++)                          /*此处隐含条件为 i<n 且 equal(stu[i],s,1)成立*/
        stu[j]=stu[j+1];                           /*通过移动覆盖删除下标为 i 的元素*/

    n--;                                           /*元素个数减少加 1*/
    return n;                                      /*返回现有个数*/
}
```

这里的函数主要涉及输入/输出、查找、插入、删除、求最值、求平均等功能，这些算法的思想在第 7 章中基本都已经介绍过，只是此处换成了结构体数组，方法相同，在此不再赘述。

但是，需要对其中的部分函数再作一些说明：

（1）readStu()和 printStu( )函数都是实现读入或输出 *n* 个元素的，当实参 *n* 为 1 时，该函数的功能就是读入或输出一个记录，依然是可以正确执行的，在后续的程序中有时需要对单个记录进行输入/输出处理，有时是批量的输入/输出，这两个函数适用于这两种需求。

（2）eaual 函数中的形式参数 condition，是为了使函数更通用。因为程序中需要用到多种判断相等的方式：按学号、按分数、按名次、按姓名，没有必要分别写出 4 个判相等的函数，所以用同一个函数实现，通过 condition 参数来区别到底需要按什么条件进行判断，简化了程序的接口。

（3）larger 函数中形式参数 condition 的用法和意义与 equal 函数中相同，在程序中进行排序时主要是根据学号或分数进行，因此本函数中 condition 的取值只定义了两种，读者在实现程序时，如果还有其他需要判断大小的情况，则增加 condition 变量的选值就可以了。

（4）calcuRank 函数用来计算所有同学的名次，本函数中，要充分考虑相同总分的同学名次相同，并且在有并列名次的情况下，后面同学的名次应该跳过空的名次号。例如，有两个同学并列第 5，则下一个分数的同学应该是第 7 名而不应该是第 6 名，这在赋值的时候用双分支 if 来控制。

（5）searchStu 函数用来实现按一定条件的查询，该函数将被查询模块所调用，查询的依据有学号、姓名、名次，本系统中，只有按学号查询得到的结果是唯一的，因为在进行插入、删除等基本信息的管理时已经保证了学号的唯一性。按姓名及名次查询都有可能得到多条记录结果，因此，该函数中用 f 数组来存储符合条件的记录的下标，通过此参数将所有查询下标返回给主调用函数，从而才得出查询后所有符合条件的结果。函数的返回值是符合查询条件的元素个数，这样便于主调用函数控制数组输出时的循环次数。

（6）函数 calcuMark 用来求三门课程的最高分、最低分、平均分，共有 9 个信息，因此形式参数表中用一个二维数组来返回这 9 个求解的结果，第一下标代表哪门课，第二下标的 0、1、2 分别对应于最高分、最低分及平均分。

这些定义在 Student 类型之上的函数，将在主控模块的各个子功能相应位置得到调用。

12.4 用二进制文件实现数据的永久保存

在这样一个管理系统中，初次输入的学生数据信息肯定要保存到磁盘文件中，下次再运行程序的时候无需再从键盘上输入大量数据，而是从已有的磁盘文件中读取内容到内存中来进行处理。对于 Student 类型数据的存取，用二进制文件效率更高。

程序每次运行时，自动调用 readFile( )函数打开文件，从文件中读取一条条记录信息到内存，保存在结构体数组中。如果此时文件还不存在，则首先调用建立初始文件的函数 createFile( )，将从键盘读入的一条条记录首先存入文件中；在程序每次运行结束退出前时，调用 saveFile( )函数将内存中的所有记录保存到文件中。

文件的建立、读出、保存这 3 个函数定义在头文件 file.h 中。

```
//*③ file.h 文件的内容如下
#include <stdio.h>
#include <stdlib.h>
#include "student.h"
int  createFile(Student stu[ ])                          /*建立初始的数据文件*/
{
   FILE *fp;
   int n;
   if((fp=fopen("d:\\student.dat", "wb")) == NULL)   /*指定好文件名，以写入方式打开*/
   {
      printf("can not open file !\n");               /*若打开失败，输出提示信息*/
      exit(0);                                       /*然后退出*/
   }
   printf("input students\' information:\n");
   n=readRecord (stu,NUM);                              /*调用 student.h 中的函数读数据*/
   fwrite(stu,sizeStu,n,fp);                        /*将刚才读入的所有记录一次性写入文件*/
```

```
    fclose(fp);                                   /*关闭文件*/
    return n;
}

int readFile(Student stu[ ] )                     /*将文件中的内容读出置于结构体数组 stu 中*/
{
    FILE *fp;
    int i=0;
    if((fp=fopen("d:\\student.dat", "rb")) == NULL)      /*以读的方式打开指定文件*/
    {
        printf("file does not exist,create it first:\n");
                                                  /*如果打开失败，则输出提示信息*/
        return 0;                                 /*然后返回 0*/
    }
    fread(&stu[i],sizeStu,1,fp);                  /*读出第一条记录*/
    while(!feof(fp))                              /*文件未结束时循环*/
    {
    i++;
        fread(&stu[i],sizeStu,1,fp);              /*再读出下一条记录*/
    }
    fclose(fp);                                   /*关闭文件*/
    return i;                                     /*返回记录条数*/
}

void saveFile(Student stu[],int n)                /*将结构体数组的内容写入文件*/
{
    FILE *fp;
    if((fp=fopen("d:\\student.dat", "wb")) == NULL)   /*以写的方式打开指定文件*/
    {
        printf("can not open file !\n");          /*如果打开失败，输出提示信息*/
        exit(0);                                  /*然后退出*/
    }
    fwrite(stu,sizeStu,n,fp);
    fclose(fp);                                   /*关闭文件*/
}
```

12.5　用两级菜单四层函数实现系统

系统的实现充分考虑模块的合理划分，代码的可重用性等问题，完整的程序由 4 个文件组成：student.h、student.c、file.h、li12_1.c。

在 VC++环境下，应将以上 4 个文件加入到同一个工程中，并且在磁盘上存于同一个文件夹下，因为程序中的文件包含指令并未指明文件的绝对路径。

所有的菜单都是通过定义函数，并被其他函数调用后显示以起到提示作用。根据操作时显示的顺序，5 个菜单分为两级。两级菜单的使用提高了人机交互性，而且同一层菜单可多次选择再结束，操作更便捷灵活。

对照功能模块图，各菜单的细节如表 12-2 所示。

表 12-2　　系统中的各个菜单具体信息

菜单	一级菜单	二级菜单（1）	二级菜单（2）	二级菜单（3）	二级菜单（4）
函数名	void menu();	void menuBase( );	void menuScore( );	void menuCount( );	void menuSearch( );
对应功能模块	学生成绩管理系统	基本信息管理	学生成绩管理	考试成绩统计	根据条件查询
被哪个函数调用	main 函数	baseManage 函数	scoreManage 函数	countManage 函数	searchManage 函数

文件 li12_1.c 中共定义了 13 个函数，每一个函数的功能明确，代码简洁，使得整个系统很好地体现了模块化程序设计思想。根据函数之间调用的关系，分为 4 层函数，如图 12-2 所示，图中位于方框内的函数是本文件中所定义的函数，其余函数来自于工程中的其他文件。

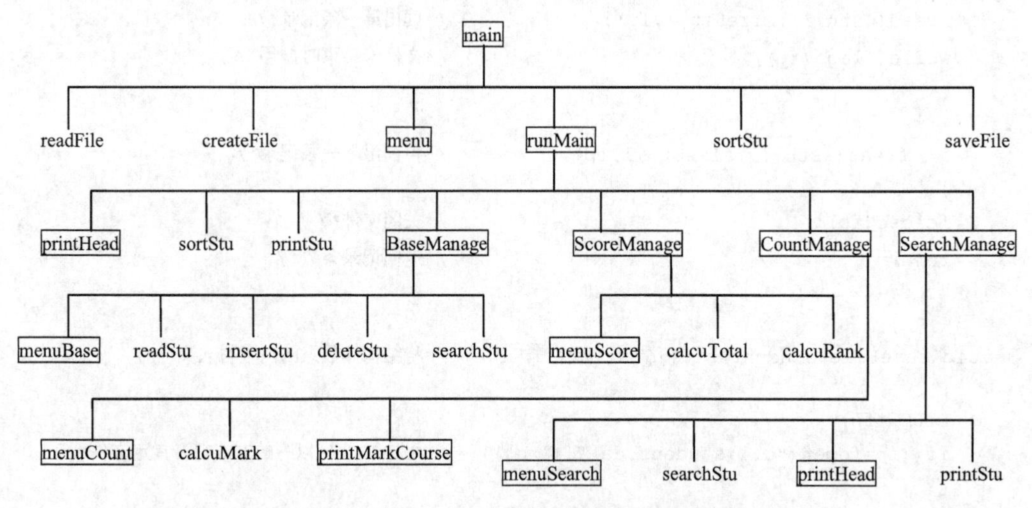

图 12-2　文件 li12_1.c 中的各函数调用关系示意图

最后，看一下文件 li12_1.c 的内容：

```
#include<stdio.h>
#include<stdlib.h>
#include"file.h"
#include"student.h"

void printHead( )                    /*打印学生信息的表头*/
{
printf("%8s%10s%8s%6s%6s%8s%6s%6s\n","学号","姓名","性别","数学","英语","计算机","总分
","名次");
}

void menu( )                         /*顶层菜单函数*/
{
   printf("******** 1. 显示基本信息 ********\n");
   printf("******** 2. 基本信息管理 ********\n");
   printf("******** 3. 学生成绩管理 ********\n");
   printf("******** 4. 考试成绩统计 ********\n");
   printf("******** 5. 根据条件查询 ********\n");
```

```
    printf("******** 0. 退出        ********\n");
}

void menuBase( )      /*2. 基本信息管理菜单函数*/
{
    printf("%%%%%%%% 1. 插入学生记录 %%%%%%%%\n");
    printf("%%%%%%%% 2. 删除学生记录 %%%%%%%%\n");
    printf("%%%%%%%% 3. 修改学生记录 %%%%%%%%\n");
    printf("%%%%%%%% 0. 返回上层菜单 %%%%%%%%\n");
}

void menuScore( )     /*3. 学生成绩管理菜单函数*/
{
    printf("@@@@@@@@ 1. 计算学生总分 @@@@@@@@\n");
    printf("@@@@@@@@ 2. 根据总分排名 @@@@@@@@\n");
    printf("@@@@@@@@ 0. 返回上层菜单 @@@@@@@@\n");
}

void menuCount( )     /*4. 考试成绩统计菜单函数*/
{
    printf("&&&&&&&& 1. 求课程最高分 &&&&&&&&\n");
    printf("&&&&&&&& 2. 求课程最低分 &&&&&&&&\n");
    printf("&&&&&&&& 3. 求课程平均分 &&&&&&&&\n");
    printf("&&&&&&&& 0. 返回上层菜单 &&&&&&&&\n");
}

void menuSearch()     /*5. 根据条件查询菜单函数*/
{
    printf("######## 1. 按学号查询   ########\n");
    printf("######## 2. 按姓名查询   ########\n");
    printf("######## 3. 按名次查询   ########\n");
    printf("######## 0. 返回上层菜单 ########\n");
}

int baseManage(Student stu[],int n)          /*该函数完成基本信息管理*/
                                             /*按学号进行插入删除修改，学号不能重复*/
{
    int choice,t,find[NUM];
    Student s;
    do
    {
        menuBase( );                         /*显示对应的二级菜单*/
        printf("choose one operation you want to do:\n");
        scanf("%d",&choice);                 /*读入选项*/
        switch(choice)
        {
         case 1:  readStu(&s,1);             /*读入一条待插入的学生记录*/
              n=insertStu(stu,n,s);          /*调用函数插入学生记录*/
              break;
```

```
            case 2:  printf("Input the number deleted\n");
                 scanf("%ld",&s.num);              /*读入一个待删除的学生学号*/
                 n=deleteStu(stu,n,s);             /*调用函数删除指定学号的学生记录*/
                 break;
            case 3:  printf("Input the number modified\n");
                 scanf("%ld",&s.num);              /*读入一个待修改的学生学号*/
                 t=searchStu(stu,n,s,1,find) ; /*调用函数查找指定学号的学生记录*/
                 if (t)                            /*如果该学号的记录存在*/
                 {
                    readStu(&s,1);                 /*读入一条完整的学生记录信息*/
                    stu[find[0]]=s;                /*将刚读入的记录赋值给需要修改的数组记录*/
                 }
                 else                              /*如果该学号的记录不存在*/
                     printf("this student is not in,can not be modified.\n");
                                                   /*输出提示信息*/
                 break;
            case 0: break;
        }
    }while(choice);
    return n;                                      /*返回当前操作结束后的实际记录条数*/
}

void scoreManage(Student stu[],int n)      /*该函数完成学生成绩管理功能*/
{
int choice;
do
{
    menuScore( );                                  /*显示对应的二级菜单*/
    printf("choose one operation you want to do:\n");
    scanf("%d",&choice);                           /*读入二级选项*/
    switch(choice)
    {
       case 1:  calcuTotal(stu,n);                 /*求所有学生的总分*/
                 break;
       case 2:  calcuRank(stu,n);                  /*根据所有学生的总分排名次*/
                break;
       case 0:  break;
    }
}while(choice);
}

void printMarkCourse(char *s,double m[3][3],int k)
                                                   /*打印分数通用函数，被 countManage 调用*/
{               /*形式参数 k 代表输出不同的内容，0、1、2 分别对应最高分、最低分、平均分*/
    int i;
    printf(s);                                     /*这里的 s 传入的是输出分数的提示信息*/
    for (i=0;i<3;i++)                              /*i 控制哪一门课*/
```

```
        printf("%10.2lf",m[i][k]);
    printf("\n");
}

void countManage(Student stu[],int n)          /*该函数完成考试成绩统计功能*/
{
    int choice;
    double mark[3][3];
    do
    {
        menuCount( );                          /*显示对应的二级菜单*/
        calcuMark(mark,stu,n);                 /*调用此函数求三门课的最高、最低、平均值*/
        printf("choose one operation you want to do:\n");
        scanf("%d",&choice);
        switch(choice)
        {
            case 1:  printMarkCourse("三门课的最高分分别是:\n",mark,0);   /*输出最高分*/
                break;
            case 2:  printMarkCourse("三门课的最低分分别是:\n",mark,1);   /*输出最低分*/
                break;
            case 3:  printMarkCourse("三门课的平均分分别是:\n",mark,2);   /*输出平均分*/
                break;
            case 0:  break;
        }
    }while (choice);
}

void searchManage(Student stu[],int n)         /*该函数完成根据条件查询功能*/
{
    int i,choice,findnum,f[NUM];
    Student s;
    do
    {
        menuSearch( );                         /*显示对应的二级菜单*/
        printf("choose one operation you want to do:\n");
        scanf("%d",&choice);
        switch(choice)
        {
            case 1:  printf("Input a student\'s num will be searched:\n");
                scanf("%ld",&s.num);           /*输入待查询学生的学号*/
                break;
            case 2:  printf("Input a student\'s name will be searched:\n");
                scanf("%s",s.name);            /*输入待查询学生的姓名*/
                break;
            case 3:  printf("Input a rank will be searched:\n");
                scanf("%d",&s.rank);           /*输入待查询学生的名次*/
                break;
            case 0:  break;
        }
        if (choice>=1&&choice<=3)
        {
            findnum=searchStu(stu,n,s,choice,f);  /*查找的符合条件元素的下标存于 f 数组中*/
```

```
            if (findnum)                        /*如果查找成功*/
            {
               printHead( );                    /*打印表头*/
               for (i=0;i<findnum;i++)          /*循环控制 f 数组的下标*/
                  printStu(&stu[f[i]],1);       /*每次输出一条记录*/
            }
            else
            printf("this record does not exist!\n");  /*如果查找不到元素，则输出提示信息*/
      }
   }while (choice);
}

int runMain(Student stu[],int n,int choice) /*主控模块，对应于一级菜单其下各功能选择执行*/
{
   switch(choice)
   {
      case 1: printHead( );                     /* 1. 显示基本信息*/
            sortStu(stu,n,1);                   /*按学号由小到大的顺序排序记录*/
            printStu(stu,n);                    /*按学号由小到大的顺序输出所有记录*/
                break;
      case 2: n=baseManage(stu,n);              /* 2. 基本信息管理*/
                break;
      case 3: scoreManage(stu,n);               /* 3. 学生成绩管理*/
                break;
      case 4: countManage(stu,n);               /* 4. 考试成绩统计*/
                break;
      case 5: searchManage(stu,n);              /* 5. 根据条件查询*/
                break;
        case 0: break;
   }
   return n;
}

int main( )
{
   Student stu[NUM];                            /*定义实参一维数组存储学生记录*/
   int choice,n;
   n=readFile(stu);                             /*首先读取文件，记录条数返回赋值给 n*/
   if (!n)                                      /*如果原来的文件为空*/
   {
      n=createFile(stu);                  /*则首先要建立文件，从键盘上读入一系列记录存于文件*/
   }
      do
      {
         menu();                                /*显示主菜单*/
         printf("Please input your choice: ");
         scanf("%d",&choice);
         if (choice>=0&&choice<=5)
            n=runMain(stu,n,choice);            /*通过调用此函数进行一级功能项的选择执行*/
         else
            printf("error input,please input your choice again!\n");
```

```
    } while (choice);
    sortStu(stu,n,1);                          /*存入文件前按学号由小到大排序*/
    saveFile(stu,n);                           /*将结果存入文件*/
    return 0;
}
```

下面给出程序运行的结果（选择了部分操作，斜体加粗字体为用户键盘输入内容）：

```
******** 1. 显示基本信息 ********
******** 2. 基本信息管理 ********
******** 3. 学生成绩管理 ********
******** 4. 考试成绩统计 ********
******** 5. 根据条件查询 ********
******** 0. 退出         ********
Please input your choice: 1              /*读入 1，选择显示基本信息功能，原来文件非空*/
    学号    姓名    性别      数学    英语    计算机    总分    名次
    101     vvv     male      91      89      89        269     1
    102     fff     male      98      87      67        252     3
    105     bbb     female    88      77      66        231     4
    106     mmm     male      87      78      66        231     4
    108     vvv     female    67      67      67        201     6
    109     aaa     male      90      90      89        269     1
******** 1. 显示基本信息 ********
******** 2. 基本信息管理 ********
******** 3. 学生成绩管理 ********
******** 4. 考试成绩统计 ********
******** 5. 根据条件查询 ********
******** 0. 退出         ********
Please input your choice: 2
%%%% 1. 插入学生记录 %%%%
%%%% 2. 删除学生记录 %%%%
%%%% 3. 修改学生记录 %%%%
%%%% 0. 返回上层菜单 %%%%
choose one operation you want to do:
1
Input one student's information
num:  115
name: wer
sex:  male
Input three courses of the student:
90 90 98
%%%% 1. 插入学生记录 %%%%
%%%% 2. 删除学生记录 %%%%
%%%% 3. 修改学生记录 %%%%
%%%% 0. 返回上层菜单 %%%%
choose one operation you want to do: 0
******** 1. 显示基本信息 ********
******** 2. 基本信息管理 ********
******** 3. 学生成绩管理 ********
```

```
******** 4. 考试成绩统计 ********
******** 5. 根据条件查询 ********
******** 0. 退出         ********
Please input your choice: 1
    学号      姓名      性别      数学      英语      计算机    总分      名次
    101       vvv       male      91        89        89        269       1
    102       fff       male      98        87        67        252       3
    105       bbb       female    88        77        66        231       4
    106       mmm       male      87        78        66        231       4
    108       vvv       female    67        67        67        201       6
    109       aaa       male      90        90        89        269       1
    115       wer       male      90        90        98        0         0
******** 1. 显示基本信息 ********
******** 2. 基本信息管理 ********
******** 3. 学生成绩管理 ********
******** 4. 考试成绩统计 ********
******** 5. 根据条件查询 ********
******** 0. 退出         ********
Please input your choice: 3
@@@@@@@@ 1. 计算学生总分 @@@@@@@@
@@@@@@@@ 2. 根据总分排名 @@@@@@@@
@@@@@@@@ 0. 返回上层菜单 @@@@@@@@
choose one operation you want to do:1
@@@@@@@@ 1. 计算学生总分 @@@@@@@@
@@@@@@@@ 2. 根据总分排名 @@@@@@@@
@@@@@@@@ 0. 返回上层菜单 @@@@@@@@
choose one operation you want to do:2
@@@@@@@@ 1. 计算学生总分 @@@@@@@@
@@@@@@@@ 2. 根据总分排名 @@@@@@@@
@@@@@@@@ 0. 返回上层菜单 @@@@@@@@
choose one operation you want to do:0
******** 1. 显示基本信息 ********
******** 2. 基本信息管理 ********
******** 3. 学生成绩管理 ********
******** 4. 考试成绩统计 ********
******** 5. 根据条件查询 ********
******** 0. 退出         ********
Please input your choice: 1
    学号      姓名      性别      数学      英语      计算机    总分      名次
    101       vvv       male      91        89        89        269       2
    102       fff       male      98        87        67        252       4
    105       bbb       female    88        77        66        231       5
    106       mmm       male      87        78        66        231       5
    108       vvv       female    67        67        67        201       7
    109       aaa       male      90        90        89        269       2
    115       wer       male      90        90        98        278       1
******** 1. 显示基本信息 ********
******** 2. 基本信息管理 ********
```

```
******** 3. 学生成绩管理 ********
******** 4. 考试成绩统计 ********
******** 5. 根据条件查询 ********
******** 0. 退出         ********
Please input your choice: 4
&&&&&&&& 1. 求课程最高分 &&&&&&&&
&&&&&&&& 2. 求课程最低分 &&&&&&&&
&&&&&&&& 3. 求课程平均分 &&&&&&&&
&&&&&&&& 0. 返回上层菜单 &&&&&&&&
choose one operation you want to do:1
三门课的最高分分别是:
    98.00    90.00    98.00
&&&&&&&& 1. 求课程最高分 &&&&&&&&
&&&&&&&& 2. 求课程最低分 &&&&&&&&
&&&&&&&& 3. 求课程平均分 &&&&&&&&
&&&&&&&& 0. 返回上层菜单 &&&&&&&&
choose one operation you want to do:2
三门课的最低分分别是:
    67.00    67.00    66.00
&&&&&&&& 1. 求课程最高分 &&&&&&&&
&&&&&&&& 2. 求课程最低分 &&&&&&&&
&&&&&&&& 3. 求课程平均分 &&&&&&&&
&&&&&&&& 0. 返回上层菜单 &&&&&&&&
choose one operation you want to do:3
三门课的平均分分别是:
    87.29    82.57    77.43
&&&&&&&& 1. 求课程最高分 &&&&&&&&
&&&&&&&& 2. 求课程最低分 &&&&&&&&
&&&&&&&& 3. 求课程平均分 &&&&&&&&
&&&&&&&& 0. 返回上层菜单 &&&&&&&&
choose one operation you want to do:0
******** 1. 显示基本信息 ********
******** 2. 基本信息管理 ********
******** 3. 学生成绩管理 ********
******** 4. 考试成绩统计 ********
******** 5. 根据条件查询 ********
******** 0. 退出         ********
Please input your choice:_5
######## 1. 按学号查询   ########
######## 2. 按姓名查询   ########
######## 3. 按名次查询   ########
######## 0. 返回上层菜单 ########
choose one operation you want to do:1
Input a student's num will be searched:
105
    学号     姓名    性别       数学   英语  计算机   总分   名次
    105     bbb     female    88     77     66      231     5
```

```
######## 1. 按学号查询   ########
######## 2. 按姓名查询   ########
######## 3. 按名次查询   ########
######## 0. 返回上层菜单 ########
choose one operation you want to do:
3
Input a rank will be searched:
5
   学号      姓名     性别      数学      英语     计算机    总分     名次
   105       bbb     female    88        77        66       231      5
   106       mmm     male      87        78        66       231      5
######## 1. 按学号查询   ########
######## 2. 按姓名查询   ########
######## 3. 按名次查询   ########
######## 0. 返回上层菜单 ########
choose one operation you want to do:
0
******** 1. 显示基本信息 ********
******** 2. 基本信息管理 ********
******** 3. 学生成绩管理 ********
******** 4. 考试成绩统计 ********
******** 5. 根据条件查询 ********
******** 0. 退出         ********
Please input your choice: 2
%%%% 1. 插入学生记录 %%%%
%%%% 2. 删除学生记录 %%%%
%%%% 3. 修改学生记录 %%%%
%%%% 0. 返回上层菜单 %%%%
choose one operation you want to do:
2
Input the number deleted
105
%%%% 1. 插入学生记录 %%%%
%%%% 2. 删除学生记录 %%%%
%%%% 3. 修改学生记录 %%%%
%%%% 0. 返回上层菜单 %%%%
choose one operation you want to do:
0
******** 1. 显示基本信息 ********
******** 2. 基本信息管理 ********
******** 3. 学生成绩管理 ********
******** 4. 考试成绩统计 ********
******** 5. 根据条件查询 ********
******** 0. 退出         ********
Please input your choice: 3
@@@@@@@@ 1. 计算学生总分 @@@@@@@@
@@@@@@@@ 2. 根据总分排名 @@@@@@@@
```

```
@@@@@@@@ 0. 返回上层菜单 @@@@@@@@
choose one operation you want to do:
1
@@@@@@@@ 1. 计算学生总分 @@@@@@@@
@@@@@@@@ 2. 根据总分排名 @@@@@@@@
@@@@@@@@ 0. 返回上层菜单 @@@@@@@@
choose one operation you want to do:
2
@@@@@@@@ 1. 计算学生总分 @@@@@@@@
@@@@@@@@ 2. 根据总分排名 @@@@@@@@
@@@@@@@@ 0. 返回上层菜单 @@@@@@@@
choose one operation you want to do:
0
******** 1. 显示基本信息 ********
******** 2. 基本信息管理 ********
******** 3. 学生成绩管理 ********
******** 4. 考试成绩统计 ********
******** 5. 根据条件查询 ********
******** 0. 退出         ********
Please input your choice: 1
     学号      姓名      性别      数学      英语      计算机    总分   名次
     101       vvv       male       91        89        89       269     2
     102       fff       male       98        87        67       252     4
     106       mmm       male       87        78        66       231     5
     108       vvv       female     67        67        67       201     6
     109       aaa       male       90        90        89       269     2
     115       wer       male       90        90        98       278     1
******** 1. 显示基本信息 ********
******** 2. 基本信息管理 ********
******** 3. 学生成绩管理 ********
******** 4. 考试成绩统计 ********
******** 5. 根据条件查询 ********
******** 0. 退出         ********
Please input your choice:0                    /*输入 0 结束程序的运行*/
```

以上运行，原先的文件非空，如果第一次运行，文件是空的，则会自动调用建立文件这个函数，用户需要从键盘上先输入一系列元素，存盘。

在进行插入、删除、修改之后，一定要注意，必须选择第三个一级菜单功能，即“3.学生成绩管理”功能，并且重新选择其下的两个子菜单分别计算总分和排名，才是目前对基本信息进行修改之后最新的成绩与排名情况。在查询时，根据姓名和名次查询都有可能显示多条记录，上述演示中就有查名次显示出来并列名次的两条记录信息。

每一级菜单函数都放在循环体中调用，目的是使得每一次操作结束后重新显示菜单。该系统的功能划分还可以有其他的方法，请读者自行设计其他的方案，并仿照此程序的实现方法，自己设计一个学生成绩档案管理系统。

在开发一个系统的时候，一定要考虑数据的存储问题，因为每次运行原始数据都从键盘读入是不科学也是不可行的，因此文件的操作非常重要，对应于结构体类型的数据用二进制文件效率高，用文本文件则更为直观，用户可根据需要选择使用。

对系统要实现的功能按自顶向下、逐步细化、模块化的思想进行结构化设计是非常重要的。每一个功能用一个或多个函数对应实现，在设计时充分考虑对功能的抽象，如何定义函数，使函数的功能更加通用，能为多个功能提供服务。函数与函数之间怎样传递数据，即参数和返回值类型如何正确设定。每一个函数的功能必须清晰、代码简洁明了，这是系统设计中非常重要的问题。

另外，友好的人机交互界面，将大大方便使用者，这也是系统设计时需要考虑的问题。因为开发者一定要将使用者理解为完全不懂程序，只是在一个易操作的界面指导下使用程序完成特定功能。因此，菜单设计要清晰合理，程序中的意外错误也要有充分的考虑，提示信息要丰富完整。

习　题

1. 对学生成绩管理系统的第一个模块——“显示基本信息”加以改造，使其不仅能支持按学号顺序输出所有的学生记录，也支持按分数由高到低（即按名次从 1 开始递增）顺序输出所有学生的记录。

2. 将本章示例程序改造成基于单链表结构实现，功能要求完全相同。

3. 读者对身边需要进行信息管理的系统（如图书、小型财务、购物管理等），仿照此系统的设计方法进行设计并编程实现。

附录A
常用字符与ASCII码对照表

ASCII值	控制字符	ASCII值	控制字符	ASCII值	控制字符	ASCII值	控制字符
0	NUT	32	(space)	64	@	96	、
1	SOH	33	!	65	A	97	a
2	STX	34	”	66	B	98	b
3	ETX	35	#	67	C	99	c
4	EOT	36	$	68	D	100	d
5	ENQ	37	%	69	E	101	e
6	ACK	38	&	70	F	102	f
7	BEL	39	,	71	G	103	g
8	BS	40	(	72	H	104	h
9	HT	41	)	73	I	105	i
10	LF	42	*	74	J	106	j
11	VT	43	+	75	K	107	k
12	FF	44	,	76	L	108	l
13	CR	45	-	77	M	109	m
14	SO	46	.	78	N	110	n
15	SI	47	/	79	O	111	o
16	DLE	48	0	80	P	112	p
17	DCI	49	1	81	Q	113	q
18	DC2	50	2	82	R	114	r
19	DC3	51	3	83	X	115	s
20	DC4	52	4	84	T	116	t
21	NAK	53	5	85	U	117	u
22	SYN	54	6	86	V	118	v
23	TB	55	7	87	W	119	w
24	CAN	56	8	88	X	120	x
25	EM	57	9	89	Y	121	y
26	SUB	58	:	90	Z	122	z
27	ESC	59	;	91	[	123	{
28	FS	60	<	92	\	124	|
29	GS	61	=	93	]	125	}
30	RS	62	>	94	^	126	~
31	US	63	?	95	—	127	DEL

其中符号的含义：（续）

NUL	VT 垂直制表	SYN 空转同步
SOH 标题开始	FF 走纸控制	ETB 信息组传送结束
STX 正文开始	CR 回车	CAN 作废
ETX 正文结束	SO 移位输出	EM 纸尽
EOY 传输结束	SI 移位输入	SUB 换置
ENQ 询问字符	DLE 空格	ESC 换码
ACK 承认	DC1 设备控制 1	FS 文字分隔符
BEL 报警	DC2 设备控制 2	GS 组分隔符
BS 退一格	DC3 设备控制 3	RS 记录分隔符
HT 横向列表	DC4 设备控制 4	US 单元分隔符
LF 换行	NAK 否定	DEL 删除

说明：

目前计算机中用得最广泛的字符集及其编码，是由美国国家标准协会（ANSI）制定的 ASCII（American Standard Code for Information Interchange，美国国家标准信息交换码）。ASCII 码有 7 位码和 8 位码两种形式。7 位码是标准形式，定义了从 0~127 的 128 个数字所代表的字符。128~255 之间的数字可以用来代表另一组 128 个符号，称为扩展 ASCII 码（8 位码）。本附录给出的是标准形式。

附录 B C 语言的关键字

auto	break	case	char	const	continue	default
do	double	else	enum	extern	float	for
goto	if	int	long	register	return	short
signed	sizeof	static	struct	switch	typedef	union
unsigned	void	volatile	while			

说明：C 语言共有 32 个关键字，大致分为以下 5 类：

（1）与数据及类型有关：char、const、double、enum、float、int、long、short、signed、struct、typedef、union、unsigned、void。

（2）变量的存储类别：auto（通常缺省）、extern、register、static。

（3）语句及流程控制相关：break、case、continue、default、do、else、for、goto、if、return、switch、while。

（4）运算符：sizeof。

（5）其他：volatile。volatile 关键字是一种类型修饰符，用它声明的类型变量不经过赋值也可以被某些编译器未知的因素更改，比如，操作系统、硬件或者其他线程等。遇到这个关键字声明的变量，编译器对访问该变量的代码就不再进行优化，从而可以提供对特殊地址的稳定访问。

附录C Visual C++下各数据类型所占字节数及取值范围

数据类型	所占字节数	取值范围
char signed char	1	−128~127（即-2^{8-1}~$2^{8-1}-1$）
unsigned char	1	0~255（即 0~$2^{8}-1$）
short int（short） signed short int	2	−3768~32767 （即-2^{16-1}~$2^{16-1}-1$）
unsigned short int	2	0~65535（即 0~$2^{16}-1$）
unsigned int	4	0~4294967295（即 0~$2^{32}-1$）
int signed int	4	−214783648~214783647 （即-2^{32-1}~$2^{32-1}-1$）
unsigned long int	4	0~4294967295（即 0~$2^{32}-1$）
long int signed long int	4	−214783648~214783647 （即-2^{32-1}~$2^{32-1}-1$）
float	4	绝对值范围：3.4×10^{-38}~3.4×10^{38}
double	8	绝对值范围：1.7×10^{-308}~1.7×10^{308}
long double	8	绝对值范围：1.7×10^{-308}~1.7×10^{308}

附录 D
C 语言运算符的优先级与结合性

<table>
<tr><th>优先级</th><th>运 算 符</th><th>含 义</th><th>运算符类型</th><th>结合方向</th></tr>
<tr><td>1</td><td>()
[]
->
.</td><td>改变优先级、函数参数表
数组元素下标
通过结构指针引用结构体成员
通过结构变量引用结构体成员</td><td></td><td>从左至右</td></tr>
<tr><td>2</td><td>!
~
++
--
-
*
&
(类型标识符)
sizeof( )</td><td>逻辑非
按位求反
自增 1
自减 1
求负数
间接寻址运算符
取地址运算符
强制类型转换运算符
计算字节数运算符</td><td>单目运算符</td><td>从右至左</td></tr>
<tr><td>3</td><td>*
/
%</td><td>乘法
除法
整除求余</td><td>双目算术运算符</td><td>从左至右</td></tr>
<tr><td>4</td><td>+
-</td><td>加法
减法</td><td>双目算术运算符</td><td>从左至右</td></tr>
<tr><td>5</td><td><<
>></td><td>左移位
右移位</td><td>双目位运算符</td><td>从左至右</td></tr>
<tr><td>6</td><td><
<=
>
>=</td><td>小于
小于等于
大于
大于等于</td><td>双目关系运算符</td><td>从左至右</td></tr>
<tr><td>7</td><td>==
!=</td><td>等于
不等于</td><td>双目关系运算符</td><td>从左至右</td></tr>
<tr><td>8</td><td>&</td><td>按位与</td><td>双目位运算符</td><td>从左至右</td></tr>
<tr><td>9</td><td>^</td><td>按位异或</td><td>双目位运算符</td><td>从左至右</td></tr>
<tr><td>10</td><td>|</td><td>按位或</td><td>双目位运算符</td><td>从左至右</td></tr>
<tr><td>11</td><td>&&</td><td>逻辑与</td><td>双目逻辑运算符</td><td>从左至右</td></tr>
</table>

（续表）

<table>
<tr><th>优先级</th><th>运 算 符</th><th>含　义</th><th>运算符类型</th><th>结合方向</th></tr>
<tr><td>12</td><td>||</td><td>逻辑或</td><td>双目逻辑运算符</td><td>从左至右</td></tr>
<tr><td>13</td><td>? :</td><td>条件运算符</td><td>三目运算符（唯一）</td><td>从右至左</td></tr>
<tr><td>14</td><td>=
+=、-=、*=、/=、%=
&=、^=、|=、<<=、>>=</td><td>赋值运算符
算术复合赋值运算符
位复合赋值运算符</td><td>双目运算符</td><td>从右至左</td></tr>
<tr><td>15</td><td>,</td><td>逗号运算符</td><td>顺序求值运算符</td><td>从左至右</td></tr>
</table>

说明：

只有三类运算符的结合方向为从右至左，它们是：单目运算符（优先级为 2）、条件运算符和赋值运算符，其余运算符的结合方向均为从左至右。

附录E 常用的ANSI C标准库函数

不同的C语言编译系统所提供的标准库函数的数目和函数名及函数功能并不完全相同。本附录只列出ANSI C标准提供的一些常用库函数。如果需要更多的库函数，可以查阅“C库函数集”，也可以从互联网上下载“C库函数查询器”软件进行查询。

1. **数学函数**

使用数学函数时，应该在该源文件中包含头文件<math.h>。

函数名	函数原型	功能	返回值或说明
abs	int abs(int x);	计算并返回整数 x 的绝对值	
acos	double acos(double x);	计算并返回 arccos(x)的值	要求 x 在−1~1 之间
asin	double asin(double x);	计算并返回 arcsin(x)的值	要求 x 在−1~1 之间
atan	double atan(double x);	计算并返回 arctan(x)的值	
atan2	double atan2(double x,double y);	计算并返回 arctan(x/y)的值	
cos	double cos(double x);	计算并返回余弦函数 cos(x)的值	x 的单位是弧度
cosh	double cosh(double x);	计算并返回双曲余弦函数 cosh(x)的值	
exp	double exp(double x);	计算并返回 e^x 的值	
fabs	double fabs(double x);	计算并返回 x 的绝对值	x 为双精度数
floor	double floor(double x);	计算并返回不大于 x 的最大双精度整数	
fmod	double fmod(double x,double y);	计算并返回 x/y 后的余数	
frexp	double frexp(double val,double *eptr);	将 val 分解为尾数 x 和以 2 为底的指数 n，即 val=x*2^n，n 存放到 eptr 所指向的变量中	返回尾数 x，x 在 0.5~1.0 之间
labs	long labs(long x);	计算并返回长整型数 x 的绝对值	
log	double log(double x);	计算并返回自然对数 ln(x)的值	x>0
log10	double log10(double x);	计算并返回常用对数 $\lg_{10}(x)$的值	x>0
modf	double modf(double val,double *iptr);	将双精度数分解为整数部分和小数部分。小数部分返回，整数部分存放在 iptr 指向的双精度型变量中	
pow	double pow(double x,double y);	计算并返回 x^y 的值	
pow10	double pow10(int x);	计算并返回 10^x 的值	
sin	double sin(double x);	计算并返回正弦函数 sin(x)的值	x 的单位是弧度
sinh	double sinh(double x);	计算并返回双曲正弦函数 sinh(x)的值	

（续表）

函数名	函 数 原 型	功　能	返回值或说明
sqrt	double sqrt(double x);	计算并返回 *x* 的平方根	*x* 应大于等于 0
tan	double tan(double x);	计算并返回正切函数 tan(*x*)的值	*x* 的单位是弧度
tanh	double tanh(double x);	计算并返回反正切函数 tanh(*x*)的值	

2. 字符判别和转换函数

使用字符判别和转换函数时，应该在该源文件中包含头文件<ctype.h>。

函数名	函 数 原 型	功　能	返回值或说明
isalnum	int isalnum(int ch);	判断 ch 是否为字母或数字	是，返回 1，否则返回 0
isalpha	int isalpha(int ch);	判断 ch 是否为字母	是，返回 1，否则返回 0
isascii	int isascii(int ch);	判断 ch 是否为 ASCII 字符	是，返回 1，否则返回 0
iscntrl	int iscntrl (int ch);	判断 ch 是否为控制字符	是，返回 1，否则返回 0
isdigit	int isdigit (int ch);	判断 ch 是否为数字	是，返回 1，否则返回 0
isgraph	int isgraph (int ch);	判断 ch 是否为可打印字符，即不包括空格和控制字符	是，返回 1，否则返回 0
islower	int islower (int ch);	判断 ch 是否为小写字母	是，返回 1，否则返回 0
isprint	int isprint(int ch);	判断 ch 是否为可打印字符，包括空格	是，返回 1，否则返回 0
ispunch	int ispunch (int ch);	判断 ch 是否为标点符号	是，返回 1，否则返回 0
isspace	int isspace (int ch);	判断 ch 是否为空格、水平制表符('\t')、回车符('\r')、走纸换行('\f')、垂直制表符('\v') 、换行符('\n')	是，返回 1，否则返回 0
isupper	int isupper (int ch) ;	判断 ch 是否为大写字母	是，返回 1，否则返回 0
isxdigit	int isxdigit (int ch);	判断 ch 是否为十六进制数字	是，返回 1，否则返回 0
tolower	int tolower (int ch);	将 ch 转换为小写字母	返回小写字母
toupper	int toupper(int ch);	将 ch 转换为大写字母	返回大写字母

3. 字符串处理函数

使用字符串处理函数时，应该在该源文件中包含头文件<string.h>。

函数名	函 数 原 型	功　能	返回值或说明
strcat	char *strcat(char *str1， const char *str2);	将字符串 str2 连接到串 str1 后面	返回串 str1 的地址
strchr	char *strchr(char *str，char ch);	找出 ch 字符在字符串 str 中第一次出现的位置	若找到则返回 ch 在串 str 中第一次出现位置，否则返回 0
strcmp	int strcmp(const char *str1， const char *str2);	比较字符串 str1 和 str2 的大小	若 str1<str2，返回-1 若 str1==str2，返回 0 若 str1>str2，返回 1
strcpy	char *strcmp(char *str1， const char *str2);	将字符串 str2 复制到串 str1 中	返回串 str1 的地址
strlen	int strlen(const char *str);	求字符串 str 的长度	返回 str 包含的字符个数（不含'\0'）

（续表）

函数名	函数原型	功　能	返回值或说明
strlwr	char *strlwr(char *str);	将串 str 中的字母转为小写字母	返回串 str 的地址
strncat	char *strncat(char *str1，const char *str2,unsigned count);	将字符串 str2 中的前 count 个字符连接到串 str1 后面	返回串 str 的地址
strncpy	char *strncpy(char *str1，const char *str2,unsigned count);	将字符串 str2 中的前 count 个字符复制到串 str1 中	返回串 str 的地址
strstr	char *strstr(const char *str1，const char *str2);	找出字符串 str2 在字符串 str1 中第一次出现的位置	若找到则返回 str2 在串 str1 中第一次出现位置，否则返 0
strupr	char *strupr (char *str);	将串 str 中的字母转为大写字母	返回串 str 的地址

4. 内存管理函数

使用内存管理函数时，应该在该源文件中包含头文件<stdlib.h>，也有编译系统用<malloc.h>来包含。

函数名	函数原型	功　能	返回值或说明
calloc	void *calloc(unsigned num，unsigned size);	为 num 个数据项分配内存，每个数据项大小为 size 字节	返回起始地址，不成功返回 0，动态空间中初值自动为 0
free	void free(void * ptr);	释放 ptr 所指向的动态内存空间	无返回值
malloc	void *malloc(unsigned size);	分配连续 size 个字节的内存	返回起始地址，不成功返回 0
realloc	void *realloc(void *ptr，unsigned newsize);	将 ptr 指向的动态内存空间改为 newsize 个字节	返回新分配内存空间的起始地址(地址不变),不成功返回 0

5. 类型转换函数

使用类型转换函数时，应该在该源文件中包含头文件<stdlib.h>。

函数名	函数原型	功　能	返回值或说明
atof	double atof(const char *nptr);	将字符串转换成浮点数	返回 double 型的浮点数
atoi	int atoi(const char *nptr);	将字符串转换成整型数	返回整数
atol	long atol(const char *nptr);	将字符串转换成长整型数	返回长整型数
ecvt	char *ecvt(double value，int ndigit，int *decpt，int *sign);	将双精度浮点型值转换为字符串，转换结果中不包含十进制小数点	返回字符串值
fcvt	char *fcvt(double value，int ndigit，int *decpt，int *sign);	以指定位数为转换精度，余同 ecvt()	返回字符串值
gcvt	char *gcvt(double value，int ndigit，char *buf);	将双精度浮点型值转换为字符串，转换结果中包含十进制小数点	返回字符串值
itoa	char *itoa(int value，char *string，int radix);	将一个整数转换为字符串	返回字符串值
strtod	double strtod(char *str，char **endptr);	将一个字符串转换为 double 值	返回 double 型的浮点数
strtol	long strtol(char *str，char **endptr，int base);	将一个字符串转换为长整数	返回长整型数
ultoa	char *ultoa(unsigned long value，char *string，int radix);	将一个无符号长整数转换为字符串	返回字符串值

6. 输入/输出函数

使用输入/输出函数时，应该在该源文件中包含头文件<stdio.h>。

函数名	函 数 原 型	功　　能	返回值或说明
clearerr	void clearerr(FILE *fp);	复位错误标志	
fclose	int fclose(FILE *fp);	关闭文件指针 fp 所指向的文件，释放缓冲区	成功返回 0，否则返回非 0
feof	int feof(FILE *fp);	检查文件是否结束	遇文件结束符返回非 0 值，否则返回 0
ferror	int ferror(FILE *fp);	检查 fp 指向的文件中的错误	无错时返回 0，有错时返回非 0 值
fflush	int fflush(FILE *fp);	如果 fp 所指向的文件是"写打开"的，则将输出缓冲区的内容物理地写入文件；若文件是"读打开"的，则清除输入缓冲区中的内容	成功返回 0，出现写错误时，返回 EOF
fgetc	int fgetc(FILE *fp);	从 fp 指向的文件中取得一个字符	返回所得到的字符，若读入出错则返回 EOF
fgets	char *fgets(char *buf, int n, FILE *fp);	从 fp 指向的文件读取一个长度为(n-1)的字符串，存放到起始地址为 buf 的空间	成功则返回地址 buf，若遇文件结束或出错返回 NULL
fopen	FILE* fopen(const char* filename , const char* mode):	以 mode 指定的方式打开名为 filename 的文件	成功则返回一个文件指针，否则返回 NULL
fprintf	int fprintf(FILE *fp , char *format[, argument,...]);	将 argument 的值以 format 指定的格式输出到 fp 所指向的文件中	返回实际输出字符的个数，出错则返回负数
fputc	int fputc(char ch, FILE *fp);	将字符 ch 输出到 fp 所指向的文件中	成功则返回该字符，否则返回 EOF
fputs	int fputs(char *str , FILE *fp);	将 str 指向的字符串输出到 fp 指向的文件中	成功则返回 0，否则返回非 0
fread	int fread(char *ptr, unsigned size, unsigned n, FILE *fp);	从 fp 所指向的文件中读取长度为 size 的 *n* 个数据项，存到 ptr 所指向的内存区中	返回所读的数据项个数，若遇文件结束或出错，返回 0
fscanf	int fscanf(FILE *fp , char *format[,argument...]);	从 fp 所指向的文件中的按 format 指定的格式将输入数据送到 argument 所指向的内存单元	已输入的数据个数
fseek	int fseek(FILE *stream, long offset, int base);	将 fp 所指向的文件位置指针移到以 base 所指出的位置为基准，以 offset 为位移量的位置	返回当前位置，否则返回 -1
ftell	long ftell(FILE *fp);	返回 fp 所指向的文件中的读写位置	返回 fp 所指向的文件中的读写位置
fwrite	int fwrite(char *ptr, unsigned size, unsigned n, FILE *fp);	将 ptr 所指向的 n*size 个字节输出到 fp 所指向的文件中	写到 fp 所指向的文件中的数据项的个数

（续表）

函数名	函 数 原 型	功　　能	返回值或说明
getc	int getc(FILE *stream);	从 fp 所指向的文件中读入一个字符	返回所读字符，若文件结束或出错，返回 EOF
getchar	int getchar(void);	从标准输入设备读取并返回下一个字符	返回所读字符，若文件结束或出错，返回 – 1
gets	char* gets(char *str);	从标准输入设备读入字符串，放到 str 所指定的字符数组中，一直读到接收新行符或 EOF 时为止，新行符不作为读入串的内容，变成'\0'后作为该字符串的结束	成功，返回 str 指针，否则，返回 NULL 指针
perror	void perror(const char * str);	向标准错误输出字符串 str，并随后附上冒号以及全局变量 errno 代表的错误消息的文字说明	无
printf	int printf(const char *format[,argument...]);	将输出表列 argument 的值输出到标准输出设备	输出字符的个数，若出错，则返回负数
putc	int putc(char ch，FILE *fp);	将一个字符 ch 输出到 fp 所指文件中	输出的字符 ch；若出错，返回 EOF
putchar	int putcharc(char ch);	将一个字符 ch 输出到标准输出设备	输出的字符 ch；若出错，返回 EOF
puts	int puts(const char *string);	将 str 指向的字符串输出到标准输出设备，将'\0'转换为回车换行	返回换行符，若失败，返回 EOF
rename	int rename(char *oldname , char *newname);	把 oldname 所指的文件名改为由 newname 指定的文件名	成功返回 0,出错返回 1
rewind	void rewind(FILE *fp);	将 fp 指示的文件中的位置指针置于文件开头位置，并清除文件结束标志	无
scanf	int scanf(const char *format [,argument,...]);	从标准输入设备按 format 指向的字符串规定的格式，输入数据给 argument 所指向的单元	读入并赋给的数据个数，遇文件结束返回 EOF；出错返回 0

7. 其他常用函数

函数名	函 数 原 型	功　　能	返回值或说明
exit	#include <stdlib.h> void exit(int code);	调用该函数时程序立即正常终止，清空和关闭任何打开的文件，程序正常退出状态由 code 等于 0 表示，非 0 表明定义实现错误	无
rand	#include <stdlib.h> int rand(void);	产生伪随机数序列，返回一个 0 到 RAND_MAX 之间的随机整数	返回随机整数
srand	#include <stdlib.h> void srand(unsigned seed);	为函数 rand()生成的伪随机数序列设置起点种子值	无

附录F

C语言程序设计常见错误及解决方案

1．输入/输出控制与编程初步

错误原因	示例	出错现象	解决方案

变量未定义就使用	int a=3,b=4;
	temp=a;　a=b;
	b=temp;
		系统报错：'tmp' : undeclared identifier（tmp 是没有声明的标识符）	增加变量 temp 的定义，再使用该变量

变量名拼写错误	int temp; tep=2;	系统报错：'tep' : undeclared identifier	查看对应的变量及其定义，保证前后一致
未区分大小写字母	int temp; Temp=2;	系统报错：'Temp' : undeclared identifier	查看对应的变量及其定义，区别大小写字母

变量定义位置错误	int x=sizeof(int);
	printf("%d",x);
	int y=0;
		系统报错：missing ';' before 'type'	将变量集中在语句块开始处定义，变量定义不能放在可执行语句中间

使用了未赋值的变量，其值不可预测	int a; printf("%d",a);	系统告警：local variable 'a' used without having been initialized	养成对变量初始化的习惯，保证访问前有确定值
不预先判断除数是否为0	int devide(int a,int b) {　return a/b;　}	系统无报错或告警，但是当调用时第二实参为 0 时将出现意外终止对话框	在函数定义时增加对除数为 0 的考虑并作处理，防止运行时出错

未考虑数值溢出的可能	int a=10000;
	a=a*a*a;
	printf("%d",a);
		系统无报错或告警，但是输出结果不正确	预先估计运算结果的可能范围，采用取值范围更大的类型，如 double

不用 sizeof 获得类型或变量的字长	int *p; p=(int *)malloc(4);	系统无报错或告警，但是在平台移植时可能出现问题	改为： p=(int*)malloc(sizeof(int));
语句之后丢失分号	int a,b a=3;b=4;	系统报错：missing ';' before identifier 'a'	找到出错位置，添加分号
忘记给格式控制串加双引号	int x=sizeof(int); printf(%d,x);	系统报若干个错：missing ')' before '%'等	根据编译器所指错误位置，将格式串两边加" "
库函数名拼写错误，大小写字母有区别	int x=sizeof(int); Printf("%d",x);	'Printf' undefined; assuming extern returning int	根据编译器所指错误位置，检查函数名并修改
未给 scanf 中的变量加取地址运算符&	int y; scanf("%d",y);	系统告警：local variable 'y' used without having been initialized	根据编译器所指告警位置，检查并修改，增加取地址符&

（续表）

错误原因	示　例	出错现象	解决方案

在 printf 中的输出变量前加上了取地址符&	int y;
	scanf("%d",&y);
	printf("%d",&y);
		系统无报错或告警，但是输出结果不正确	先用调试器跟踪观察变量的当前值，如果变量值正确而输出结果不对，则检查 printf 中的各个参数，如果输入的数据与变量所获得的值不一致，则检查 scanf 中的各个参数

漏写了 printf 中欲输出的表达式	scanf("%d",&y); printf("%d");	系统无报错或告警，但是输出结果不正确	

漏写了 printf 中与欲输出的表达式对应的格式控制串	int y;
	scanf("%d",&y);
	printf("%d",y,y+3);
		系统无报错或告警，但是缺少期望的输出结果	

输入/输出格式控制符与数据类型不一致	int a=12,b; float f= 12.5;
	scanf("%c",&a);
	printf("a=%f",a);
	printf("f=%d",f);
		系统无报错或告警，但是输出结果不正确	

scanf 的格式控制串中含有'\n'等转义字符	int y; scanf("%d\n",&y);	系统无报错或告警，但是输入数据时无法及时结束	从格式控制串中去掉'\n'转义字符

读入实型数据时，在 scanf 的格式控制串中规定输入精度	float x;
	scanf("%5.2f",&x);
	printf("%f",x);
		系统无报错或告警，但是输出结果并不是输入时的数据	从格式控制串中去掉 5.2 精度控制，输入实型数不能控制精度

在格式控制字符串之后丢失逗号	printf("%d"n));	系统报错：missing ')' before identifier 'n'	不是在 n 之前加')'号而应该在 n 之前加','号
在中文输入方式下输入代码或出现全角字符	void main（ ） { int a=2； }	系统报错：unknown character '0xa3'	找到出错位置，改用英文方式输入。中文或全角字符只在注释或串常量出现

2. 流程控制相关

<table>
<tr><th>错误原因</th><th>示　例</th><th>出错现象</th><th>解决方案</th></tr>
<tr><td>混淆“&,|”与“&&,||”</td><td>int x,y;
scanf("%d%d",&x,&y);
if (x&y)
printf("x!=0 and y!=0");
else
printf("x==0 or y==0");</td><td>系统无报错或告警，但是当输入 2 和 5 时，输出结果却是 x==0 or y==0</td><td>用调试器跟踪观察表达式 x&&y 的结果，以及与流程走向的矛盾，从而发现问题所在，将&改为&&即可解决</td></tr>
<tr><td>将“==”误写成“=”</td><td>int x=3,y=4;
if (x=y) printf("x== y");
else printf("x!=y");</td><td>系统无报错或告警，但是输出结果不正确，输出结果永远都是 x== y</td><td>用调试器跟踪观察变量的当前值，注意执行 if 语句的执行，从而找出逻辑错</td></tr>
<tr><td>用“==”比较两个浮点数</td><td>float x;
scanf("%f",&x);
if(x==123.456) printf("equal");
else printf("unequal");</td><td>系统无报错或告警，但是输出结果永远都是 unequal，即使输入的 x 值为 123.456</td><td>将变量类型改为 double 型以提高精度；更好的方法是以绝对值之差在某一范围为相等。如：
if (fabs(x-123.456)<1e-5)</td></tr>
<tr><td>单分支 if 条件表达式圆括号外加了分号</td><td>int x,y;
scanf("%d%d",&x,&y);
if (x>y);　x-=y;
printf("%d",x);</td><td>系统无报错或告警，但是无论输入的值大小关系如何，都执行 x-=y 输出改变后的 x</td><td>用调试器跟踪观察程序的执行过程，注意观察输入 x<y 这种情况下的执行语句，从而找出错误位置</td></tr>
</table>

（续表）

错误原因	示例	出错现象	解决方案

双分支if条件表达式圆括号外加了分号	int x,y;
	scanf("%d%d",&x,&y);
	if (x>y); x-=y;
	else y-=x;
		系统报错：illegal else without matching if	根据出错位置和错误信息提示，删除多余的分号

case 分支未用 break 结束	int x,y=0;
	scanf("%d",&x);
	switch (x)
	{ case 1: y=1;
	  case 2: y=2;
	  default: y=100;
	} printf("y=%d\n",y);
		系统无报错或告警，但是无论输入的 x 是多少，输出结果永远都是 y=100	用调试器跟踪观察程序的执行过程，发现对 y 做了多次赋值，及时在每个分支最后加上 break 结束

switch-case 语句未提供 default 分支	scanf("%d",&x);
	switch (x)
	{ case 1: y=1;break;
	  case 2: y=2;break;
	} printf("y=%d\n",y);
		系统无报错或告警，但是当输入的 x 不是 1 或 2 时，输出结果是 y= −858993460（一个随机数）	用调试器跟踪观察程序的执行过程，当输入的 x 不是 1 或 2 时直接执行了输出语句而未对 y 作任何处理，应加上 default 分支

while 语句条件表达式圆括号外加了分号	int x=1,y=0;
	while (x<=5);
	  y+=x++;
	printf("%d",y);
		系统无报错或告警，但却是死循环	用调试器跟踪观察程序的执行过程，发现陷入死循环而无法执行到语句 y+=x++;去掉多余分号

while 循环体内缺少改变循环控制变量值的语句导致死循环	int x=1,y=0;
	while (x<=5)
	  y+=x;
	printf("%d",y);
		系统无报错或告警，但却是死循环	用调试器跟踪观察程序的执行过程，观察变量值的变化情况，发现 x 值一直不变，增加对 x 的修改

for 语句圆括号内的 3 个表达式未用分号分隔	int x=1,y=0;
	for (x=1，x<=5，x++)
	    y+=x;
		系统报错：missing ';' before ')'	根据出错位置和错误信息提示，找到 for 语句，将逗号改为分号

for 语句后误加分号	int i,sum=0;
	for (i=1;i<=5;i++) ;
	sum+=i;
	printf("sum=%d\n",sum);
		系统无报错或告警，但是输出结果是 sum=6 而不是 sum=15	用调试器跟踪观察程序的执行过程，找到未重复执行 sum+=i;的原因，去掉 for 后的分号

累加器未事先清零	int x=1,y;
	for (x=1;x<=5;x++)
	    y+=x;
	printf("%d",y);
		系统无报错或告警，但是输出结果错误	用调试器跟踪观察变量 y 的值，y 值一开始就是随机数，增加初始化清零

if、while、for 的控制语句中未用在括号构成复合语句	int x,y,t;
	scanf("%d%d",&x,&y);
	if (x>y)
	  t=x;x=y;y=t;
	printf("%d %d\n",x,y);
		系统无报错或告警，但是当输入的 x<y 时，输出的 y 是一个随机数	用调试器跟踪观察程序的执行过程及变量 y 的值，在 x<y 时执行了 x=y;y=t;加大括号构成复合语句

3. 函数相关

错误原因	示例	出错现象	解决方案

使用了库函数但未包含相应的头文件	int x,y;
	scanf("%d",&x);
	y=(int)sqrt(x);
	printf("%d %d\n",x,y);
		系统报错：'sqrt' undefined; assuming extern returning int	根据错误提示，增加相应的文件包含

函数原型定义末尾未加分号	int f(int a,int b) void main( ) { …… } int f(int a,int b) { return a+b; }	系统报错:'main' : not in formal parameter list 等3处错误	仔细检查错误提示位置及前后相邻位置，在原型声明最后补加分号
函数定义首部末尾加了分号	int f(int a,int b); { return a+b; } void main( ) { …… }	系统报错：found '{' at file scope (missing function header?) 等2处错误	仔细检查错误提示位置及前后相邻位置，将函数定义首部最后的分号去掉
将形参又定义为本函数内的局部变量	int f(int a,int b) { int a; return a+b; }	系统报错：redefinition of formal parameter 'a'	根据错误提示，修改局部变量名，不能与形参同名
类型相同的形式参数共用了类型标识符	int f(int a,b) { return a+b; }	系统报错：'b' : name in formal parameter list illegal	根据错误提示，修改形式参数表，每个形参单独给一个类型标识，不可共用
从返回值类型为void的函数中返回一个值	void f(int a) { return a*10; }	系统告警：'f' : 'void' function returning a value	根据告警提示，删除return语句，修改函数
有返回值的函数不用return指明返回值	int f(int a) { a=a+100; }	系统告警：'f' : must return a value	根据提示增加return语句

返回指向局部变量的指针	int * f(int a)
	{ int s=a;
	s*=10;
	return &s;
	}
		系统告警：returning address of local variable or temporary	将s改为全局变量,或返回类型改为int，而不是int*,用returns；返回值

不定义函数返回值类型或函数参数类型，编译器自动处理为返回int值、可以有任意个int参数的函数	f( ) { }
	void main(void)
	{ printf("%d\n",f());
	printf("%d\n",f(2));
	}
		系统无报错或告警，输出结果为：
		-858993460
		-858993460
			养成定义每一个函数都要指明函数返回值类型和形式参数表的习惯，若无形参，则形参表中给出void

在定义一个函数的函数体内定义了另一个函数	int f(int a,int b) { void q(void) { printf("OK\n"); } return a+b; }	系统报错:syntax error : missing ';' before '{'	函数不允许嵌套定义，将函数q的定义完全放到f函数外面与f函数平行定义
随意修改全局变量的值	int a=3; void f1(void) { a*=100; } void f2(void) { a+=50; }	系统无报错或告警，但是在不适当的时机改变全局变量会引起混乱，并造成模块之间的强耦合	减少全局变量的使用，可以通过参数传递达到多模块多函数之间的数据传递

（续表）

错误原因	示　例	出错现象	解决方案

函数功能不单一	int sum(int *p,int n)
	{ int s=0,i;
	for (i=0;i<n;i++)
	s+=p[i];
	... //此处是一排序算法
	return s; }
		系统无报错或告警，但是这样的函数定义不符合高聚合的设计准则，带来维护上的困难	将此函数分开定义为两个函数，分别完成求和以及排序的功能

函数的参数过于复杂	int f(int x,double d, char *s);	系统无报错或告警，但是程序可读性差，使用复杂	定义一个结构体封装各参数，形参用一结构体指针 struct Para { int x; double d; char *s}; int f(struct Para *p);

调用函数后不检查函数是否正确执行	FILE *fp;
	fp=fopen("file1.txt","r");
	while (!feof(fp)){…… }
		系统无报错或告警，在某些情况下运行可能出现意外终止对话框	打开文件后，增加一条判断语句：
			if (!fp)
			{ printf("error\n");
			exit(0);}

4. 数组、字符串操作相关

错误原因	示　例	出错现象	解决方案
未使用整型常量表达式定义数组的长度	int n=10; int arr[n];	系统报错：expected constant expression	将 n 定义为符号常量，#define n 10
初始化数组提供的初值个数大于数组长度	int arr[3]={9,8,7,6};	系统报错：too many initializers	减少初值个数，使初值个数小于等于数组长度
初始化数组时未依次提供各元素初值	int arr[3]={9，,7};	系统报错：syntax error : ','	必须从左到右依次提供元素初值

忘记对需要初始化的数组元素进行初始化	int arr[3];
	int i,sum=0;
	for (i=0;i<3;i++)
	sum+=arr[i];
	printf("%d",sum);
		系统无报错或告警，输出结果为：1717986916	对数组 arr 的三个元素进行初始化或从键盘读入这三相个元素的值，否则以三个随机数求和无意义

访问二维数组元素的形式出错	int a[2][2]={1,2,3,4}; a[1,1]=9;	系统报错：left operand must be l-value	将对二维数组元素的访问形式改为：a[1][1]=9;

数组下标越界	int i,arr[3]={7,8,9};
	for (i=1;i<=3;i++)
	printf("%2d",arr[i]);
		系统无报错或告警，输出结果为：8 9 3 而不是预期的 7 8 9	用调试器观察数组各个元素的值，发现下标从 0 开始，修改循环起止值

字符串没有'\0'结束符	char s[5]; int i;
	for (i=0;i<3;i++)
	s[i]='A'+i;
	puts(s);
		系统无报错或告警，但是输出结果不正确，为：ABC 烫烫烫	用调试器观察字符数组各个元素的值，元素 s[3]和 s[4]的值均为-52，无串结尾标志，增加 s[3]=0

字符数组没有空间存放'\0'结束符	char s[3]="ABC"; puts(s);	系统无报错或告警，但输出结果不正确，为：ABC 汤↕	增大字符数组的长度保证有足够的空间存放'\0'结束符

（续表）

错误原因	示例	出错现象	解决方案

逐字符读取串中字符时，未以字符值是否为零作为循环控制条件	char s[5]="ABC";
	int i,n=7;
	for (i=0;i<n;i++)
	putchar(s[i]);
		系统无报错或告警，但是输出结果不正确，为：ABC 烫	应以当前字符值是否为串结尾标志来控制循环，改为：for (i=0;s[i]!='\0';i++)
			putchar(s[i]);

直接用赋值运算符对字符数组赋值	char s[5]; s="ABC";	系统报错：left operand must be l-value	只有初始化时才可以使用赋值号，改变字符数组的值改用：strcpy(s,"ABC");

直接用关系运算符比较两个字符串的大小	char s1[5]="ABC";
	char s2[5]="abc";
	if (s1>s2)
	printf("s1 is bigger \n");
	else
	printf("s1 is smaller\n");
		系统无报错或告警，但是输出结果不正确，为：
		s1 is bigger
			直接用关系运算符比较的实际上是两个地址值而不是字符串值的大小，将 if 条件改为：
			if (strcmp(s1,s2)>0)

用一对单引号括起字符串常量	char s[20]='abc'; puts(s);	系统报错： array initialization needs curly braces	根据错误提示，将单引号修改为双引号

欲用 scanf 读入带空格的字符串	char s[20];
	scanf("%s",s);
	puts(s);
		系统无报错或告警，当输入 hello world!后，输出结果为 hello	用 scanf 读入时自动以空白符（空格、Tab、回车）为结束标志，应用：gets(s)

与数组形参对应的实参数组名后用了[ ]	void f(int a[]); void main() { int arr[4]={1,2,3,4}; f(arr[ ]); }	系统报错：syntax error : ']'	根据错误提示，去掉实参数组名后的[ ]
用字符实参对应一个字符串形参	void f(char s[ ]) { puts(s); } void main() { f('A'); }	系统告警：'char *' differs in levels of indirection from 'const int '	将实参改成一个字符串常量或一维字符数组名
用字符串实参对应一个字符形参	void f(char s) { putchar(s); } void main() { f("ABC"); }	系统告警：'char ' differs in levels of indirection from 'char [4]'	将实参改成一个字符常量或字符变量名

5. 指针操作相关

错误原因	示例	出错现象	解决方案
定义若干指针变量时共用*标识	int a=3,b=4; int *p=&a，q=&b;	系统告警：'int ' differs in levels of indirection from 'int *'	在 q 之前增加一个*号，定义若干指针变量时，每一个指针变量名前都得有*

通过没有确定值的指针变量读写它所指向的空间	int a=3，*p;
	*p+=a;
	printf("%d",*p);
		系统告警：local variable 'p' used without having been initialized，弹出意外终止框	在定义指针变量的同时最好初始化，或用赋值语句使其获得一个确切地址

未给指针形参传递地址值	void f(int *p) { *p*=10; } void main() { int a=3; f(a); printf("%d",a); }	系统告警：'function' : 'int *' differs in levels of indirection from 'int '，若强行运行则弹出意外终止框	调用函数时传入一个有意义的地址值给指针形参

（续表）

错误原因	示例	出错现象	解决方案

对并没有指向数组某一元素空间的指针进行算术运算	int b=10,*p=&b;
	p++;
	printf("%d",*p);
		系统无报错或告警，运行结果为：1245120	指针的算术运算只有当指向数组元素空间时才有意义，此处删除 p++

对并没有指向同一数组不同元素空间的两个指针作相减或比较运算	int a[3]={1,2,3},*q=a;
	int b[3]={4,5,6},*p=b;
	printf("%d　",p>q);
	printf("%d",p-q);
		系统无报错或告警，运行结果为：0　4	两个指针只有当指向同一数组空间的不同元素位置时作相减运算和比较运算才有意义，修改使两个指针指向同一数组空间

指向数组空间的指针进行算术运算超出了数组范围	int a[3]={1,2,3};
	int *p=a,i;
	for (i=0;i<3;i++)
	p++;
	printf("%d ",*p);
		系统无报错或告警，运行结果为：1245120	通过调试器跟踪程序的执行过程，观察 p 及*p 的值，循环体执行了 3 次以后 p 指向了数组 a 的空间之外，应减少循环次数

类型不一致的两个指针进行了赋值	int a=3,*p=&a;
	float b=9.7f,*q=&b;
	p=q;
	printf("%d ",*p);
		系统告警：'=' : incompatible types - from 'float *' to 'int *'	两个类型完全一致的指针才能赋值，否则使用强制类型转换，改为：p=(int*)q;，但是输出结果可能是无意义的值

用 void 类型的指针去访问内存	int a=3,*p=&a;
	void *q;
	q=(void*)p;
	printf("%d ",*q);
		系统报错：illegal indirection	不可以用 void 型的指针访问内存，修改去掉对*q 的操作

不判断动态空间申请是否成功就直接访问	int *p,i;
	p=calloc(3,sizeof(int));
	for (i=0;i<3;i++)
	　　p[i]=i+10;
	for (i=0;i<3;i++)
	　　printf("%d ",p[i]);
		系统无报错或告警，有时能得到正确的运行结果	这种用法存在潜在危险，一定要保证成功申请动态空间后才访问动态空间，增加如下代码：
			if (!p) {
			printf("allocation fail");
			exit(0); }

引用未初始化的动态空间中的内容	int *p,i,sum=0;
	p=malloc(3*sizeof(int));
	if (!p) {
	printf("allocation fail");
	exit(0);　　}
	for (i=0;i<3;i++)
	sum+=p[i];
	printf("%d",sum);
		系统无报错或告警，运行结果为：1768515943	通过调试器跟踪程序的执行过程，观察 p 及*p 的值，增加对动态数组元素的赋值或读入语句，再进行运算

用 malloc 或 calloc 申请的内存不用 free 释放空间	int *p=(int *) calloc(3,sizeof(int)); ……	系统无报错或告警，但是这样会造成内存浪费和内存泄漏	当动态空间使用结束后一定要及时用 free(p)进行释放

使用已经被 free 的野指针	int *p=(int *)
	calloc(1,sizeof(int));
	free(p);
	*p=10;
		系统无报错或告警，但是这样会造成非法操作或得到不确定的数据	指针被 free 后，及时将它赋值为 NULL，在再次使用该指针前增加 if 判断，如：if (!p) {…　exit(0);　}

6. 结构、文件及其他操作

错误原因	示例	出错现象	解决方案
定义结构体类型时，最后未加分号	struct Point { double x,y; }	系统报错：syntax error : missing ';' before '}'	在结构体类型定义的最后加一个分号
不同类型的结构体变量执行了赋值操作	struct Point { double x,y; }p={1,2}; struct PP { char c; int x; }q; q=p;	系统报错：'=' : incompatible types	必须保证同类型的结构体变量进行赋值

结构体指针访问结构体成员时，运算符"->"表达有错	struct Point
	{ double x,y;
	}a={1,2},*p=&a;
	p->x*=10;
	p- >y*=20;
		系统报错：syntax error : '>'	根据编译器指示出错位置，将"p->"误写成"p- >"，删除多余空格

结构体指针访问结构体成员时，未对*结构指针名打括号	struct Point { double x,y; }a={1,2},*p=&a; (*p).x*=10; *p.y*=20;	系统报错：'.y' : left operand points to 'struct'，use '->'	根据编译器指示出错位置，将" (*p).y"误写成" *p.y"，加上小括号即可

仅使用结构成员名来访问结构体的一个成员	struct Point
	{ double x,y;
	}a={1,2};
	a.x=10;
	y=20;
		系统报错：'y' : undeclared identifier	根据编译器指示出错位置，将 y=20;改为 a.y=20;

文件打开后不及时判断是否正确打开就对文件进行读写操作	FILE
	*p=fopen("a1.txt","r");
	while(!feof(p))……
		系统无报错或告警，但是这样会影响其他程序使用此文件，可能造成数据丢失等	在文件打开之后读写之前，增加判断语句：
			if (!p)
			{
			printf("open failure\n");
			exit(0); }

文件打开后不及时关闭	FILE *p=fopen("a1.txt","r"); ……	系统无报错或告警，但是这样会影响其他程序使用此文件，可能造成数据丢失等	在文件读写操作结束后一定要及时关闭文件

头文件不加宏定义锁	//头文件 a.h 内容
	struct A
	{int x,y;};
	//头文件 b.h 内容
	#include "a.h"
	struct A x;
	//源文件 test.c 文件内容
	#include <stdio.h>
	#include "a.h"
	#include "b.h"
	void main(void) { }
		系统报错：'A' : 'struct' type redefinition，因为头文件 a.h 被重复包含	增加宏定义锁，此例将头文件 a.h 内容修改如下：
			#ifndef _A_H__
			#define _A_H__
			struct A
			{int x,y;};
			#endif

附录G 命名规则

在C语言源程序中，变量、符号常量、宏名、自定义类型名和函数都需要用户自己命名，这些名字统称为用户自定义标识符。命名规则虽然并不影响程序的正确性，但是科学合理的命名将会增强程序的可读性。常用规则如下：

（1）用户自定义标识符只能由字母、数字和下划线3类字符组成。

（2）必须以字母或下划线作为开头。

（3）用户自定义标识符不能选用C语言的32个保留字。

（4）用户自定义标识符中有大小有区别。例如，MyId和myid是两个不同的标识符。但是，文件名不区分大小写。

（5）用户自定义标识符的长度可以是任意的，但一般只有前32个字符有效。变量名的长短，不影响程序速度。

（6）用户自定义标识符的命名应当遵循“见名知意”原则，最好使用英文单词及组合，切忌使用汉语拼音来命名。

（7）用户自定义标识符在每一个逻辑断点处应当能清楚地标识，通常有两种方法：**骆驼式命名法**是用一个大写字母来标记一个新的逻辑断点的开始，例如mathGrades，这是Windows风格；**下划线法**是用下划线来标记一个新的逻辑断点的开始，例如math_grades，这是UNIX风格。在同一个程序中，不要将两种风格混用，最好与操作系统的风格一致。

（8）变量名（包括形式参数名）一般用小写字母开头的单词组合而成，使用“名词”或“形容词+名词”的形式，如minValue、sumOfArray。

变量名还可以包含数据类型提示，一般用一个或两个字符，作为变量名的前缀，指出变量类型，这是广为人知的**匈牙利命名法**，如表G1所示。

表G1　一些常用的匈牙利命名法前缀

数据类型或存储类型	前缀	举例
char	c	cSex
int	i	i MathGrades
long	l	lNumRecs
string	sz	szReadingString
int array	ai	aiErrorNumbers
char*	psz	pszName
静态变量	s_	s_Sum
全局变量	g_	g_ Sum

（9）函数名用大写字母开头的的单词组合而成，一般使用“动词”或“动词+名词”的形式，例如，Change、GetSum。

（10）宏和 const 常量全用大写字母，并用下划线分割单词，以区分于变量名。例如：#define PI 3.14159 以及 const int MAX_IZE=200; 。

事实上，使用什么样的命名方法，因人而定，这是风格问题，而不是法则。

附录H C语言的发展简史

C语言最早的原型是ALGOL 60。**1963年**，剑桥大学将其发展成为CPL（Combined Programing Language）。**1967年**，剑桥大学的Matin Richards对CPL语言进行了简化，产生了BCPL语言。**1970年**，美国贝尔实验室(Bell Labs)的Ken Thompson将BCPL进行了修改，并取名叫作B语言，意思是提取CPL的精华(Boiling CPL down to its basic good features)。并用B语言写了第一个UNIX系统。**1973年**，AT&T贝尔实验室的Dennis Ritchie(D.M.RITCHIE)在BCPL和B语言的基础上设计出了一种新的语言，取BCPL中的第2个字母为名，这就是大名鼎鼎的C语言，Dennis Ritchie(D.M.RITCHIE)也被尊称为“C语言之父”。随后不久，UNIX的内核(Kernel)和应用程序全部用C语言改写，从此，C语言成为UNIX环境下使用最广泛的主流编程语言。

【K&R C】1978年，Dennis Ritchie和Brian Kernighan合作推出了《The C Programming Language》的第1版(按照惯例，经典著作一定有简称，该著作简称为K&R)，书末的参考指南(Reference Manual)一节给出了当时C语言的完整定义，成为那时C语言事实上的标准，人们称之为K&R C。从这一年以后，C语言被移植到了各种机型上，并受到了广泛的支持，使C语言在当时的软件开发中几乎一统天下。

【C89 (ANSI C)】随着C语言在多个领域的推广、应用，一些新的特性不断被各种编译器实现并添加进来。于是，建立一个新的“无歧义、于具体平台无关的C语言定义”成为越来越重要的事情。**1983年**，ASC X3(ANSI属下专门负责信息技术标准化的机构，现已改名为INCITS)成立了一个专门的技术委员会J11(J11是委员会编号，全称是X3J11)，负责起草关于C语言的标准草案。**1989年**，草案被ANSI正式通过并成为美国国家标准，被称为C89标准。

【C90 (ISO C)】随后，《The C Programming Language》第2版开始出版发行，书中内容根据ANSI C(C89)进行了更新。**1990年**，在ISO/IEC JTC1/SC22/WG14 (ISO/IEC联合技术第I委员会第22分委员会第14工作组)的努力下，ISO批准了ANSI C成为国际标准。于是ISO C(又称为C90)诞生了。除了标准文档在印刷编排上的某些细节不同外，ISO C(C90)和ANSI C(C89)在技术上完全一样。

【C95】之后，ISO在1994年、1996年分别出版了C90的技术勘误文档，更正了一些印刷错误，并在1995年通过了一份C90的技术补充，对C90进行了微小的扩充，经过扩充后的ISO C被称为C95。

【C99】1999年，ANSI和ISO又通过了最新版本的C语言标准和技术勘误文档，该标准被称为C99。这基本上是目前关于C语言的最新、最权威的定义了。

现在，各种C编译器都提供了C89(C90)的完整支持，对C99还只提供了部分支持，还有一部分提供了对某些K&R C风格的支持。

附录I 函数printf的格式转换说明符

格式转换说明符	用　法
%d 或%i	输出带符号的十进制整数，正数的符号省略
%u	以无符号的十进制整数形式输出
%o	以无符号的八进制整数形式输出，不输出前导符 0
%x	以无符号的十六进制整数（小写）形式输出，不输出前导符 0x
%X	以无符号的十六进制整数（大写）形式输出，不输出前导符 0x
%c	输出一个字符
%s	输出字符串
%f	以十进制小数形式输出实数（包括单、双精度），隐含输出 6 位小数，输出的数字并非全部是有效数字，单精度实数的有效位数一般为 7 位，双精度实数的有效位数一般为 16 位
%e	以指数形式（小写 e 表示指数部分）输出实数，要求小数点前必须有且仅有 1 位非零数字
%E	以指数形式（大写 E 表示指数部分）输出实数，要求小数点前必须有且仅有 1 位非零数字
%g	自动选取 f 或 e 格式中输出宽度较小的一种使用，且不输出无意义的 0
%G	自动选取 f 或 E 格式中输出宽度较小的一种使用，且不输出无意义的 0
%p	以主机的格式显示指针，即变量的地址
%n	令 printf( )把自己到%n 位置已经输出的字符总数放到后面相应的输出项所指向的整型变量中，printf( )返回后，%n 对应的输出项指向的变量中存放的整型值为出现%n 时，已经由 printf( )函数输出的字符总数，%n 对应的输出项是记录该字符总数的整型变量的地址
%%	显示百分号%

附录J 函数 printf 的格式修饰符

格式修饰符	用　　法
英文字母 l	修饰格式符 d、i、o、x、u 时，用于输出 long 型数据
英文字母 L	修饰格式符 f、e、g 时，用于输出 long double 型数据
英文字母 h	修饰格式符 d、i、o、x、u 时，用于输出 short 型数据
最小域宽 m（整数）	指定输出项输出时所占的总列数。若 *m* 为正整数，当输出数据的实际宽度小于 *m* 时，在域内向右靠齐，左边多余位补空格；当输出数据的实际宽度大于 *m* 时，按实际宽度全部输出；若 *m* 有前导符 0，则左边多余位补 0。若 *m* 为负整数，在域内向左靠齐，右边多余位补空格
显示精度.n（大于等于 0 的整数）	精度修饰符位于最小域宽修饰符之后，则一个圆点及其后的整数构成。对于浮点数，用于指定输出的浮点数的小数位数；对于字符串，用于指定从字符串左侧开始截取的子串字符个数
*	最小域宽 m 和显示精度.n 用*代替时，表示它们的值不是常数，而由 printf( )函数的输出项按顺序依次指定
#	修饰格式符 f、e、g 时，用于确保输出的小数有小数点，即使无小数位数时，也是如此；修饰格式符 x 时，用于确保输出的十六进制数前带有前导符 0x
-	有-表示左对齐输出，如省略表示右对齐输出

注：%f 可以输出 double 和 float 两种类型的数据，不必用%lf 输出 double 型的数据。

参考文献

[1] Brian W. Kernighan，Dennis M.Ritchie. C 程序设计语言[M] (第 2 版·新版). 徐宝文等译. 北京：机械工业出版社，2004.

[2] 朱立华，王立柱. C 语言程序设计[M]. 北京：人民邮电出版社，2009.

[3] 何钦铭，颜晖. C 语言程序设计[M]（第 2 版）. 北京：高等教育出版社，2012.

[4] 周学毛，易卫，周中柱等. C 语言程序设计[M]. 天津：天津大学出版社，2013.

[5] FORD W，TOPP W. Data Structure with C++[M](数据结构 C++语言描述）. 刘卫东 沈官林译.北京：清华大学出版社，1998.

[6] VANDEVOORD D.JOSUTTIS N M. C++ Templates[M]. 陈伟柱译. 北京：人民邮电出版社，2004.

[7] 苏小红等. C 语言程序设计[M]. 北京：高等教育出版社，2011.

[8] MARK A W. Data Structures and Algorithm Analysis in C++[M] （第 3 版）. 张怀勇等译. 北京：人民邮电出版社，2007.

[9] 谭浩强，张基温. C 语言程序设计教程[M]（第 3 版）. 北京：高等教育出版社，2006.

[10] 周虹，郑佳昕，闫瑞华等. C 语言程序设计实用教程[M]. 北京：机械工业出版社，2010.

[11] STEBENS AI，WALNUM C.Standard C++ Bible[M](标准 C++宝典). 林丽闵，别红霞等译.北京：电子工业出版社，2001.

[12] ECKEL B. Thinking in C++[M](C++编程思想). 刘宗田，邢大红，孙慧杰等译. 北京：机械工业出版社，2001.

[13] 陈慧南. 数据结构——使用 C++语言描述[M]（第 2 版）. 北京：人民邮电出版社，2008.

[14] LIPPMAN S B. C++ Primer[M]（第 3 版）. 潘爱民等译. 北京：中国电力出版社，2004.

[15] (美)Gray J Bronson 著. 标准 C 语言基础教程（第四版）. 北京：电子工业出版社，2006.

[16] 郑莉，李宁. C++教程[M]. 北京：人民邮电出版社，2010.

[17] (美)Kenneth Reek 著. C 和指针[M]. 徐波译. 北京：人民邮电出版社，2008.